U0518814

作者自荐

　　本书语言生动有趣，延续了作者所著《专利申请文件撰写实战教程：逻辑、态度、实践》和《专利审查意见答复实战教程：规范、态度、实践》两本畅销图书的风格，且更具理论研究深度，涉猎范围更广，希望能给您带来良好的阅读感受！

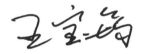

专利实务热点、难点实战教程

学习、总结、应用

王宝筠　那彦琳◎著

知识产权出版社
全国百佳图书出版单位
—北京—

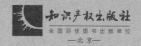

图书在版编目（CIP）数据

专利实务热点、难点实战教程：学习、总结、应用/王宝筠，那彦琳著. — 北京：知识产权出版社，2025.6. — ISBN 978 - 7 - 5130 - 9998 - 1

Ⅰ. G306.3

中国国家版本馆 CIP 数据核字第 20255KW085 号

内容提要

在出版《专利申请文件撰写实战教程：逻辑、态度、实践》《专利审查意见答复实战教程：规范、态度、实践》之后，本书是著者的第三本，著者在深入学习权威著作，例如《以案说法：专利复审、无效典型案例汇编》等内容后，学以致用，进一步完善逻辑主线分析专利发明构思，并从理论层面对公知常识、专利客体、预料不到的技术效果等热点、难点问题进行了深入探索和分析。本书文字活泼，非常便于读者阅读与理解，可作为专利代理师提升实务技能的培训教材，也可作为高校知识产权专业参考材料。

责任编辑：王玉茂		责任校对：谷　洋
封面设计：杨杨工作室·张　冀		责任印制：刘译文

专利实务热点、难点实战教程：学习、总结、应用

王宝筠　那彦琳　著

出版发行：知识产权出版社 有限责任公司　　网　　址：http://www.ipph.cn

社　　址：北京市海淀区气象路 50 号院　　邮　　编：100081

责编电话：010 - 82000860 转 8541　　责编邮箱：wangyumao@cnipr.com

发行电话：010 - 82000860 转 8101/8102　　发行传真：010 - 82000893/82005070/82000270

印　　刷：三河市国英印务有限公司　　经　　销：新华书店、各大网上书店及相关专业书店

开　　本：720mm×1000mm　1/16　　印　　张：18

版　　次：2025 年 6 月第 1 版　　印　　次：2025 年 6 月第 1 次印刷

字　　数：304 千字　　定　　价：108.00 元

ISBN 978 - 7 - 5130 - 9998 - 1

序 言

惊喜是如何创造的？欣闻儿子王宏筹与那意林女士新著《专利实务热点、难点实战教程》一书即将出版了，这是他们共同完成的第三本专利书籍了。成果之丰、速度之快、受众盼望之切，令我深为叹服。惊喜之余，为解其中秘密，我对宏筹从事专利工作以来的历程进行了梳理。宏筹从事专利工作，有着良好的工科技术基础，他又对专利法律知识倍加钻研，由此如鱼得水、甚是称心。工作伊始便遇到几位老师的严格要求和指导，打下了坚实的业务基础。他在工作中潜心耕耘，坚持专业的严谨和执着，从未停止对专利文件的撰写和审查意见的答复，以及专利无效业务研究。二十几年来累计代理国内专利案件数千件，均质水平获得国内外客户的一致肯定。

　　源于朱佳颖导的信任，宝锋从2006年始对员工开展陪训工作，以后便一发不可收。通俗的语言、形象生动的案例，令员工获益匪浅。教学相长，宝锋的水平也得到很大的提高，开发了完整的培训体系，使得代理师能够迅速掌握专利实务中的撰写知识、逻辑思维、解决问题的能力。宝锋还赴联想、国家电网等多家企业以及中国政法大学、天津大学等高校进行专利讲座。在《河北法学》、《专利代理》等元要期刊发表文章20余篇。在中华全国专利代理师协会举办的知识产权征文活动中先后两次获得优秀论文奖。2018年受邀在中国专利年会上进行了主题演讲。

　　2018年受公司领导支持和鼓励，宝锋获得了"朝阳区主场商务人才青年英才"的荣誉。

　　我问宝锋，你的工作做的有声有色、小有成就，专利知识亦有不少收获，获奖不少，何不把你所学整理成书，反哺世界。繁杂知识率权事也，对社会不是有更大的贡献吗？其实宝筠将自己的心得整理成书，也是他早有的愿望，他做到了。

王玉农

2025年5.8日

前　言

各位读者，别看到这是前言就不看了啊。这个前言也是有用的，是著者的一些心里话，只不过是正文部分没地方才放到前言的。

再写一本书，原在意料之外，也是水到渠成。

意料之外，主要是因为之前连续出版了《专利申请文件撰写实战教程：逻辑、态度、实践》和《专利审查意见答复实战教程：规范、态度、实践》之后，感觉把要说的都已经写出来了，再写新的内容，要么是重复，要么很枯燥，所以，一段时间以来，朋友们问我是不是还会再写一本书的时候，我都斩钉截铁地说，没得可写了。当时看，的确也是没得可写了。

但怎么会没得可写呢？

事物都是在不断发展变化的，人也都是在不断学习的。总会有新的情况出现、新的认识产生。

因此，新的一本书就在我历时四年的学习中水到渠成地形成了。这也是这本书的副标题起名为"学习"的用意所在。

其实，副标题第一个词为"学习"，除了告诉大家这本书的出处源自"学习"，也是一个自我批评，更是一个作者自我批评后由衷地向读者发出的倡议和提醒。

作为专利从业者，日常工作繁忙，很难找出时间来学习，当然这多为借口，并不是问题的关键所在。

问题的关键在于找出关键问题！这个关键问题是什么呢？是专利从业者的心态。

对于初学者来说，由于什么内容都不会，自然热切地渴望学习，但正是因为掌握的知识有限、实践经验不足，因此难免会出现学习不到位的情况。一旦从事专利工作一段时间后，发现自己积累了相当多的实践经验，可能也会偶尔翻翻理论类的书籍，但是发现理论脱离实践，帮助不大；也可能关注那些专业的文章，要么是被抓人眼球的文章标题所吸引，要么是被文章作者的大有来头所震撼，甚至还会因为期刊的权威性以及文章标题的晦涩难懂而产生填补自身知识空白的渴望。但是当你看了很多文章以后，你可能发现，营销者居多、唬人者甚广、有干货者寥寥无几。有了几次这样的经历后，你可能渐渐觉得：没啥必要学习了，自己的实践经验足以应对工作、解决各类问题了，甚至觉得自己是这个行业为数不多的专家。❶

真的是专家吗？

别这么想！还是有很多知识需要学习的。这很重要。只有以虚心学习的态度，你才有可能发现自己的知识漏洞，改变自己的错误认识，提升自己的业务水平，适应新的业务发展。

学习真的很重要！大家可能觉得这是一句废话。说它是废话，因为它是一句真理，不言自明；说它是废话，也因为很多人只是说说而已，不付诸行动，它就真的成为一句废话。

从著者的角度讲，原本不可能写这一本新书，但就是因为学习了期刊、公众号上若干有用的文章，以及《发明分析与权利要求撰写：专利律师指南（原书第 2 版）》《以案说法：专利复审、无效典型案例指引》《新领域、新业态发明专利申请热点案例解析》等几本书之后，发现自己对于逻辑主线的认识和解读还不到位，对创造性的认识高度还不够，对权利要求是否清楚和专利保护客体判断还存在理解误区，这才通过学习、总结形成了这本新书。这么看，学习是非常必要且有好处的！

副标题第二个词为"总结"，这其实和我看到的一名购书者对我的书的评价有关。我时常看看之前出版的书的读者评价，还好，好评居多。有一次我看到了一个差评，评价很简单：工作的总结。可能是这位读者觉得书中的总结过于平淡了？说实话，我觉得这应该归类到好评才对。如果能够对日常的具体案件，有目的地不断进行总结，那么，才有可能从实践出发不断总结出相关的理论，再用理论来指导自身的实践，这是好事啊！如果这位读者觉得这仅仅是作

---

❶ 说明一下，书中的"你"，只是为了行文方便，这其实是著者自己的自我检讨。

者从自身工作出发进行的总结，高度不够、理论性不强，这个评价也是有道理的。在读者评价的督促下，我特意学习了官方权威专家编写的几本书中的观点，并对相关的理论问题进行分析，争取这次总结的高度能上个台阶，能够使这位读者满意。

说到总结，还有一个"舍不得孩子套不着狼"的事要说。以前我看书，总是舍不得在书上圈圈画画，看完的书很干净，但是看完之后也记不得有什么收获。很多时候，收获都是阅读到相关内容后瞬时产生的，而这些内容很容易被忘记。在书上进行圈画标注，能够帮助我们留下阅读时思考的成果，形成用以总结的素材，这样的阅读习惯，著者觉得是很有帮助的。素材总结好了，再把它们梳理梳理，从中找出重点，并厘清不同重点的相互关系，就可以形成一个体系性的总结内容。这样体系性的总结，方便理解、记忆以及应用。

副标题的最后一个词是"应用"。这其实是告诉读者要把书里看到的内容付诸实践，不能只是看一个热闹，为了学习而学习。而是要通过学习、总结，把书里的内容真正转变为自己的实际技能，去指导实践工作。这是著者最希望看到的，也是希望这本书能够帮助读者做到的。

最后，希望这本书对初学者和有一定经验的专利行业从业者都能有所帮助。

目　录

第 *1* 章

再解逻辑主线、补充撰写技巧

1.1 再解逻辑主线

之前在《专利申请文件撰写实战教程：逻辑、态度、实践》一书中，著者一开篇就讲到逻辑主线。著者现在看了也很困惑，专利申请文件的撰写，为啥要先讲逻辑主线呢？尽管这个是对的，只不过以前是误打误撞罢了，这次来讲讲原因。

1.1.1 专利申请文件撰写的主要工作不是撰写

通常，专利申请文件撰写的工作是由专利代理师（以下简称"代理师"）来完成的，但是代理师不是撰写师。当然，"代理"貌似也没有清楚地表达出其核心工作内容。代理师的核心工作内容既不是把专利给代理销售出去（准确地说，这是代理师表述的歧义所在），也不在于仅仅是文字上的撰写工作，而是重点在于针对发明人所提供的技术方案的分析工作。

接到一个专利申请的代理工作，合格的代理师首先要做的是对于发明人所提供的方案进行分析。这个分析的目的就是确定该方案的"逻辑主线"，即发明人的发明构思。这样看来，说到专利申请文件的撰写，先讲逻辑主线是正确的。这种正确不仅体现在工作的先后顺序上，更是体现在工作内容的重要程度上。以"道"和"术"进行区分，厘清逻辑主线是专利申请文件撰写工作中的"道"，权利要求和说明书的文字表达，只是专利申请文件撰写工作中的"术"而已。

1.1.2 确定发明构思与厘清逻辑主线

为什么这个分析工作不叫作确定发明构思，而是叫作厘清逻辑主线呢？难道是因为后者听起来更高大上一些吗？当然不是。

1.1.2.1 逻辑主线帮助区分技术理解和逻辑分析

观察"逻辑主线"这个表述，你会发现其中没有"发明"这样的字样。站在"事后诸葛亮"的角度分析，这种区别的好处在于，代理师能够对技术理解和逻辑分析加以区分，进而能够基于逻辑分析实现为申请人争取其本应获得的较大范围的权利。

所谓技术理解，是指搞明白发明方案的技术是如何实现的。例如，对于某个方法，搞明白其包括的每个步骤是什么，各个步骤的先后顺序关系；对于某个装置，搞明白其包括了哪些部件，以及这些部件的位置关系和连接关系。这样的技术理解，仅仅是搞明白技术本身是什么，其中并不涉及这个技术中的"为什么"。而"为什么"才是从专利层面真正理解发明方案的核心所在。

"是什么"只是对技术方案的表象理解，"为什么"则是对于技术方案的本质理解，是产生好的专利申请文件所必需的理解。

搞清楚"为什么"就是著者所说的厘清逻辑主线。但是，搞清楚"是什么"的技术理解难道不是必须的、难道不好吗？当然是必须、当然是好的，但如果仅仅将对技术方案的理解工作进行到"是什么"的技术理解，而不进行"为什么"的逻辑理解，那就很不好了。

仅仅是技术理解，会使代理师理解的内容受限于技术实现的细节，无法延伸到发明人核心贡献的技术原理层面。如果仅仅是技术理解，撰写的独立权利要求很有可能包括一些技术实现层面的细节内容，这些细节内容要么可能被其他实现方式所替代，要么可能是无关紧要的不影响发明目的实现的额外技术内容，这将导致独立权利要求的保护范围被不必要地限缩，潜在的侵权者很容易绕开独立权利要求所限定的保护范围。

当然，有一些代理师具备较强的保护范围的意识，但如果其仅仅是完成了技术理解，而没有进行逻辑分析，其很有可能在撰写独立权利要求时，仅基于扩大保护范围的目的，将一个又一个其所认为的限缩保护范围的限定去掉，而不考虑这样的限定到底是不是解决技术问题的必要技术特征。这会导致独立权利要求的保护范围被界定得过大，大到无法获得授权，这样的独立权利要求将成为一个完全无用的权利要求。而从属权利要求的撰写又不会像独立权利要求那样被高度重视，难免出现保护范围表述上的瑕疵，这可能会导致整个权利要求的稳定性都出现问题。

由此，在撰写工作开始之前，代理师一定要完成好逻辑分析工作，要超出甚至脱离发明方案的技术实现细节，搞清楚发明的逻辑主线。"逻辑主线"这一表达没有体现"发明"的字样，能够在一定程度上引导分析者不要局限于发明的技术实现进行分析。而"发明构思"则体现了要从"发明"出发进行分析，这仍然可能受限于具体的技术细节，其在脱离发明方案实现细节的局限性方面，指导意义不如"逻辑主线"强。这是"逻辑主线"这一表述较之"发明构思"表述更好的原因之一。

1.1.2.2 逻辑主线的三个要素都有指导价值

逻辑主线较之发明构思在称谓上更好的原因之二是，逻辑主线能够以顾名思义的方式，提供更多的如何进行发明方案分析的指导。

如果将逻辑主线按照语义进行分割的话，可以分为"逻辑""主""线"这三个要素，这三个要素都有对应的指导意义。

"线"很容易被理解。所谓的逻辑主线，是以 5 个点相互连接构成的，这5 个点分别是现有技术、现有技术缺点、本发明的发明目的、本发明的技术方案、本发明的有益效果，通过从现有技术出发以分析推导的方式得出现有技术缺点，连接现有技术和现有技术缺点这两个点；现有技术缺点和本发明的发明目的严格地相互对应，实现这二者之间的连接；本发明的技术方案能够实现发明目的，即实现了发明目的和本发明技术方案之间的连接，也完成了发明人应该完成的自圆其说的任务；从本发明的技术方案出发，以分析推导的方式得出本发明的有益效果，从而实现了本发明技术方案和本发明的有益效果之间的连接。

没有连接，无法由点来构成线。"线"的表述，恰恰强调了这种连接。而上述连接中，以本发明技术方案如何实现发明目的这一连接为核心，针对这一因果关系性质的连接的分析，恰恰是对发明进行逻辑分析中最看重的"为什么"的分析。因此，"线"这一表述中的"连接"的含义，给出了要进行因果关系分析这样有针对性的指引，这是"发明构思"这一表述所不具备的。

既然"线"给出了"连接"方面的指引，那么，"逻辑"是否就不那么重要了呢？当然不是。"逻辑"的出现，既体现出要从原理的高度而非技术实现的层面对发明方案进行分析，避免在确定保护范围时受到具体实现手段的影响，更为重要的是，"逻辑"所体现的因果顺序，给出了分析应从谁出发。

有因才有果，这是简单的逻辑道理。正因为如此，逻辑主线中的"逻辑"告诉我们要从"因"出发对因果关系进行分析。

产生一个发明的"因"，是发明人发现了现有技术存在问题，或者可以称为产生发明的初心。掌握了这个初心，也就掌握了这个发明的核心需求、核心价值，围绕这个初心进行"果"的分析，则能够确定发明所要保护的本质所在，进而能够围绕这个本质为专利申请人争取尽可能大的保护范围。相反，如果不是从发明目的或者现有技术缺点出发进行分析，而是直接对本发明方案本身加以研究，那么，这样的研究往往是没有方向、没有重点的。这样的研究所确定的所谓核心内容，可能只是研究者自身凭感觉所确定的"核心"。这个"核心"的确定不但主观性过强，更为重要的是，还有可能偏离发明人原本产生这个发明的初衷。一旦如此，专利申请文件的独立权利要求所保护的内容就不再是发明人所最想保护、做出核心贡献的内容。由此，"逻辑主线"中的"逻辑"给出我们要由"因"出发进行分析，在确定正确的保护方向上是有实际价值的。这个观点和《发明分析与权利要求撰写：专利律师指南（原书第2版）》一书中从问题出发进行发明分析的观点相同，是对该书观点的本土化总结。另一方面，也可以认为，这是结合对该书学习后，著者为之前的实践经验找出了理论依据。

本章的后续内容中，实际上很多也是著者学习了该书后的本土化总结。由于逐一加以注释可能过于麻烦，在此特别声明一下。有兴趣的读者可以自行阅读该书，从中能够获得更为原汁原味、更为充分的讲解。当然，这一章的内容不会仅仅是读书笔记，也有相当数量的内容是著者自身的认识。

逻辑主线中的"主"也有其存在的意义，这在和"发明构思"这一表述的对比中，有直观的体现。可以发现，"发明构思"中并没有主次的区分，而"逻辑主线"中则清晰地表达出所谓的线是"主"线而不是别的什么线。实践的意义在于，逻辑主线中的"主"，告诉我们要分主次、定重点。

所谓的分主次，是指在发明人提供的技术交底材料中，如果提及现有技术存在多个问题（问题会延伸到解决手段），则要从中确定一个主要问题，而不要以多个问题作为逻辑主线中的"问题"节点进行后续的逻辑分析。多个问题的同时解决，会导致解决这些问题的手段必然较之仅解决某一个问题的手段更多，以这样的分析结果确定出的独立权利要求的保护范围，必然会由于所具有的限定的特征更多而受到不必要的限缩。而这种限缩，通常是违背发明人的原意的，原因如下。

在一个发明方案中，发明人可能针对不同的技术问题分别提出了相应的解决手段，这些解决手段共同构成了一个完整的技术方案。但在这一完整技术方案中，所要解决的问题是有主次的，对应解决不同问题所形成的不同发明构思也是有主次的。

毫无疑问，对专利保护而言，有价值的应是重点掌握主要发明构思，以此确定最大的保护范围，至于次要的发明构思，则是在确定从属权利要求的较小保护范围时被加以使用。人的精力都是有限的，好钢要用在刀刃上。为此，要重点研究发明人的主要发明构思、主要技术贡献，不能眉毛胡子一把抓，将主要、次要发明构思混在一起进行分析，以免分析的重点，导致核心的主要发明构思要么没有被发现，要么被分析得不够透彻。

尽管逻辑主线相比发明构思在表述上存在优势，但实际上，仅仅是叫法的不同，二者的实质含义是一样的。或者可以这样说，逻辑主线给出了一个如何分析的分析工具，利用这样的分析工具，可以实现对于技术方案这样的物理对象，进行抽象的逻辑层面的分析，从而获得以技术形式表现的抽象因果关系，所获得的结果就是发明构思。

对这样的分析过程也可以概括为：忠于技术方案、还原发明构思、摆脱细节局限。

1.1.3 逻辑主线分析的重要性和必要性

1.1.3.1 贡献的对价

（1）对得起发明人的技术贡献

基于逻辑主线进行分析，目的在于使得发明人的贡献获得相应的权益回报，而不是只有牺牲、没有回报。

专利制度的一个基本原则是公开换保护。通常而言，一个技术方案要想获得专利权，相应的代价是要将其公开。注意，公开的具体技术方案中包括了该方案的技术实现，但同时也蕴含了该方案背后的发明构思。如果不以逻辑主线对这个具体技术方案进行分析，原封不动地将这个技术方案在工程上的具体实现转变为权利要求，或者，由于分析的方法不正确，将一些和解决问题无关的限定内容也体现在独立权利要求中，将会导致所要保护的独立权利要求的保护范围被错误地不必要限缩。这样的独立权利要求，不是一个体现了纯粹发明构思的权利要求，而是一个掺杂了不必要技术实现的杂质的权利要求。但与此同时，专利申请人的同行等竞争对手，很有可能在看到专利申请文件中所记载的技术方案后，自行分析该方案背后体现的发明构思，即我们所称的逻辑主线，并根据这样的高度概括的、抽象的发明构思，以本发明权利要求限定的具体实现手段之外的方式形成规避技术方案。这样的规避技术方案利用了发明人的发明构思，但没有落入权利要求的保护范围（至少没有落入文字保护范围），实施这样的方案并不构成专利侵权。在这种情况下，发明人贡献了发明构思，反而没有办法获得其发明构思所对应的权益回报，导致申请专利成为一个纯粹牺牲的行为。

基于逻辑主线对发明方案进行分析，目的在于尽可能地避免上述问题。正如之前讲过的，利用逻辑主线进行分析的目的，就是要摆脱工程实现层面的具体细节限制，获得发明人的核心发明构思，基于核心发明构思来界定权利要求的保护范围，实现对于发明人发明创造贡献在权利范围层面的对价设定。这样来看，基于逻辑主线对方案进行分析，不但重要而且必要。

（2）对得起申请人的资金付出

基于发明构思来确定保护范围，而不是错误地以具体方案本身形成保护范围，能够体现专利代理师的业务水平，这也更符合恰当代理费的对价。

合格的代理工作绝不是简单的文字整理、改写工作，而是一个兼具技术、逻辑、法律、语文、沟通的工作。以逻辑主线分析技术方案，通过与发明人的沟通确认、修改逻辑主线，以严谨的文字在专利申请文件中表达逻辑主线，合理而又不失主动地争取专利的保护范围，会让专利申请人感受到付出的代理费物有所值。

当然，代理师基于逻辑主线的分析所展现的专业素质，也会被专利申请人所认可，其业务上的不可替代性会越来越强。从这个角度来说，也是对代理师的价值回报。

1.1.3.2　搬运还是创造

代理师的贡献不在于内容的搬运，而是在于发挥专业优势，消除信息差。专利申请领域的信息差体现为：发明人通常认为发明就是一个具体的工程实现，而实际上，发明专利的本质是由发明构思所形成的经济垄断权益。

代理师要结合其专业知识，消除上述信息差。不能只做技术方案的搬运工，而是要把技术方案当作"原石"，剖开表层，获得璞玉，再经过精雕细琢，创造出一件相对完美的工艺品。造就这样的"工艺品"性质的专利，必然需要逻辑主线这样的刻刀。这种性质的专利的权利要求，不但能够对当前的各种替代方案进行保护，甚至还能在保护范围上涵盖未来可能出现的技术实现方式。这绝不是代理师的技术水平有多高，而是因为其能够基于逻辑主线的纯粹分析，摒弃那些和逻辑主线无关的细节内容，不把这些内容体现在独立权利要求的限定中。这样的权利要求在《发明分析与权利要求撰写：专利律师指南（原书第 2 版）》一书中被称为是"超越当下、富有远见"的。有兴趣的读者，可以参考该书中的"曲别针"案例分析。

1.1.3.3　为何不用方案比较法

使用逻辑主线进行分析的必要性和重要性，还体现在和方案比较法的对比上。

所谓的方案比较法，也是一种针对发明方案进行分析进而确定专利保护范围的方法。其核心思想是，将本发明的整体技术方案和现有技术进行对比，根据对比出来的区别特征，确定本发明的发明点，基于该发明点界定专利权利要求的保护范围。

可以发现，方案比较法与逻辑主线分析法的不同在于，前者从方案出发，后者则从问题出发。

从方案出发进行分析，严格来说是专利审查的思路，而不是挖掘发明构思的思路。这种分析方法用在专利审查过程中，其实是要确定发明方案和现有技术相比是否有区别，进而评判该区别是否足以导致该发明方案是一个新的方案，从而满足专利授权的条件。这在专利审查过程中是恰当的，原因在于，审查员所针对的分析对象是一个已经形成的要保护的方案，其仅需评价该方案的新旧与否，而不必区分该方案的核心和细节，更没有基于该区分的结果界定一个能体现核心而不受细节干扰的保护范围的需要。而在专利撰写之前所要进行的分析，则是要找到体现方案核心的发明构思。采用方案比较法进行分析，显然不能满足这个需求，并不是一个合适的分析方法。

更具体来说，如果采用方案比较法，有可能确定出多个本发明方案和现有技术的多个区别。在并非从问题出发，尤其是并非从要解决的核心问题出发的情况下，很可能无法分析出这些区别中哪些是应该体现在独立权利要求中的、哪些并不应该体现在独立权利要求中。造成的结果是，在独立权利要求中要么出现了过多的区别，不必要地限缩了保护范围，要么出现的区别并不是发明人的核心贡献所在。总结来说，从发明方案出发所使用的方案比较法，只是明确了分析的对象，确定了比较的基准，并没有确定分析的依据（真正的分析依据应该是问题），由此无法明确发明人提出发明创造的初心（技术问题），进而无法掌握作为发明人核心贡献的发明构思。

当然，从逻辑的角度来看，方案比较法是从方案这一"果"出发，反推得出要解决的问题这一"因"，这不但和发明人首先发现问题继而解决问题的创造过程相反，也和逻辑上的由因致果的逻辑顺序相悖。从这个角度来说，也应避免采用方案比较法进行撰写前的分析工作。

对于从问题出发进行分析，《发明分析与权利要求撰写：专利律师指南（原书第 2 版）》一书中进行了反复的强调，有兴趣的读者可以自行参阅。

1.1.4　逻辑主线的贯彻使用

明确、认可了逻辑主线的重要性和必然性之后，就要把逻辑主线切实加以贯彻使用。这也涉及一个站位的问题。

1.1.4.1　站位清晰

从定性上讲，要始终和专利申请人站在一起，从专利申请人的利益出发，在合理范畴内为专利申请人谋求利益的最大化。不可敷衍了事或不使用逻辑主线分析技术方案，而仅为了授权方便把具体的方案作为独立权利要求所要保护的技术方案。

从高度上讲，要超出发明人将发明认作工程技术实现的局限，站位在专利体现商业价值的高度，以逻辑主线为工具分析得出具体实现方案背后隐藏的发明构思，实现基于发明构思而非具体细节来确定权利要求的保护范围。

从广度上讲，以逻辑主线分析发明方案，可能还要站位于可能的侵权方。要不断地设想侵权对发明构思可能采用的规避方案，不断修正逻辑主线，调整保护范围。了解对手越多，越能够战胜对手，越有机会和对手合作。

1.1.4.2　使用坚定

即使站位清晰，也可能出现使用逻辑主线走样的问题。这可能是使用时的不够坚定所导致的。

立场坚定的第一个体现是，在利用逻辑主线进行分析后，所确定的独立权利要求字数很少，看上去保护范围也很大。这时难免会产生怀疑，这么大的保护范围，专利审查员会不会不高兴，不愿意授权呢？不要由于这样的怀疑而轻易动摇，不妨先坚定地走下去。

在保护范围的确定上，开始的期望高总比期望低要好很多，期望高还可以往下调整，期望低则就没有回旋空间了。这种期望由高到低的调整，可以是在撰写过程中，基于专利申请人自身对于保护需求所进行的主动调整，也可以是在后续专利审查过程中，基于审查意见所进行的被动调整，当然，也可能无须调整。但只要是调整，在保护范围上只能从大范围调到小范围，相反的调整则是在法律规定以及审查实践中不能被接受的。从这个角度来说，基于逻辑主线确定的保护范围即使看上较大，也没有什么坏处，反而能够为日后在此基础上作保护范围的限缩奠定较好的基础。当然，能坚定地走下去的基础是真的有道理，只有基于逻辑主线真正确定发明有贡献的技术特征，并把它体现在独立权利要求中，才能增强对于保护范围较大的独立权利要求的信心，才能对使用逻辑主线确定独立权利要求的保护范围保持坚定的态度。

立场坚定的第二个体现是，要真正地用逻辑主线，而不是把它当作摆设。尽管强调了逻辑主线是用来确定发明人的发明构思进而确定独立权利要求的保护范围的，但在实际使用时，有可能出现把逻辑主线这个工具当作技术理解而非逻辑分析的情况。这表现为，仅仅是基于逻辑主线，明确了发明的技术方案能够自圆其说，也结合技术问题确定了技术方案中的核心发明点，但在撰写独立权利要求时，却把逻辑主线抛在脑后，仍然是从技术方案自身出发，对于整体技术方案中的特征全凭主观感觉进行删减或上位。这其实是没有自始至终地坚持使用逻辑主线，这样撰写的独立权利要求很有可能是一个没有体现核心发明构思、没有包括解决技术问题所需的核心发明点的不恰当的权利要求。对于撰写出这样的独立权利要求，撰写者往往会这样解释："我也知道逻辑主线，也结合逻辑主线确定了核心的发明点，为了范围大，我在独立权利要求里面没有体现这个发明点，我把这个发明点放在从属权利要求了。"这种解释恰恰就是没有坚决贯彻使用逻辑主线的鲜明写照。这实际上是淡化逻辑主线的核心地位，弃逻辑主线于不用。

立场坚定的第三个体现是，要对确定的逻辑主线保持坚定的态度，不能一被质疑，就轻易改变已经确定的逻辑主线。这不是嘴硬能实现的，靠的是确定逻辑主线时的严谨、细致、深入的思考。能够坚定地确定逻辑主线，至少要阅读三遍发明人提供的技术交底材料。

第一遍，要对交底材料有一个整体的理解，大致明白发明人发现了什么样的现有技术缺点，技术方案的描述重点是什么，整体技术方案中是否有针对解决现有技术缺点的解决手段。这是一个对交底材料的框架性理解过程，并不需要十分关注细节。这一过程的目标是，对交底材料的内容是否符合基本的要求进行核实，初步确定可能作为发明构思的描述重点，为后续进行详细分析确定好分析对象。

第二遍，针对第一遍阅读后所确定的描述重点，进行细致、深入的阅读和思考。这一遍，首先要精准确定逻辑主线中的现有技术缺点，这个缺点通常应该是与之前所确定的描述重点相对应的现有技术缺点。其次要从这个现有技术缺点出发，始终带着"能不能"的怀疑心、"为什么"的好奇心，研究交底材料的技术方案到底能不能解决、为什么能解决现有技术缺点。在这个过程中，因果逻辑关系的使用是很重要的。这表现为，针对具体的技术方案中的各个技术特征，一方面主动确认交底材料中某个（些）特征和解决问题之间存在自圆其说的因果关系；另一方面，则是可以通过自我质问的方式，研究、确定技术方案中的某个特征是否和解决问题之间并无因果关系。通过这一有一无，初步就可以确定技术方案中哪些特征是用以解决问题的核心发明点，形成了逻辑主线的雏形。最后要以假设的方式进行思考。可以针对那些常规的技术特征，假设如果其不存在是否会影响技术方案的完整性，从而导致该方案在技术上无法实现；还可以假设，某个技术特征是否可以采用其他类似的替代技术特征实现，是否会影响技术方案解决技术问题或在技术上实现。通过上述假设方式的分析研究，对逻辑主线雏形进行完善，从而形成较为准确、纯粹的逻辑主线。

第三遍，则是通过再阅读一遍交底材料，对之前所理解的技术方案进行查漏补缺，对已经确定的逻辑主线再次加以确认，并明确需要让发明人补充、讲解的技术内容，从而为后续与发明人进行有效的沟通做好准备。

当然，上述阅读三遍交底材料，只是一个较为常规的构想。实践中，完全可能会由于交底材料的质量不同、代理师的理解能力和经验的不同，而导致出现阅读遍数更少或更多的情况。但目的都是一样的。就是通过阅读交底材料，基于对重点内容的有力度研究，获得坚实的逻辑主线。这样的逻辑主线，是细致、深入的反复思考的结晶。这样的思考就产生了对所得到的逻辑主线的自信和珍惜，也会使思考者自然愈发坚定、主动地使用这样的逻辑主线。

1.1.5　方法得当地得到逻辑主线

确定逻辑主线可能还有一些方法，使用这些方法有可能达到事半功倍的效果。

1.1.5.1　早用疗效好

确定逻辑主线，就好比用药治病一样，早用方能更好地见效。

所谓的早，是指要从阅读交底材料一开始，就以寻找逻辑主线为目的去阅读和分析，要避免一开始就落入技术的细节中，在把技术方案的工程实现细节都搞清楚之后再去分析逻辑主线。代理师掌握越多的技术细节，尽管获得了更多的信息量，但也产生了更多可能的干扰。这些干扰，使得代理师可能面对众多的技术特征而没有一个重点的突破口。突破口不明确，也就无法有针对性地进行逻辑主线分析，从而撕开技术方案表象的口子，获得背后的发明构思这一本质内容。再加上，整体技术方案中所具有的属于优选方案或有商业价值的内容，都可能会让代理师对于某些技术特征难以割舍，从而忘掉了纯粹的逻辑关系。这些细节都会导致逻辑主线的不纯粹，进而，出现逻辑主线的预期疗效不好。

要让逻辑主线疗效好，不妨从一开始就本着找到逻辑主线的目的，有目标地分析技术方案中的内容。该割舍的就割舍，不该看的就不看，"傻傻地"去想本发明到底要解决什么问题，从逻辑的角度去想到底是如何解决这一问题的。从而以这样的方式，尽快达到逻辑分析的疗效。

1.1.5.2　强烈好奇心、适度想象力

强烈的好奇心是获得清晰逻辑主线的强力推进剂。逻辑主线是一种因果关系的体现，其隐藏在技术方案后面，需要借助强烈的好奇心由表及里地挖掘它、发现它。

这种好奇心，好比你看悬疑剧时的好奇心，要想着到底是什么"作案动机"导致了"案件"的发生、从"作案动机"到最终的"案件结果"是否一步一步地符合因果逻辑关系。

适度的想象力对于获得质量上乘的逻辑主线而言，则是有效的催化剂。

这种想象力，好比你在做一道难解的数学题，不妨大胆假设、小心求证。可以设想技术方案中的某个特征如果不存在，或者被替换为其他实现方式，乃至以当前还不知道的方式加以实现，整体方案是否也同样可以实现发明目的。以这样的设想出发，避免逻辑主线受到与解决问题无关的特定技术实现细节的

干扰，从而获得更纯粹的逻辑主线，得到更本质的发明构思。当然，这样的想象力要适度，不能天马行空、漫无边际，应该在发明人的发明构思范畴内适度地加以想象。超出发明人的发明构思所进行的设想，不但没有必要，而且费时费力，得不偿失。

好奇心的强烈、想象力的适度，不仅可以为"矛"，用于刺破技术方案的表象，获得背后的逻辑主线；还可以为"盾"，当逻辑主线不被理解、受到质疑时，保护逻辑主线不被技术细节所干扰、所破坏。这表现为，即使发明人坚持认为某一特征是方案中必不可少的特征，仍然要"好奇"地想一想这个特征到底与解决问题之间是否存在必然的因果逻辑联系，如果不存在，则不能轻易认同发明人的观点，要再与发明人说理由、讲道理。当发明人对于某一特征是否可被替代持否定态度，则要发挥适度的"想象力"，向发明人说理由、讲道理，告知发明人从逻辑的角度来说，从发展的眼光来看，是可以采用替代特征同样解决技术问题的。所谓的向发明人说理由、讲道理，说的是在合理范畴内争取更大保护范围的理由，讲的是保护范围和具体技术实现不同的道理。

1.1.5.3　浓缩是精华

逻辑主线是一个因果关系，不受实现细节的干扰，因此，其应该是简短而有力的。这验证了那句话——浓缩的都是精华。

这对于实践的意义在于，我们可以确认一下，是否能够以一句话讲清楚本发明的逻辑主线。这样的一句话，不是很长的一句话，而是那种念出来中间不用喘气或者只需喘一口气的一句话。如果能够以这样简短的一句话将本发明的来龙去脉讲清楚，那么，也就抓住了本发明的本质，逻辑主线也就能清晰地确定了。相反，如果需要更长的话才能讲清楚本发明，则说明所谓的逻辑主线中，很可能还包括了因果关系之外的技术实现细节；或者，虽然用很短的话来描述本发明，但不能讲清楚本发明的来龙去脉，则意味着逻辑主线仍然没有触及发明方案的本质，因果逻辑链条并未完整地形成。

以一句话概括逻辑的主线，方便代理师和发明人沟通时，首先简明扼要地讲清楚自己对于发明的理解，请发明人加以确认，从而确定准确的沟通方向，提升沟通效率。当代理师对于是否准确理解方案拿不定主意时，也可以把这样的一句话概括的逻辑主线讲给旁边的同事听，看他是不是也能理解方案的发明构思。如果他听不懂，则说明自己对于技术方案还没有完全吃透，还需要进一步思考、分析，直至能够以一句话给旁边的同事讲明白本发明为止。这并不会耽误旁边同事多少时间，是一种验证对技术方案理解是否到位的有效办法。

1.1.5.4 结果切实际

通常而言，准确的逻辑主线不是一蹴而就能获得的，而是需要结合实际情况不断修正才能得到的。

这种修正，可能是朝着扩大保护范围进行，也可能是朝着缩小保护范围开展。但不论是哪种，都是以贴合实际情况而非拘泥文字或理论教条进行的。

例如，技术交底材料中描述的技术问题虽出自发明人，但这样的问题可能局限于某一特定领域。此时，可以和发明人进行确认，在其他领域是否也存在相同的技术问题。如果的确如此，则可以修正逻辑主线中的技术问题，相应地获得一个更大的且贴合实际情况的保护范围。当然，也可能出现发明人认为某一基础问题在现有技术中已经存在并已经得以解决，其所提供的技术方案只是在此基础上进行进一步的改进。如果结合实际的检索发现，该基础问题并未被发现或并未被解决，则可以将逻辑主线修正为以该基础问题为逻辑起点而构成的逻辑主线。这样的逻辑主线无疑能确定出一个更大的保护范围，且这样的保护范围是切合实际情况的。

当然，完全也可能出现结合实际情况将逻辑主线所对应限定的保护范围进行适度缩小的情况。例如，对于初步确定的逻辑主线，稍加检索就发现其对应的发明构思存在很大的新颖性、创造性风险，则当然有必要结合这一检索结果适度地对逻辑主线加以修正。再如，初步确定的逻辑主线，摆脱了具体领域的限制，能够获得一个更大的保护范围。但从专利申请人的角度讲，其根本没有跨领域的商业竞争，而是聚焦于其所处特定领域才有专利保护的需要。此时，不限特定领域的逻辑主线就脱离实际了。以这样的逻辑主线所确定的权利要求的保护范围，虽然更大，但"更大"的部分却对专利权人没有用处。相反，这种"更大"的范围，反而使得专利申请在审查过程中遭遇更多新颖性和创造性方面被质疑的风险，推迟了专利授权的进度，对专利申请人来说是不利的。这种脱离了专利申请人实际保护需求的逻辑主线，仅仅是理论上的逻辑主线，当然应该结合实际加以修正。

需要注意的是，虽是结合实际情况修正逻辑主线，但所谓的实际情况不是指技术实现细节，甚至，在修正逻辑主线的过程中，要遏制采用具体实施例来修正逻辑主线的冲动。一旦不能遏制这样的冲动，则很有可能使得逻辑主线受限于技术细节，失去"逻辑"的纯粹性，造成寻找发明构思的目标不能那么纯粹地达成。恰当的修正，应该仍然固守逻辑主线中"逻辑"这一根本属性，结合实际情况的需要，对逻辑主线中的相关节点进行谨慎的适应性调整。在修正逻辑主线时，一上来就把具体实施例中的技术实现细节增加到逻辑主线中，是鲁莽甚至错误的做法。

1.2　撰写技巧上的补充

基于逻辑主线能够确定发明构思，从而大体确定保护范围，但最终保护范围的确定，仍需要"撰写"这一道工序。这道工序中的主要注意事项，著者在《专利申请文件撰写实战教程：逻辑、态度、实践》一书中已经讲解过了，这次作一些补充。

1.2.1　随意和有意

1.2.1.1　随　意

权利要求要以文字来表达，表达就有表达习惯。要注意，不要因为表达习惯的随意，而给权利要求增加未曾预期的不必要限定。

这种不必要的限定，一种情况是一些语文中的连接词。比如"同时""接着"这样的连接词。这种连接词在撰写时可能被认为仅起到不同动作之间的连接作用，仅是语法上的需要，没有实际的含义。但在侵权诉讼中，却有可能被解读为具有实际的限定含义。例如将"同时"解读为同一时刻，将"接着"解读为存在先后顺序关系。这样的解读，无疑会不必要地限缩权利要求的保护范围。

不必要的限定的另一种情况，是一些看似不重要的形容词。例如，高分辨率滤波器中的"高"、可快速移除的标签中的"快速"。姑且不说这样的形容词是否会导致权利要求不清楚，仅从保护范围的角度来说，这样的形容词也可能导致不必要的限缩保护范围。例如，被诉侵权方可能辩称，其滤波器并非高分辨率的，或者标签的移除并不快速。❶ 这些形容词可能原本在技术交底材料中作为整体名词的一部分而出现，如果不加辨认、不加注意，随意地将这样的形容词直接放到权利要求中，则可能导致在撰写时出现未曾预期的问题。

1.2.1.2 有 意

随意可能导致保护范围被不必要的限缩，有的时候，有意而为之的撰写结果，也可能对权利要求的保护范围产生不必要的限缩作用。例如，在撰写坐具的独立权利要求时，为了后续撰写有关椅背具有透气孔的从属权利要求能够方便地引用独立权利要求，有意地在独立权利要求中体现椅背这一技术特征。这虽然使从属权利要求可以直接表达为"所述椅背为具有透气孔的椅背"，但对于独立权利要求而言，正是因为出现了"椅背"这一限定，使其保护范围无法涵盖不具有椅背的凳子这一对象，"坐具"这一原本的上位也就由此失去了意义。实际上，完全不必为了从属权利要求而舍大取小。引用方便的需要，完全可以在从属权利要求自身中加以解决。例如，上述案例中，代理师可以在从属权利要求中这样限定：所述的坐具具有椅背，所述椅背为具有透气孔的椅背。

撰写中的有意，应该是更多的想着潜在对手的"有意"。钱钟书在《围城》里面说道：情敌的彼此想念，比情人的彼此想念还要多。在撰写的时候，真的有必要去践行这句话。

谁是专利申请人的"情敌"啊，专利审查员和竞争对手无疑可能性最大。由此，在权利要求乃至专利申请文件的撰写中，要更多揣度这两个情敌会怎么想、怎么做，在撰写中做好提前的准备。

例如，对于撰写的权利要求，不能只是一厢情愿地认为文字表达的意思就是我们要表达的意思，代理师撰写时要摆脱这种想当然的观念，而是要从

---

❶ 斯拉茨基. 发明分析与权利要求撰写：专利律师指南（原书第 2 版）[M]. 吴军芳，马天旗，吕占江，等，译. 北京：知识产权出版社，2020.

审查员的视角去理解文字表达可能的技术含义。举例来说，权利要求中采用了"第一部件与第二部件相连接"这一文字表达，实际想表达的意思是这两个部件以例如螺栓连接的方式实现可拆卸的连接。但如果能够更多地、有意识地想想审查员会怎么想，以审查员的视角来分析这个文字表达，会发现："相连接"并不能体现可拆卸的连接的含义，当现有技术中存在例如焊接这样的固定连接方式时，将导致这一特征被公开，进而可能影响权利要求的授权前景。

再如，可以针对撰写的权利要求，有意地假设自己作为竞争对手，有没有办法在使用发明构思的情况下不受专利保护的限制。这就需要代理师换位思考、反复琢磨。有意地考虑作为竞争对手，是否能将权利要求保护的方法中的某个步骤交给另一方去完成，同样可以整体实现本发明的方案；可以思考作为竞争对手，是否可以仅仅制造或销售权利要求保护的产品中的一部分，而另一部分则由其他厂商制造或销售；还可以思考作为竞争对手，是否可以对权利要求的文字表达，作符合通常含义但并非本发明原本含义的别样解读，以通过这样的解读说明对于该权利要求的侵权行为并不成立。

上述对于情敌有意地"想"越多，对于获得专利权、行使专利权的不利情况提前思考得越多，相应的在权利要求中的提前预案也就会愈加充分，自己的"情人"，也就是本发明的专利权，才能越来越好。

1.2.2 "由心生"和"落场景"

"由心生"要说的是脱稿的问题，"落场景"要说的则是念稿的问题。只不过，这两个稿有所不同。

"由心生"是指在撰写权利要求时，可以脱离对于技术交底材料甚至说明书的依赖，以类似于默写的方式至少撰写出独立权利要求的内容。这样做的必要性在于，如果在撰写独立权利要求时，仍然要不断参照技术交底材料或者说明书的文字记载，那么，难免会受到其中所记载的细节内容的干扰，这有可能导致独立权利要求的保护范围在不经意间受到不必要的限缩。这样做的可行性则在于，在撰写独立权利要求时，应当是对发明的技术方案已经进行了充分的分析，已经基于所确定的逻辑主线对于如何保护这个方案了然于胸，此时，完全有条件做到基于对发明构思的充分理解撰写相应的独立权利要求。

这样做，其实与以逻辑主线来确定保护范围的理念是相契合的。能脱稿的发乎于心的内容，不可能是较为复杂的技术实现，只能是简单的因果逻辑关系；而"由心生"的过程，通常是从问题到解决的逻辑顺序。这些都和逻辑主线的要求相匹配。以"由心生"而非"由稿生"所得到的独立权利要求，通常是较为简洁的，保护范围可能更能满足保护预期。

简单来说，在撰写独立权利要求时，撰写方式要"由心生"，撰写结果则应力求简洁。这个原则对于撰写好独立权利要求应当有所帮助。

"落场景"考虑的是念稿的问题。这里的稿指的是专利申请文件中的权利要求，"念"则是指要在具体场景中念出这个权利要求可能有或无的价值。

"念"场景，首先可以是诉讼、许可场景下被诉对象的落实。可以在阅读权利要求之后，设想该权利要求到底可以在诉讼、许可过程中对谁来发挥作用，将权利要求撰写成能够真正对潜在竞争对手而非对合作伙伴发挥作用的权利要求。例如，对于设备制造商，如果为其撰写的权利要求仅是设备的使用方法，那么，这样的权利要求可能只能针对购买并使用该设备的合作伙伴来发挥作用，从商业的角度来讲，专利权人可能根本就不会这样做。这时，至少应该调整权利要求的保护主题，撰写出设备本身以及设备制造方法的权利要求，让这样的权利要求能够在针对其他设备制造商的诉讼、许可场景中发挥作用。

"念"场景，其次可以是费用的落实。可以落实到可能的许可、诉讼场景中，分析当前所撰写的权利要求是否能够为专利权人获得本应获得的尽可能大的收益。例如，当某个零部件自身的销售获利相比于其所在的整体产品要小的情况下，仅撰写以该零部件为技术主题的权利要求，显然是无法实现专利权人利益最大化的。

"念"场景，最后可以是实施专利的行为的落实。要针对撰写的权利要求进行分析，判断对于该权利要求所保护方案的实施行为，是否会必然归因于同一主体，避免由于可能的多主体的出现，而导致专利权无法有效行使的问题。常见的情况是方法权利要求中的多主体表达，这会导致使用方法权利要求所保护的方案，需要由多个不同主体来完成，针对其中单独的一个主体，则貌似在专利侵权判定的全面覆盖原则基础上，难以被判定侵权行为成立。当然，针对这一问题，可能有争议和不同结论，但采用单一主体来描述方法权利要求显然是解决相关风险的有效途径。

1.2.3 厘清主从关系

独立权利要求也被称为主权项，从属权利要求也被称为从权项。这里的厘清主从关系，讲的就是厘清主权项和从权项之间的关系。独立权利要求界定了一个在各个权利要求中最大的保护范围，从属权利要求则是通过直接或间接引用独立权利要求，以进一步限定的方式形成了较小的保护范围。这二者的关系不是很清晰吗？这二者的关系还有什么需要厘清的呢？

当然有！因为在实际工作中，这个很清晰的关系很有可能被淡忘甚至错误理解了。这会造成这样的结果：独立权利要求写不好，往往是由从属权利要求所导致的。

听着奇怪吧。其实一点都不奇怪，这种情况甚至还挺普遍！

实践中，代理师可能为了通过独立权利要求获得一个尽可能大的保护范围，就对独立权利要求的相应特征进行了很多的上位，上位到了上位概念含混不清，上位到了本发明的核心发明点在独立权利要求中完全没有体现。为什么要这样做呢？可能的解释是：相应的解释或者本发明的核心发明点，被体现在从属权利要求中了，各个权利要求构成一个整体，在独立权利要求不清楚或者不能体现发明点的情况下，代理师采用从属权利要求来解释独立权利要求。这个观点是有问题的。

各个权利要求确实构成一个整体，但同时需要注意的是，每个权利要求都是用来独立界定一个保护范围的，其本身应该是清楚且满足新颖性、创造性方面授权条件的。对于独立权利要求而言，如果需要基于从属权利要求对其进行解释才能符合上述授权条件，那么，实际上已经不是这个独立权利要求，而是相应的从属权利要求符合授权条件了。这样的独立权利要求也由此成了一个无用的、作废的权利要求。何必要打着争取更大保护范围的幌子，写这么一个无用、作废的权利要求呢？这时就出现上面提到的结果，独立权利要求写不好往往是从属权利要求导致的。就是因为代理师认为从属权利要求能够提供很多"解释""下位"的退路，所以可着劲地对独立权利要求进行模糊和不当的上位概括，导致独立权利要求无法被看懂、无法体现与现有技术的区别。更为重要的是，在撰写权利要求时，代理师天然地对于独立权利要求的重视程度高于从属权利要求，撰写从属权利要求时可能就不如撰写独立权利要求时考虑得那么周全、严谨了。当独立权利要求是一个无用的、作废的权利要求时，从属权利要求由于代理师重视程度不够而难免出现保护上的瑕疵，对于技术方案的整体保护就难免不妥当了。

从这个角度也可以引申出，应该避免这种重视程度上的差异，将从属权利要求当作独立权利要求进行撰写。

实践中，最初提交的专利申请文件中的独立权利要求能够独善其身走到最后的少之又少。独立权利要求要么是在专利审查过程中，要么是在专利无效宣告程序中，被加以修改。而基于从属权利要求进行修改，是修改独立权利要求的常见方式。由此，对于各个从属权利要求而言，未来也许成为独立权利要求本身或者其一部分。从这个很有可能发生的身份转换来说，将从属权利要求当作独立权利要求来撰写，是有必要的。

明确了这一点，撰写从属权利要求的一些要求就不言自明了。例如，《发明分析与权利要求撰写：专利律师指南（原书第 2 版）》一书中提到，撰写从属权利要求时，每一寸领土都不要轻易放弃❶，其就是在讲即使在撰写从属权利要求时，也要"抠门"而不能大大咧咧地"大方"。因为原始撰写从属权利要求时的大方，会导致日后"身份转变"时的范围损失过大。而对于从属权利要求要提供专利权利稳定性的贡献，则也是从"身份转变"的角度所提出的要求。一旦独立权利要求不能经受住新颖性、创造性的考验，需要对从属权利要求进行"身份转变"时，从属权利要求需要具备足够的抗击打能力，方能在独立权利要求的位置上站稳脚跟。

为了满足上述两个要求，或者说达到将从属权利要求当作独立权利要求进行撰写的目标，可以参考基于逻辑主线撰写独立权利要求的思路，基于逻辑主线撰写从属权利要求。即撰写每个从属权利要求之前，首先确定这个从属权利要求所针对解决的子问题，这个子问题可以是逻辑主线中的主问题的进一步下位，也可以是附加的新问题；然后基于该子问题确定解决该问题的子必要特征作为该从属权利要求进一步限定的内容。由于这样的子必要技术特征能够体现解决该子问题时的技术贡献，且该从属权利要求中仅进一步限定了该"必需"

---

❶ 斯拉茨基. 发明分析与权利要求撰写：专利律师指南（原书第 2 版）[M]. 吴军芳，马天旗，吕占江，等，译. 北京：知识产权出版社，2020.

的子必要技术特征,因此能够满足从属权利要求保护范围"抠门"且能够提供创造性贡献的要求。

当然,撰写从属权利要求还要考虑其所要保护的方案是否具有商业价值的问题,这在撰写独立权利要求时也是应当被考虑的,只不过,在撰写从属权利要求时,要以是否具有商业价值进行特别的筛选罢了。这可能是从属权利要求撰写时应特殊考虑的地方。

1.2.4 加强业务学习、更新撰写技巧

这是老生常谈的问题,但在一线的实践者往往对此不够重视甚至不屑一顾。有的人会这么想,我都干了那么久了,各种撰写技巧都已经很熟悉了,还有什么需要学习、需要更新的……

这种骄傲自大的态度是错误的,应该始终以谦虚的态度多加学习。

空喊口号没有用,结合实际的例子更能说明这个问题。

对于独立权利要求,一直以来所强调的都是要避免具体实现细节的干扰,撰写一个保护范围尽可能大的独立权利要求。例如,当看到一个体现了实施例中细节的独立权利要求时,一些经验丰富的代理师可能对此嗤之以鼻。但如果这样的实施例式的独立权利要求,是与为了争取更大保护范围的常规独立权利要求共同出现时,其可能有其特定的存在意义和价值。这在《发明分析与权利要求撰写:专利律师指南(原书第 2 版)》一书中有明确的介绍。

再如,通常而言,从属权利要求应当进一步限定一个新的保护范围,如果从属权利要求的内容仅仅是针对所引用权利要求的特征进行解释说明,而非进行细化的下位,惯常的理解是这样的从属权利要求没有界定一个新的保护范围,并不是一个有效的权利要求,这甚至造成了权利要求项数的不必要浪费。但同样是在《发明分析与权利要求撰写:专利律师指南(原书第 2 版)》一书中,恰恰就介绍了这样的解释型从属权利要求。这样的权利要求不仅能使得权利要求的整体稳定性更强,甚至还能使得独立权利要求可能获得超出撰写者预期之外的更大保护范围。如果通过学习掌握了这种撰写技巧并加以应用,没准能为专利申请人争取到更大的利益。

再如,当确定权利要求的保护类型时,在可能的情况下,代理师更倾向于选择产品权利要求而非方法权利要求。主要的理由是,方法权利要求难以举

证，而产品权利要求的举证难度相对较低。这种选择倾向并非一成不变的正确。当侵权方实际上反复实施专利所保护的方法，而仅一次性地销售专利所保护的产品时，从确定赔偿金额的角度讲，侵犯方法专利权所对应的赔偿金额将明显高于侵犯产品专利权所对应的赔偿金额，这时，方法权利要求自然应是撰写时更倾向于选择的权利要求类型。

因此，世事无绝对。不要认为某个观点、某本书的说法就绝对正确、不可更改，要以发展的眼光看问题，虚心学习各种先进的理论和实践经验，为我所用。这是很早以前就有的经典论述，我们应当认真践行。

1.2.5 有情、有趣的撰写

专利申请文件是一份承载了技术内容的法律文件，自然应当严肃、严谨地撰写。但是，严肃、严谨和有情、有趣并不矛盾。完全可以在严肃、严谨的基础上，投入感情、增加趣味性地撰写，这甚至使得专利申请文件能够更好地发挥它的作用。

有情的撰写，指的是在撰写专利申请文件时，要投入真感情。这个真感情是对要保护方案的爱，是对它真认可、真喜欢、真赞美。有了这份感情，在撰写时就会自然而然地在字里行间流露出来。甚至都不需要什么样的撰写技巧，本发明在发现问题、解决问题方面的贡献，在与现有技术比对上的优势，都会被你想方设法地清晰而着重地呈现出来。当然了，现实中，这个真爱还是需要一定的物质条件来支撑的，让人饿肚子产生不了真爱。

有趣的撰写，说得直白一些，就是以写小说的方式来撰写专利申请文件。不能认为专利申请文件就应该是一个枯燥、难懂的技术和法律文件。要设想阅读者的需求，以有趣的撰写方式，使阅读者愿意跟着你的思路读下去，最终顺利、愉快地阅读完整篇专利申请文件。从技巧上来说，专利申请文件的撰写至少要做到各个内容环环相扣。在说明书的背景技术部分，应简洁地引出现有技术的问题，也可以富有情感地描述该问题迫切需要解决（如果的确如此），从而吊起阅读者的胃口，让他有兴趣接着想看本发明的解决手段。在说明书的发明内容部分，则要想着阅读者的需要，以讲故事的方式讲解本发明解决现有技术问题的解决思路，从而让阅读者能够对本发明有一个轮廓性的整体认识。在说明书具体实施例部分，则可以将本发明的故事朝着纵深发展，以具体实例的方式，结合具体场景、直观的附图，介绍不同的具体实施例，从而让阅读者对于本发明的故事有一个更为清晰的把握。整体上，如果阅读者在看完专利申请文件的完整说明书后，能够较为轻松地得出"我看懂了"的结论，那么有趣的撰写目标也就基本达到了。

有趣的撰写好处有哪些呢？至少有以下三个。

第一，有趣的撰写能够方便日后法官、竞争对手更容易地看懂本发明，从而方便法官进行有利于专利权人的侵权判定，有利于竞争对手作出愿意接受许可条件的决定，这些在《发明分析与权利要求撰写：专利律师指南（原书第2版）》一书中有相应的分析。

第二，有趣的撰写能够方便创新主体的专利工程师快速阅读、审核完整篇说明书，减少他们的精神和体力负担。他们的负担减轻了，代理师的审核压力也就小了。

第三，作为代理师，如果能够将有趣的撰写作为习惯，那么，撰写本身可能就是有趣的，撰写的成果自己回头再阅读时可能也是有趣的。这会给代理师日复一日的枯燥工作，带来一些有趣的元素，对他们也是好事。

1.3　发明人是我们的好队友、好战友、好朋友

撰写专利申请文件，利用好发明人的帮助是必要且重要的。和发明人的关系，应该是至少成为队友，发展成为战友，最好成为朋友。

1.3.1　队　友

1.3.1.1　资　格

队友首先有一个资格的问题。在一个球队中，如果你的球技太差，根本不会踢球，想必不会成为其他人的队友。成为发明人的队友同样如此。

对于发明人所要保护的技术方案，代理师只有先具备一定的技术基础、了解了相关的背景知识、仔细阅读了发明人提供的技术材料，才能建立起与发明人的对话可能，双方才能在一个基本的技术水平上开始后续的合作。落实到发

明人所提供的特定技术方案上，需要对发明人的发明构思至少有一个大致轮廓的理解，这样才能针对这个方案向发明人提出问题、获得解答。这些就是专利撰写工作中所需要的基本技能，是代理师和发明人之间形成队友关系的基础。

1.3.1.2 明确起点、谨慎前行、适当回溯、控制方向

成为队友就要在球队中相互配合。在与发明人沟通过程中，这种相互配合体现为：明确起点、谨慎前行、适当回溯、控制方向。这在《发明分析与权利要求撰写：专利律师指南（原书第2版）》一书中有详细介绍，著者对此进行了概括性的总结。

所谓的明确起点指的是：要至少明确当前已经懂的，从哪里开始出现了难以理解的困难。尤其是对于逻辑主线的链条来说，要清晰地明确出该链条的哪个节点出现了理解的困难，从这个节点出发让发明人帮助解答，从而能够有针对性地开始与发明人的技术交流。相反，切不可漫无目的地告知发明人自己对于整个方案都不太理解，或者仅是简单地让发明人把方案再讲解一遍。发明人会感到很是困惑："我把方案都在技术交底材料里面讲了，还用我再讲一遍吗？"

所谓的谨慎前行指的是：要一个环节一个环节地逐步向前推进，构建起逻辑主线的完整链条，切不可在某个环节还不清楚的情况下，就贸然进入技术方案或者逻辑主线的下一个环节进行沟通。基础不牢很有可能导致后续的理解也不到位，幻想寄希望于对后续内容理解清楚而使得前面的内容也能搞明白，往往是徒劳的。

所谓的适当回溯指的是：沟通时别那么着急，适当往回看。在实际沟通中，可能出现发明人以为你明白了，而实际你并未明白或者明白的不是发明人想要你明白的意思的情况。因此，适当的回溯对发明人所讲解内容的理解是必要的。这能够确保在一次沟通中，代理师对于沟通内容的理解是准确的，避免出现理解错误而需要重新沟通的情况，提升整体的沟通效率。

以上这些，好比代理师是足球场上的前锋，要让作为中场队员的发明人，有明确目标地给你传球，这就要起点明确；你呢，则不要那么冒失，在整体队形脱节的情况下，你跑得再快也得不到相应的支持，这就是谨慎前行；最后，不要只顾往前场跑不理后场的队友，可以适当回撤和队友策应一下，这就是所

谓的适当回溯。

　　还有一个问题是控制方向，这涉及了身份定位的问题。在理解发明方案的过程中，代理师虽然与发明人是队友关系，但代理师最好是篮球比赛中的控球后卫或者橄榄球比赛中的四分卫，起到一个主导方向的作用。毕竟，沟通方案是按照代理师的撰写需求进行的。在与发明人的沟通中，发明人有的时候很愿意讲，但讲着讲着可能就会讲到发明构思之外的其他内容，比如大量的非技术内容或者过于细节的技术内容。这些内容可能偏离了发明构思，其实对于理解方案而言，并不是很重要，甚至，大量的这些内容，有可能构成对于理解方案的噪声。发明人讲解了他认为有用而实际对于代理师用处不大的内容，也会造成没有必要的浪费发明人的时间、精力。为此，为了有效利用沟通时间，在整个沟通环节中始终围绕逻辑主线或核心需求这样的大方向进行沟通是十分必要的。一旦出现发明人讲解的内容偏离这一方向，完全可以及时打断他，把他重新拉到正确的轨道上来。不要不好意思，发明人毕竟是我们的队友。

1.3.1.3　是队友不是教练

　　发明人是队友还意味着不要把他当作教练。在与发明人的沟通中，从形式上不要把发明人作为老师来让其开展教学工作。一方面发明人也不愿意进行教学，他没有那个时间。另一方面，如果是发明人进行教学，其讲解的方向很有可能并不能匹配代理师的理解需求，会出现讲的不是你想听的，想听的却没有被讲到。由此，尽管在心态上要把发明人当成老师，但在形式上则是要把发明人当成学生来询问。不要不好意思，这样才能使发明人变成你的好队友。

1.3.2　战　友

1.3.2.1　厚脸皮去寻找精准火炮支援

　　发明人发展成为代理师的战友，对双方都是有利的。

　　理解一个技术方案、争取专利保护的利益最大化，好比攻克一个山头，肯定需要炮火支援。

　　在网上搜索、查阅教科书乃至向身边的同事请教，都会为你提供技术理解方面的支持，但这样的支持不够精准、不一定有效。

在技术理解中，发明人甚至只有发明人才能给你提供最有力的火力支持。他会给你提供关于本发明方案的针对性的技术讲解，他会帮你澄清、确认本发明的发明构思，他会为你提供尚需补充的技术内容。简言之，发明人能够给你提供最有针对性、最为准确的技术支持。

相比于大海捞针式地寻找答案，发明人的技术讲解自然更高效；相比于从互联网、其他同事那里获得技术信息，发明人讲解的内容自然更准确。

不要不好意思去请教发明人，要知道，发明人是代理师的战友，我们的共同目标是做好对本发明技术方案的专利保护，以这个理念，厚着脸皮，掌握一些沟通技巧，自然也就敢于主动寻求作为战友的发明人的帮助了。

1.3.2.2　像战友那样去思考

战友在战场上生死与共。把发明人当作战友，我们就不能敷衍了事地理解技术方案，就不会对于为发明人争取技术方案的授权以及权益最大化而漠不关心。同时，正是因为同在一个战场，所以战友之间相互理解。不妨将我们的种种努力背后的原因，简单地透露给发明人，让我们的战友理解我们、更加信任我们。这样，发明人可能更愿意抽出宝贵时间来讲解技术方案，更能够理解为何我们那么好奇、为何有那么多的"为什么"，更能够理解权利要求为何采用了看似特殊的表达方式。双方的理解增强了，沟通的效率也就更高了。

1.3.3　朋　友

让发明人成为代理师的朋友，这就涉及换位思考和感情投入两个方面。

换位思考，是让发明人从陌生人向朋友转变，感情投入则是让发明人真正成为代理师的朋友。

1.3.3.1　不讨厌

要想交朋友，首先得让对方不讨厌我们。在和发明人的沟通过程中，不要做那些干扰发明人正常休息、工作的事，这很容易，换位思考就可以。

比如，我们自己可能中午都会稍作午休，换位思考一下，是不是就不要不加考虑地在下午 1 点左右给发明人打电话请求沟通方案。

再如，如果我们很多次、超长时间与发明人进行方案的沟通，换位思考一下，这是不是会对于发明人正常的研发工作造成干扰。为此，是不是我们在沟通方案之前，先形成一个沟通大纲，有重点地完成主要内容的沟通，并尽可能地一次沟通清楚核心问题。对于次要问题则可以通过邮件等其他不干扰发明人日常工作安排的方式，来完成沟通工作。

人都是有感情的，我们对发明人的换位思考越多，则越不会出现打扰发明人的情况，发明人也会体会到我们的贴心和用心。双方少了隔阂、多了体谅，自然沟通起来会越来越顺畅。

1.3.3.2　流露真感情

感情投入通常都是会有回报的。

在与发明人的沟通中，最好能够投入并体现出真感情。这个真感情的体现是，对发明人所提出的技术方案真正感兴趣。对技术方案的感兴趣会延伸到对发明人创造能力的认可上，潜移默化地体现出对发明人能力的认可和赞赏。这样的真感情的投入甚至可能让发明人获得知音难觅的满足感，在这种氛围下所进行的沟通自然是顺利且愉快的。

优秀的代理师，可能从一开始就会把发明人默认为自己的朋友。他可能会秉持前面所讲的队友、战友的定位，凭借着对自己专业技能的自信，以放松的心态，用朋友聊天的口吻与发明人沟通。当然，一些代理师可能还不能做到这样的游刃有余。没关系，慢慢来，只要提前做好充分的准备，别紧张，放轻松，发明人会逐步地成为你的队友、战友和朋友的。

当然，上面所说的各种"友"，前面还有一个"好"字。从"一般"到"好"，这中间隔着我们的专业技能和用心付出。

第 *2* 章

不断推敲、不断打磨

第 1 章以对《发明分析与权利要求撰写：专利律师指南（原书第 2 版）》一书的学习和总结为主，第 2 章则以应用为主，更加具体地对专利申请文件撰写这一专利实务中的热点问题进行讨论。

2.1　曾经的案例

第 2 章就讲一个案例，这个案例可能是大家都熟悉的，它曾出现在《专利申请文件撰写实战教程：逻辑、态度、实践》一书中。

你可能没看过那本书，著者下面把这个案例的大体情况简单介绍一下。

2.1.1　模拟案例的技术方案

假设发明人提出了一个有关椅子的技术方案，根据发明人介绍，该椅子的创新包括以下三点。

第一，现有的椅子，只能为使用者提供座位。然而，在有些会议室中，往往并没有提供办公桌，人们在会议过程中，常常需要进行文字记录，现有的椅子由于没有提供一个可供使用者书写的平台，因此使用者往往只能将书写本放在腿上进行记录，给使用者带来了不便。为此，发明人提出在椅子的右侧扶手处安装一个可以翻转打开的书写板。在椅子仅被作为座位使用时，该书写板处于收起状态，而当需要进行书写时，可以将该书写板翻转、打开，以便为使用者提供用于书写的平台。

当然，在现有技术中，也存在椅子上装有书写板的情况，但是，其书写板是固定的。这样设置的书写板虽然可以方便使用者书写，但由于书写板占据了座椅前部的空间，因此会造成人们坐下以及离开时十分不便，另外，由于书写板不能被折叠收起，也会造成对座椅移动以及收纳的不方便。

第二，现有的椅子，靠背部分透气性差，导致人们在夏天久坐之后，会感到后背很热，影响了使用者的使用体验。为此，发明人所提供的椅子中，其后背部分具有一系列规则分布的小孔，通过多个小孔实现良好的通风效果，避免散热体验差的问题。

第三，对于有些会议室而言，其往往是多功能的。有时该会议室被用作开会，而有时该会议室则会被用于上瑜伽课、节目彩排等用途。在进行后者此类用途时，需要将会议室中的椅子聚集起来，以便腾出相应的空间。发明人发现，现有的椅子并不具备轮子这样的移动部件，这导致人们往往需要花费很大的气力来移动椅子。为此，发明人提出在椅子的四个椅腿的底部均增加轮子，以方便人们移动椅子。

此外，从整体上来说，发明人所提供的椅子的主体框架是不锈钢材质，座椅的椅背采用有弹性的软塑料材质，扶手和椅座处则采用硬塑料材质。

对于这样一个新型的椅子，发明人希望获得专利保护。假设发明人针对该椅子所提出的三个改进点均不属于现有技术，那么，我们该如何保护这个椅子呢？

2.1.2 模拟案例的曾经版本权利要求

针对这样的模拟案例，著者之前提供了多个版本的独立权利要求。

2.1.2.1 版本一及其分析

版本一的独立权利要求如下：

    1. 一种椅子，其特征在于，包括：椅腿、椅座、椅背、扶手以及轮子。

版本一的主要问题是，主观地将"轮子"作为核心发明点。所确定的采用增加轮子来解决移动不方便问题的逻辑主线，是纯凭感觉，而非还原发明人本意所确定的。这很有可能导致撰写质量的不稳定，这样确定的权利要求的保护范围很可能并非发明人原本预期所要保护的范围。

2.1.2.2　版本二及其分析

版本二的独立权利要求如下：

> 1. 一种办公座椅，其特征在于，包括：
> 可折叠的办公桌板；
> 底部有可以动的滑轮；
> 软性通风的座椅靠背。

版本二的主要问题是，从一个极端走向了另一个极端。虽然不是主观地选择自己认为重要的改进点作为核心发明点，但是，将三个改进点一股脑地全部体现在独立权利要求中。这其实是没有确定逻辑主线，仅仅照搬具体实施例稍加调整作为独立权利要求，直接的结果是该权利要求的保护范围很小。基于侵权判定中的全面覆盖原则，只要所制造的椅子不具备轮子、靠背的通风或办公桌板可折叠这三个改进点中的任何一个，都不会落入该权利要求的保护范围。为了方便初学者理解，可以这样解读版本二的权利要求所保护的椅子，即一个兼具桌板可折叠、底部有轮子、靠背软性通风三个特点的椅子，缺少其中的任何一个特点的椅子，都不是该权利要求所保护的椅子。

2.1.2.3　版本三及其分析

版本三的独立权利要求如下：

> 1. 一种多功能椅子，其特征在于，包括：
> 滑轮、支架、底座、书写板、靠背、扶手；
> 所述滑轮安装于所述支架底部；
> 所述底座安装于所述支架的上部；
> 所述靠背与所述底座连接；
> 所述书写板与所述支架连接；
> 所述扶手与所述支架、所述靠背连接。

版本三的独立权利要求，著者之前没有进行过详细的分析，但如果掌握了逻辑主线的分析思路后就不难发现，该权利要求貌似是逻辑主线不清晰的产物。

版本三的独立权利要求中，限定了"滑轮安装于所述支架底部"，貌似以通过增加轮子来解决移动不方便问题为逻辑主线。但与此同时，又限定了"书写板与所述支架连接"。即在逻辑主线中增加了有关书写板的发明构思。此时，逻辑主线的"主"就不那么纯粹了。在该逻辑主线中，实际上出现了完全并列的两个逻辑起点，形成了完全并列的两条逻辑链条。导致版本三的独立权利要求从保护范围上来说，是一个大体上介乎于版本一和版本二之间的保护范围，但为何是这样的保护范围、这样的保护范围是否合理，则显得过于含糊。

即使假定版本三以增加书写板来解决书写不方便问题为逻辑主线，但这样的逻辑主线是不精准的。因为，结合现有技术的检索已经发现，现有技术中已经存在椅子上具有书写板的现有技术，只不过现有技术中的书写板是固定的而不能以翻转的方式打开和收起。因此，本发明中与书写板相关的逻辑主线，严格来说应该是：为了解决书写不方便且书写板固定占用空间的问题，在椅子上安装可以翻转打开的书写板。基于这样的逻辑主线，书写板的翻转打开所对应的限定，应该作为必要技术特征体现在独立权利要求中，而版本三并未如此限定，这可能也是逻辑主线分析过于含糊、模棱两可的结果吧。

当然，上述三个版本的独立权利要求，还存在表述上的问题，保护主题也可能会产生不必要的限缩。为此，在假定与发明人沟通后，以"为了解决书写不方便且书写板固定占用空间的问题，在椅子上安装有可以翻转打开的书写板"作为逻辑主线，并对相关表述、主题限定问题加以解决后，得出版本四的独立权利要求。

2.1.2.4　版本四

版本四的独立权利要求如下：

1. 一种坐具，其特征在于，该坐具包括：坐具底部支撑部件、扶手，在所述扶手上安装有支撑板；

所述支撑板与所述扶手之间为活动连接，在所述支撑板处于收起状态时，该支撑板通过所述活动连接被置于所述扶手的侧部；在所述支撑板处于打开状态时，所述支撑板通过所述与扶手间的活动连接，从扶手侧部翻转、展开至所述坐具使用者腿部的上方。

对于版本四，之前书中的说法是，其"不能说完美，但是确实是经过思考、打磨后的产物"。

真的不完美吗？

再思考思考、再打磨打磨，这个权利要求还有很大的改进空间。

这个改进空间主要体现在下面第2.2节中的"VSD"上。

2.2 权利要求的"接""化""发"

2.2.1 权利要求的"VSD"

"VSD"是啥呢？其实它就是三个英文单词的首字母缩写，它们分别是权利要求的有效性、权利要求的保护范围和权利要求在侵权诉讼中对侵权行为的可发现性。[1] 对于最后一点，这里将它拓展一些，从可发现性变成可诉性，这样对于后续案例的分析可能更方便一些。

有些时候，一些问题常被描述为人们看不懂的样子，以此来增加它的神秘感，这样也好像表现出要讨论的问题是多么的高深莫测，但这种的描述往往是装腔作势，实质上毫无意义。例如，把"解析"写成"析解"，除了故意让人看不懂，别无他用。

"VSD"对于外国友人来说，是简单的缩写，直接拿到中国，就有些神秘了。为了消除这个神秘感，可以参考中国武术中的专业术语"接""化""发"，效果可能更好。

2.2.2 从"VSD"到"接""化""发"

"接"对应于接招。对于权利要求而言，是指要能接住审查员或者无效宣

---

[1] 戈德斯坦. 专利的真正价值［M］. 顾雯雯，林委之，于行洲，等，译. 北京：知识产权出版社，2020：26.

告请求方，就其发出的攻击招数，能够在这些攻击下维持稳定。

"化"对应于化解。对于权利要求而言，是指能够将对方的侵权行为化解到该权利要求的保护范围之内，好比孙悟空的七十二般变化，都在如来佛手掌之中。

"发"对应于发招。对于权利要求而言，是指该权利要求能够在侵权诉讼中有效发挥攻击功效，方便专利权人找到对应的诉讼对象，确定相应的侵权行为，获得相应的侵权证据。

这三者之间是相互联系、相互影响的。尤其是对于"接"和"化"而言，关系更为紧密。权利要求的稳定性和权利要求的保护范围之间，往往存在一种相互矛盾的关系。这种矛盾关系尤其体现在权利要求的"清楚"和"创造性"这两个需要考虑的要素上。当然，对于权利要求的"发"，也是始终要考虑的因素，即使"接"和"化"做得再好，如果权利要求不能或者难以在侵权诉讼中发挥作用，那么，这样的权利要求也是一个无用或者不好的权利要求。因此，权利要求的"接""化""发"是一个系统工程，需要不断推敲、不断打磨，才能获得一个在这三个方面都无明显问题的权利要求。

好了，这一章基本就讲完了，后面的内容，就是请大家结合进一步提供的各个版本的变化，围绕着"接""化""发"来自行分析，当然，每个版本较之前一版本的变化，会给出一些主要变化的总结和大体变化的思路，但具体的变化原因不会展开分析。倒不是著者懒惰，而是希望读者能够更勤快些，能够更勤快地沿着"接""化""发"自主分析，更好地将撰写要求吸收为自身技能。

相信大家一定能完成这样的分析，甚至还能想出一些著者没有想到的修改理由！

2.3　从版本四到版本五的示例性分析

2.3.1　版本四和版本五

之前已经给出了版本四的独立权利要求，其具体内容如下：

1. 一种坐具，其特征在于，该坐具包括：坐具底部支撑部件、扶手，在所述扶手上安装有支撑板；

在所述支撑板**处于收起状态时**，所述支撑板通过与所述扶手间的活动连接被置于所述扶手的侧部；在所述支撑板**处于打开状态时**，所述支撑板通过所述活动连接，从扶手侧部翻转、打开至**使用者腿部上方**。

以权利要求的"接""化""发"来考虑，对版本四修改得到如下的版本五：

1. 一种坐具，其特征在于，该坐具包括：扶手和支撑板；

所述支撑板能够相对于所述扶手**实现转动**，所述转动至少使得所述支撑板<u>能够处于第一位置和第二位置</u>；所述第一位置为所述支撑板被置于所述扶手侧部的位置，<u>所述第二位置为所述支撑板能够用来发挥支撑作用的位置</u>。

2.3.2 逐字逐句地分析

说是不讲，还是忍不住要讲一下。著者主要是围绕版本四和版本五详细地讲一讲，也是为了演示一下对于这个变化如何进行分析。

从版本四到版本五，可以分析发现在主题上没有变化。为什么还要分析呢？原因是，著者讲的分析是要逐字逐句地进行，权利要求的每个字都有可能对保护范围产生影响。

2.3.3 为消除"不清楚"所进行的修改

2.3.3.1 可能的歧义

为了有重点地呈现分析结果，先从明显变化的地方进行比对分析。最明显的变化是版本四加粗字体的文字内容被相应地修改为版本五中的加下划线字体的文字内容。这可能主要关系到权利要求的稳定性和保护范围。仅观察版本四的加粗文字内容，如果不以已经理解本发明方案为前提，仅仅基于文字表达来解读，是不是也可以解读出加粗文字所表达的内容是如下：

坐具具有支撑板，这个支撑板是一个能够以类似于折叠屏手机折叠方式而进行折叠的支撑板。"支撑板处于收起状态时"指的是，支撑板的多个小板相互折叠而收起时，"支撑板处于打开状态时"指的是，支撑板的多个小板通过翻转的方式而铺开。

这显然与原本要保护的技术方案是不符的，但基于文字的通常含义来解读，这样的意思貌似也是合理的。

2.3.3.2　歧义对保护范围的影响

为了消除上述可能出现的歧义，将权利要求修改得更为清楚，即版本五中将"收起状态"和"打开状态"对应的修改为"第一位置"和"第二位置"，从而明确支撑板发生了位置变化，而非仅仅在同样位置下的收起、打开状态的变化。这样的澄清，消除了由于歧义所导致的保护范围不清楚，实现了对于权利要求保护范围的准确界定，而这样的歧义如果不被消除，甚至可能影响权利要求保护范围的大小。

如果版本四的权利要求的确如之前分析的那样，被解读为"收起状态"和"打开状态"是折叠屏手机那样的收起和展开，不考虑其他关联问题的出现，仅仅是这样的折叠方式无疑也给该权利要求增加了不必要的限定。因为不论是发明人所提供的方案，还是具体实现方案，书写板的这种展开和收起都是不必要的限定。

当然，当"收起状态"和"展开状态"由于歧义问题而被解读为并非申请人所想表达的含义时，这甚至可能对权利要求的稳定性产生不利的影响。

2.3.3.3　歧义对权利稳定性的影响

如前所述，支撑板处于"收起状态"和"打开状态"，按照通常含义也可以被理解为支撑板类似于折叠手机那样的被收起和被展开，这显然是和所要保护的方案不符的，更为重要的是，这会使得该权利要求所要保护的方案，无法体现与现有技术的区别。

按照之前的分析，在现有技术中已经存在椅子的扶手上安装书写板的技术方案，只不过，该方案中的书写板是固定在使用位置的，从而导致人进出座椅不够方便。为此，本发明的权利要求要着重体现这样的区别：所增加的书写板可以灵活移动，在需要发挥书写功能时，该书写板被移动到相应的使用位置，而在不需要发挥书写功能时，为了方便人进出或者座椅收纳，该书写板能够被移动到相应的收纳位置，即实施例所提及的扶手的侧部。如果版本四的权利要求中的"支撑板处于收起状态""支撑板处于打开状态"，不能体现如上的工作位置和收纳位置的含义；相反，被理解为支撑板本身的折起和展开，那么，上述区别则无法体现。缺少区别特征的情况下，该权利要求则会有相应的新颖性或创造性方面的风险，其稳定性将受到影响。

2.3.3.4　真的有必要进行修改吗？

有人可能会说："上面的分析过于片面，只看到了权利要求中的部分表述就得出了如上的结论，分析权利要求要看整体内容，这个权利要求中存在对于什么是收起状态和打开状态的解释，结合这些解释是能表达清楚申请人所要表达的含义的。"

这里有两个问题。第一，所谓的解释能不能构成解释；第二，解释本身是不是足够清楚。

首先来看第一个问题。在版本四的权利要求中，的确有如下描述：

> 在所述支撑板处于收起状态时，所述支撑板通过与所述扶手间的活动连接被置于所述扶手的侧部。

从撰写者的角度来说，是想用后半句的内容来解释什么是收起状态，是不是也可以这样解释：前半句和后半句是两个并列的内容。即后半句并非用来解释前半句的，如果的确如此，那么，后半句也就不能修正前半句中的"收起状态"的歧义，上述内容则有可能被解读为如下的含义：

> 在支撑板按照折叠手机那样被折起来的时候，这个折起来的支撑板通过与扶手间的活动链接被置于所述扶手的侧部。

这貌似也是能够按照常规的语法习惯解读出来的。相应的，版本四中的"在所述支撑板处于打开状态时，所述支撑板通过所述活动连接，从扶手侧部翻转、打开至使用者腿部上方"，也可能按照上述思路被加以解读。这样的解读方式，造成原本想用来发挥解释作用的内容无法发挥解释作用，导致如前分析的歧义出现以及由此引发的权利要求的稳定性受到不利的影响。

可能有人会提出，即使"收起状态"和"打开状态"存在歧义，但版本四的权利要求中仍然具有支撑板处于扶手的侧部以及处于使用者腿部上方的描述，这样的描述本身也能够表明该椅子是能够在两个特定位置间进行切换的，而这正是申请人要保护的内容，也是本发明和现有技术的区别所在。

这就涉及第二个问题，所谓的那个解释的内容本身是不是足够清楚。

先来看所谓用来解释收起状态的内容，该内容为：所述支撑板通过与所述扶手间的活动连接被置于所述扶手的侧部。该内容原本要表达的含义是，支撑板以和座椅椅面垂直的方向置于扶手的侧部。从占用位置的角度来讲，支撑板处于这个位置相当于扶手增加宽度，没有额外占用椅子的空间。但"所述支撑板通过与所述扶手间的活动连接被置于所述扶手的侧部"真的能准确地、唯一地表达出这个意思吗？是不是也可以这样理解这句话，支撑板和扶手之间有活动连接，通过这个活动连接，支撑板被置于扶手的侧部就好了，置于支撑板到底是一个垂直于座椅椅面的方向还是一个平行于椅面的方向，都是可以的。而且，"侧部"也没有限定是外侧还是内侧，在被理解为"内侧"的情况下，这个支撑板所处的位置是不是就和现有技术中那个占用座椅的椅座上方位置的方案基本相同了呢？以这样的解读为基础，"所述支撑板通过所述活动连接，从扶手侧部翻转、打开至使用者腿部上方"这一内容，也会出现相应的本身不清楚的问题。由此，这两个原本用来进行解释的内容，也出现了不清楚的问题，即使用它们来解释，权利要求仍然存在保护范围不清楚以及可能进一步引发新颖性和创造性方面的问题。

通过上述这一番解读后，版本四的权利要求在极端情况下可能被神奇地解读为要保护如下的技术方案：

> 坐具的扶手上安装有支撑板，这个支撑板是能够类似于折叠手机那样折起和展开的，在支撑板本身被折起而减小使用面积的情况下，这个折起的支撑板被置于坐具扶手的侧部即可，这个侧部可以是扶手的外侧，也可以是扶手的内侧；在支撑板本身被展开而扩大使用面积的情况下，这个展开的支撑板被置于使用者腿部上方。

这个方案肯定不是发明人实际想要保护的方案，但貌似上述解读都是基于权利要求本身的文字记载，且按照文字的通常含义解读的。当然，这样的解读很有可能是不成立的，因为准确界定一个权利要求的保护范围应基于专利申请文件整体记载的内容来进行，所以在专利申请文件的说明书中详细记载所要保护的坐具的实施例，并配合附图进行说明的情况下，上述版本四的权利要求大概率是不会被"歪解"成上述错误的技术方案的。尽管如此，上述貌似苛刻、偏激的解读，仍然是有意义的。要知道，专利权一旦到了无效宣告请求、侵权诉讼阶段，对方会想尽办法对权利要求作有利于他而不利于专利权人的解读，这样的解读甚至可能会比如上的解读更苛刻、更偏激，至于这样的解读能否被认可，则没有十足的把握。一旦这样的解读成立，则要么对保护范围产生不必要的限缩，要么对于权利要求的稳定性产生不利的影响。如果在撰写专利申请文件时，就能对这些问题未雨绸缪，尽量避免"接""化"方面问题的出现，则能够使得权利要求的质量更好，这也是撰写中进一步提升的空间所在。

2.3.4 "使用者腿部上方"不是一个好限定

前面虽然分析了"收起状态""打开状态"的问题，但实际上，从版本四修改为版本五，还真不是以这两个表述的不清楚出发而进行的，而是从"使用者腿部上方"这个表述触发的。

为什么呢？主要有两点考虑。第一，在权利要求中出现了使用者这个坐具之外的对象，这个对象会对侵权判定产生什么样的影响。比如，侵权比对的过程中，是不是一定要找人来才能完成侵权比对，这个找人的过程是不是会对取证本身引发不必要的麻烦；再如，这个使用者在权利要求中，到底是什么角色，会被认为是使用环境特征吗？当然，从这个案例来说，考虑这些问题显然是多虑了，但举一反三嘛，说不定搞清楚了这个地方对别的案件有帮助呢。而且，不管怎样，在一个保护技术方案的权利要求中，出现使用者这样的非技术元素，也是不太好的。第二，使用者腿部上方，可能对保护范围产生不必要的限缩。比如，使用者是躺在躺椅上，这个时候这个支撑板很有可能就不是在腿部上方而是在腰部上方，这个问题的考虑还是有意义的。

基于如上的考虑，版本五中将打开状态修改为第二位置，并进一步限定第二位置为所述支撑板能够用来发挥支撑作用的位置。这样修改后，没有再以使用者作为参照对象来确定支撑板的位置，更没有限定使用者的腿部上方，以此来避免版本四权利要求中所发现的上述问题。

2.3.5 版本五仍有问题

至于版本四中"收起状态"和"打开状态"所产生的问题，版本五似乎也意识到了，但是采用了一种比较隐晦的方式来解决这个问题。版本五的思路是，既然限定了第二位置是所述支撑板能够用来发挥支撑作用的位置，在第一位置和第二位置是不同位置的情况下，第一位置自然就不是支撑板发挥支撑作用的位置，再配合将第一位置解释为支撑板被置于所述扶手侧部的位置，此时，支撑板所处的第一位置自然就不会被理解为那个置于和椅面平行但位于扶手的侧部的位置了，这就能体现出与现有技术的区别了，从而避免了版本四中"收起状态""被置于所述扶手的侧部"所带来的不清楚的问题。但是，这样的描述方式是间接而非直接的限定，由此导致了其含义隐晦难懂。这种间接表现为要通过第二位置的限定，进而以第一位置和第二位置不同，间接限定第一位置。这种隔了几层所进行的限定，无法直接表达出所要表达的含义。这种"无法直接"进而带来了原本要表达的核心区别被模糊化。

对于要保护的椅子而言，书写板能够被打开使用自然是其贡献之一，但结合与检索的现有技术对比，书写板在不被使用时能够被收起，从而不造成空间占据，同样是该方案相对于现有技术的贡献。版本五显然对于这一贡献没有清晰地呈现，其所限定的第一位置，充其量仅在扶手的侧部且不是发挥支撑板支撑作用的位置，显然这样的位置并不一定是不占据空间的位置，支撑板在该位置时可能仍然并非处于收纳的状态。这样没有清晰的限定，会使得该权利要求原本能够借以强化稳定性的点，被弱化考虑乃至被忽略。

由此可见，版本五仍然不是一个较为理想的权利要求。

当然，版本五和版本四相比，还存在一些区别，例如，版本五中加粗字体所示的内容为新增加的内容，再如，版本五中删除了版本四的部分内容，至于为何这样修改，原因并不难找到，留给读者自行分析吧。

可以发现，如上分析都是围绕着权利要求的保护范围、稳定性以及可诉性，配合了一些文字表达的顺畅进行的，后续的版本变化也是基于这几点而发生的，读者可以照方抓药，完成后续版本的分析。

2.4 更多版本等读者分析

2.4.1 从版本五到版本六

为了方便阅读时比较，此处再次给出版本五和版本六。

版本五的独立权利要求如下：

　　1. 一种坐具，其特征在于，该坐具包括：扶手和支撑板；

　　所述支撑板能够相对于所述扶手实现转动，所述转动至少使得所述支撑板能够处于第一位置和第二位置；所述第一位置为所述支撑板被置于**所述扶手侧部的位置，** 所述第二位置为所述支撑板能够用来发挥支撑作用的位置。

版本六的独立权利要求如下：

　　1. 一种坐具，其特征在于，包括：扶手和支撑板；

　　所述支撑板能够相对于所述扶手实现转动；

　　所述支撑板的转动能够使所述支撑板在**收纳位置**和**使用位置**切换，所述收纳位置为所述支撑板位于所述扶手的**外侧边的位置**，所述使用位置为所述支撑板位于所述**扶手的内侧边**的位置，且所述支撑板能够相对于所述扶手维持在使用位置。

版本五中的加粗字体部分以及版本六中的加粗字体部分，是此次修改着重考虑的内容，也是用以进行分析的线索。

版本六的独立权利要求可能仍存在一些问题，如下面加粗字体内容所示：

　　1. 一种坐具，其特征在于，包括：扶手和支撑板；

　　所述支撑板能够相对于所述扶手实现转动；

　　所述支撑板的转动能够使所述支撑板在**收纳**位置和使用位置切换，所述收纳位置为所述支撑板位于所述扶手的**外侧边**的位置，所述使用位置为所述支撑板位于所述扶手的**内侧边**的位置，且所述支撑板能够相对于所述扶手**维持**在使用位置。

2.4.2　从版本六修改得到版本七

基于版本六中可能存在的问题，修改得到如下版本七：

1. 一种坐具，其特征在于：

所述坐具包括坐具本体和设置在所述坐具本体上的桌板；

所述桌板与所述坐具本体连接；

所述连接被配置为：所述桌板可相对于所述坐具的座面切换于**工作位**和**非工作位**之间，所述工作位位于所述**座面的**上方。

2.4.3　从版本七修改得到版本八

版本七对于非工作位的描述，可能与实际情况不符，甚至可能影响权利要求的新颖性、创造性，同时考虑到其他一些问题，修改得到版本八：

1. 一种坐具，其特征在于，所述坐具包括：

坐具主体框架；

座面；

采用连接件连接于所述坐具主体框架的桌板，所述连接使得所述桌板至少能够在桌板工作位置和**被**收纳位置之间进行切换。

版本八中的加粗字体内容，是需要特别关注的。

2.4.4　从版本八修改得到版本九

版本八是一个阶段性较为满意的成果。经过一段时间的沉淀后，发现版本八存在问题，为克服该问题，修改得到如下的版本九：

1. 一种坐具，其特征在于，所述坐具包括：

坐具主体框架；

座面；

通过至少两个**转动副**连接于所述坐具主体框架的桌板，所述至少两个转动副提供至少两个不同轴向的转动，所述转动副的转动方向及转动角度被配置为：使得所述桌板至少能够在桌板工作位置和被收纳位置之间进行切换。

版本九中的加粗字体内容，是此次主要修改的内容，可以沿着这个内容分析为何进行从版本八到版本九的修改。

2.4.5 从版本九修改得到版本十

版本九仍然有问题，由此修改得到如下的版本十：

1. 一种坐具，所述坐具包括自下而上设置的坐具支撑体以及座面，其特征在于：

所述坐具进一步安装有**板状体**，所述板状体与坐具的安装位置之间通过转动副连接，所述转动副提供至少两个不同轴向的转动，所述不同轴向以及所述转动副的转动角度被设定为：使得所述板状体至少能够在板状体的工作位置和被收纳位置之间进行切换。

版本十中的加粗字体内容，是特别要关注的内容，需要和版本九中的相应内容进行对照后加以分析。这部分加粗字体的内容，也是著者对之前的版本九中的上位还不满意，又进行了新的尝试。

2.4.6 从版本十修改得到版本十一、版本十二

著者进行了新的思考，以版本十为基础，修改得到如下版本十一：

1. 一种坐具，所述坐具包括自下而上设置的坐具支撑体以及座面，其特征在于：

所述坐具进一步<u>具有</u>板状体，所述板状体通过一个或多个<u>运动副</u>与所述坐具连接；

所述一个或多个运动副使得所述板状体至少在**两个**不同转动**平面**内**转动**，所述运动副的运动角度被设定为：能够使得所述板状体至少能够在板状体的工作位置和被收纳位置之间进行切换。

其中，加下划线的文字内容，是为了克服版本十的缺陷所进行的修改。加粗字体内容是版本十一仍然存在的问题。为此，修改出如下的版本十二：

1. 一种坐具，其特征在于，所述坐具包括：坐具本体和桌板；

所述**桌板**通过一个或多个运动副与所述坐具本体连接；

所述一个或多个运动副被配置为：使得所述板状体至少能够在工作位置和被收纳位置之间进行切换。

版本十二中的加粗文字内容部分，是针对之前的上位所进行的回退，这样的回退是何种考虑，说法不一，请读者自行考虑。版本十二中不再描述桌板的运动方式了，这样修改的考虑是什么，这样修改是否妥当，希望读者自行分析。

2.4.7　优秀的版本十三

版本十二是又一个阶段性的权利要求，但是肯定还有问题，为此，肯定能修改得到版本十三。

看了这么多版本，优秀的版本十三相信一定是读者自己撰写出来的。

我再给出一些启示，想想"接""化""发"，这个权利要求在"发"上，也就是在诉讼中要能很好地发挥作用。比如，对于产品制造商、销售商而言，其所生产、销售的座椅，一定是那个装配（连接）好桌板的座椅吗？大概率不是的。如此的话，在版本十二的权利要求中限定桌板和坐具本体连接的情况下，是不是就不好对制造商和销售商判定其构成专利侵权了？考虑到这个问题，读者自己修改出版本十三，难度也就不大，或者十分必要了吧。相信读者所修改出的版本十三，一定是十分优秀的。

现实中，很难有代理师能够就一个方案，前前后后产出 13 个版本的权利要求，这需要耗费太多的时间了，现实的大部分的代理费完全不能支撑这样的时间、精力、专业的付出。但这样的权利要求的多轮考虑，貌似又是一个高价值专利所需要的。

怎么办呢？留给时间解决吧。

第 *3* 章

全面分析、贴心答复

创造性的争辩或者创造性审查意见的答复，是专利申请能否获得授权、专利权能否维持稳定的关键所在。因此，创造性问题一直是专利实务中的热点问题。又因为创造性的判断规则较为复杂，判断结论具有不确定性，由此使得创造性问题也一直是专利实务中的难点问题。

3.1　全面分析、贴心答复的总体介绍

3.1.1　何谓"贴心"

对于在专利申请的实质审查过程中，如何针对创造性审查意见进行答复，著者在《专利审查意见答复实战教程：规范、态度、实践》一书中，给出了分析和答复的办法，主要是以质疑的心态来发现审查意见中的错误，进行针对性的反驳，而所谓的"发现"和"反驳"都是重点以本发明的核心发明点所对应的技术特征为目标进行的。这可能是行之有效的办法，但这种办法可能有高度不高、不近人情的问题。为此，有必要对其进行修正。

修正的思路是在创造性问题的争辩中，不再仅仅针对审查意见中的某个特定的特征比对结论进行反驳，而是要更为全面地分析本发明和对比文件的内容，增加从发明构思的角度来分析创造性。以这样的思路完成的答复能够更为贴近技术方案的核"心"，体现出答复中对于审查员感受的"将心比心"，而这些是以对于专利申请本身以及对比文件的全面分析为基础才能做到的。这就是本章所说的"全面分析""贴心答复"。当然，这样的分析和答复，仍然是

基于"三步法"的判断步骤来进行的。

这里想起一句话，好的律师通常是以法官的好助手的角色出现的。一个好的代理师，是不是也同样如此呢。不要总想着反驳、对抗，如果能够想到配合审查员来分析案情，帮助审查员将本发明和现有技术的情况分析清楚，共同完成对方案的创造性的准确评价，这也可能是代理师对于审查员贴心服务的表现吧。

3.1.2　"贴心"在"三步法"中的出处

考虑到有些读者可能不熟悉"三步法"，此处对"三步法"作一简单的介绍。

3.1.2.1　创造性的相关规定

专利的创造性在《中华人民共和国专利法》（以下简称《专利法》）第22条第3款中有相应的规定，其指出："创造性，是指与现有技术相比，该发明具有突出的实质性特点和显著的进步，该实用新型具有实质性特点和进步。"

发明和实用新型在创造性方面的要求类似，只是程度有所不同，为简单起见，后续都以发明的创造性为例进行说明。

根据《专利法》的规定，发明具有创造性，需要满足具有突出的实质性特点和显著的进步两个条件，这两个条件中，尤以突出的实质性特点为重点考虑的内容。

对于突出的实质性特点的判断，《专利审查指南》规定：❶

判断发明是否具有突出的实质性特点，就是要判断对本领域的技术人员来说，要求保护的发明相对于现有技术是否显而易见。

如果要求保护的发明相对于现有技术是显而易见的，则不具有突出的实质性特点；反之，如果对比的结果表明要求保护的发明相对于现有技术是非显而易见的，则具有突出的实质性特点。

《专利审查指南》进一步规定：

---

❶　无特别说明的情况下，本书中《专利审查指南》均指《专利审查指南（2023）》，为了便于阅读，以省略年份，下文不再赘述。——编辑注

判断要求保护的发明相对于现有技术是否显而易见，通常可以按照如下三个步骤进行：

① 确定最接近的现有技术；

② 确定发明的区别特征和发明实际解决的技术问题；

③ 判断要求保护的发明对本领域的技术人员来说是否显而易见。

这就是所谓的"三步法"。

3.1.2.2 "贴心答复"应用于"三步法"中的第三步

尽管《专利审查指南》没有规定只能按照"三步法"进行创造性的评判，但实务操作中，"三步法"是普遍采用的判断方式。那么，前面提到的以发明构思进行分析和答复的思路，应在"三步法"的第几步呢？

放在第三步中可能是较为合适的。更具体地说，"三步法"的第三步中常被认为是套话而被轻视乃至忽略的判断规定，往往能被"贴心答复"所用。

（1）第三步的相关规定

在《专利审查指南》第二部分第四章第3.2.1.1节中，就如何完成"三步法"第三步的判断，给出了具体的说明，其指出：

> 在该步骤中，要从最接近的现有技术和发明实际解决的技术问题出发，判断要求保护的发明对本领域的技术人员来说是否显而易见。判断过程中，要确定的是现有技术整体上是否存在某种技术启示，即现有技术中是否给出将上述区别特征应用到该最接近的现有技术以解决其存在的技术问题（即发明实际解决的技术问题）的启示，这种启示会使本领域的技术人员在面对所述技术问题时，有动机改进该最接近的现有技术并获得要求保护的发明。如果现有技术存在这种技术启示，则发明是显而易见的，不具有突出的实质性特点。

进而，《专利审查指南》给出了现有技术存在技术启示的示例，这些示例均是以区别特征为对象进行的说明，即区别特征为公知常识、区别特征为与最接近的现有技术相关的技术手段，或者区别特征为另一份对比文件中披露的相关技术手段。

实务中，基于《专利审查指南》的上述示例说明，在进行创造性判断时，可能仅会沿着示例给出的区别特征是否被公开的思路进行分析，从而使得分析思路极易仅限于特征比对，而缺少发明构思层面的思考。实际上，在上述规定的两处貌似套话的地方，却给出了以发明构思进行创造性争辩的方法。

（2）貌似套话的内容给出"贴心"的争辩思路

貌似套话的第一处内容是"在该步骤中，要从最接近的现有技术和发明实际解决的技术问题出发，判断要求保护的发明对本领域的技术人员来说是否显而易见"这句话。

如果不仔细研究这句话，有人可能认为其仅属于一个笼统的原则性规定，没有提供具体的判断方法。但事实并非如此。这句话中的"出发"，对于创造性判断有实质性的甚至是本质性的意义。设想，如果"出发"都出发不了，那么，自然也就不可能通过后续的相结合得到本发明的方案了，而这个能否"出发"，事关本发明或者现有技术的发明构思。

貌似套话的第二处内容是"这种启示会使本领域的技术人员在面对所述技术问题时，有动机改进该最接近的现有技术并获得要求保护的发明"这一表述。

这一表述可能被理解为一个结论性的内容而非具体判断方法，从而不受重视。甚至，可能将这句话中提及的动机的有无，与《专利审查指南》中所给出的区别特征是否被公开的示例性说明相等同。即动机的有无仅在于区别特征是否被现有技术所公开。然而，实际上，这句话中的"动机"有无的分析，也是可以被独立分析的点，而且这个点往往能够成为创造性分析的核心所在。如果能够证明并无动机进行改进，自然也就能证明本发明具有创造性了，而这通常也与本发明或现有技术的发明构思存在关联。

当然，所谓的能否出发、有无动机，要结合发明实际解决的技术问题进行确定。因此，发明实际解决的技术问题也是"全面分析""贴心答复"中所应考虑的因素。

总体来说，"贴心答复""全面分析"的方向是：想审查员之所想、答审查员之未评，不要仅仅以对抗的姿态进行创造性问题的分析，要考虑有理、有利、有节中的"有节"，换位思考审查员看到意见陈述时的心理感受，从审查员未曾评价过的本发明或发明构思的层面，完成审查意见答复。这样的答复，不但避免了答复内容只有对抗而可能导致的矛盾激化，也使得答复内容更具高度、更具说服力。

基于这样的方向，"贴心答复""全面分析"的答复策略是：不要只依赖于技术实现层面的内容进行反驳，而是要增加有关技术构思层面的分析。

技术构思层面的分析总体上包括两个部分，一部分是在能否"出发"层面进行的分析。另一部分则是在是否"有动机"结合层面进行的分析。

能否"出发"层面进行的分析，对应于《专利审查指南》中规定的"从最接近的现有技术和发明实际解决的技术问题出发"。如果为了证明发明具备创造性，围绕此点则是要尽可能找出最接近的现有技术是否不可能存在改进的需求，也就是不可能存在解决本发明实际解决的技术问题的需求。具体细分，如果要证明此点，有两个具体的场景。一是最接近的现有技术本身不可能存在改进的需求，二是进一步结合实际情况，最接近的现有技术不可能存在改进的需求。

由于所谓的改进的需求即是本发明实际解决的技术问题，因此，在分析有无改进需求时，正确确定本发明实际解决的技术问题是十分重要的基础条件。《专利审查指南》对此从正反两个方面都进行了规定，借以强调该问题应是本发明中的问题，而非脱离本发明所确定的问题。此处不再赘述。

是否"有动机"结合层面进行的分析，则对应于《专利审查指南》中规定的"这种启示会使本领域的技术人员在面对所述技术问题时，有动机改进该最接近的现有技术并获得要求保护的发明"。如果为了证明发明具备创造性，则可围绕此点，尽可能地找出本领域技术人员在结合多个现有技术时的困难所在，从而证明所谓的"有动机"并不成立。具体细分，此点的证明可以分为三种情况。一是不能结合，二是不容易结合，三是无明确启示结合。这三种情况从对"结合"所造成的困难的强烈程度来说，依次递减，但都是"有动机"结合的相反证明。

那么，上述分析思路是否是一个纯理论的、未见得有什么实际效果的构想呢？当然不是，这样的分析思路，已经在若干的无效宣告请求、复审、实质审查程序中被加以应用了。

3.2 能否"出发"的分析

3.2.1 案例介绍

对于能否"出发",即基于最接近的现有技术是否不可能存在改进的需求,进行创造性的分析,在如下案例中已经被加以应用。

该案例对应于第 47085 号无效宣告请求审查决定,涉及专利号为201080027643.5、名称为"防止未授权的拧开的保险元件"的发明专利。❶

由于后续重点要分析的是相关判断思路,为节省篇幅,仅就案例中与相关分析有关的部分进行介绍,详细内容读者可以查阅相关文件。

涉案专利要解决的问题是:避免两个可拧紧的壳体部件在工作过程中被不期望地旋开。为解决上述问题,涉案专利在两个壳体部件中的一个设置一保险元件,通过该保险元件,防止可拧紧的两个壳体部件之间未授权地被旋开。

证据 1 为涉案专利最接近的现有技术,其公开了一种用于管件的管道连接件,该管道连接件具有用于第一管件(应是用来相当于涉案专利的壳体部件)的圆柱形插座,和用于第二管件(应是用来相当于涉案专利的壳体部件)的套筒装柱塞,柱塞插入插座,通过之间的插接连接,实现第一管件和第二管件的连接。证据 1 中,为了实现柱塞与插座在轴向位置的固定,通过多对锁定件(应是用来相当于保险元件),在插座和柱塞之间形成一锁定的连接。

3.2.2 特征比对的争辩思路

从上述案例可见,证据 1 中所公开的内容对应于涉案专利的核心发明点,如果按照技术实现反驳的思路,即特征比对的思路,貌似可以如下方式来争辩涉案专利具备创造性。

---

❶ 国家知识产权局专利局复审和无效审理部. 以案说法:专利复审、无效典型案例汇编(2018—2021 年)[M]. 北京:知识产权出版社,2022:85.

对于涉案专利中的壳体部件，分别分析其和证据 1 中的第一管件、第二管件如何不同，从而得出无效宣告请求中就管件相当于壳体部件的结论并不成立。当然，涉案专利的主要改进点并不在壳体部件，而是在保险元件，为此，要重点比对涉案专利的保险元件和证据 1 的多对锁定件如何不同，从而证明无效宣告请求中针对这一核心发明点被公开的结论是错误的。这样的特征比对的分析思路貌似也可以，但是存在风险。第一，所谓的比对，是相当于的比对，并不是"就是"的比对。也就是说，"相当于"意味着可能有所区别而非完全相等。如果以"并不相同"来反驳"相当于"，存在是否能被评判者所采纳的问题。第二，在特征比对过程中，往往需要结合特征的具体内容完成如何不同的分析，而这可能对专利的保护范围产生限缩作用。以涉案专利为例，当分析其保险元件如何与证据 1 中的锁定件不同时，想必仅仅依据于"保险元件"这几个字是不够的，需要分析涉案专利的保险元件到底是什么形状、结构，证据 1 中的锁定件到底是什么样的形状、结构，如此才能完成二者不同的比对。如果比对涉及具体的形状、结构，要么需要修改涉案专利的权利要求才能体现这些内容，要么即使是在权利要求中未加体现，也会由于陈述中对它们的解释而触发禁止反悔原则，这些都会导致权利要求的保护范围被限缩。由此可见，特征比对的方式，未必是稳妥的，甚至对保护范围而言是有风险的。

更为重要的是，特征比对的思路，仍然是一头扎到技术实现中，没有抬起头来看看发明构思，有的时候，抬起头来看看发明构思层面的内容，尤其是进一步分析现有技术的技术构思，可能会得到更有高度、更具说服力的分析结论。实际上，合议组对于该案的分析中就体现了从发明构思层面进行分析。

3.2.3 "不能出发"的争辩思路

3.2.3.1 合议组观点

对于该案的创造性问题，合议组认为：涉案专利与证据 1 为实现两个壳体部件之间的连接这一功能，采用了拧紧连接（涉案专利）和插接连接（证据 1）两种不同的技术构思。

证据 1 中并不存在可拧紧的壳体部件，由此，证据 1 中不存在涉案专利所要解决的"防止两个可拧紧的壳体部件未被授权的旋开"这一技术问题。

因此，本领域技术人员没有动机以证据 1 作为发明创造的起点对其进行改进从而得到该专利的技术方案。

合议组的上述分析中，明确提及了证据 1 无法作为发明创造的起点，这对应于"能否出发"的问题而得出"不能出发"的结论，合议组则是通过将证据 1 和涉案专利在技术构思层面加以比较，明确了证据 1 中不存在作为涉案专利发明构思有机组成的改进需求，进而得出在改进需求不存在的情况下，自然也就没有动机以证据 1 为起点获得涉案专利发明构思的结论。

3.2.3.2　不是"不存在"问题而是"不可能存在"问题

（1）可能的错误理解

上述案例中，对于"无法出发"，合议组的表述是"证据 1 中不存在涉案专利所要解决的……问题"。对于这个表述的含义，有必要准确把握。准确来说，将"不存在"改为"不可能存在"会更准确一些，也能够避免一些错误的理解。

可能的错误理解是：将"最接近的现有技术中不存在发明实际解决的技术问题"，解读为"最接近的现有技术中没有以文字记载的方式写明其存在发明实际解决的技术问题"。即把"没有文字记载"作为"不存在"的一种表现形式。

（2）最接近的现有技术通常不会记载本发明实际解决的技术问题

将"最接近的现有技术中不存在发明实际解决的技术问题"，解读为"最接近的现有技术中没有以文字记载的方式写明其存在发明实际解决的技术问题"，是不妥的。按照这样的理解，恐怕很多原本不具备创造性的专利申请会被错误地认为具备创造性。原因是，上述理解所形成的逻辑是，只有最接近的现有技术中明确记载了其存在本发明实际解决的技术问题时，才构成对本发明存在启示，一旦这个现有技术中没有写明其存在本发明实际解决的技术问题，则这种启示就不存在。这不论是在理论上还是在实务中恐怕都是有问题的。

发明实际解决的技术问题出自"三步法"的第二步，是基于本发明和最接近的现有技术相比的区别特征而确定的。也就是说，正是因为最接近的现有技术中不存在所谓的区别特征，所以才有了与这个区别特征相对应的发明实际解决的技术问题。如果要求最接近的现有技术中一定要文字记载本发明实际解决的技术问题，那就会出现这样的怪相：现有技术中文字记载了某个要解决的问题，但对于如何解决这个问题却避而不谈，这在一些滥竽充数、博人眼球的文章中倒是存在，在技术文献中反而比较少见。因此，从"三步法"的判断理论以及文件撰写习惯的角度来说，要求最接近的现有技术中需要明确记载本发明实际解决的技术问题是不妥的。

（3）如果最接近的现有技术同时记载了本发明实际解决的技术问题和解决手段

当然，可能有人会提出这样的疑问，难道最接近的现有技术中就不能既记载本发明要解决的问题，又记载了针对这个问题的相应解决手段吗？当然也可以，但是如果的确如此，情况就发生改变了。

改变之一是，这可能不是创造性的判断，而是新颖性的问题了。如果所谓的最接近的现有技术既公开了本发明所要解决的问题，又公开了与本发明相同的解决手段，本发明恐怕已经由此不满足新颖性的要求了，更不需要进行创造性的判断了。

改变之二是，如果最接近的现有技术公开了本发明所要解决的问题，但该现有技术中针对该问题的解决手段和本发明并不相同，此时，的确不是新颖性的问题，但所谓的"能否出发"中所考虑的"改进需求"，也就是本发明实际解决的问题，很可能不再是专利申请文件中所声称的本发明所要解决的问题了。重新确定的本发明实际解决的技术问题，要么是根据解决手段的不同中所包括的区别特征所重新确定的新的技术问题，而这个问题显然在最接近的现有技术中是没有记载的；要么是《专利审查指南》中规定的"提供一种不同于最接近的现有技术的可供选择的技术方案"，即实际解决的技术问题是"提供可替代方案"，而这一问题也显然在最接近的现有技术中是不会被记载的。

（4）不能从最接近的现有技术出发，指的是该现有技术不可能存在本发

明实际解决的技术问题

上面的分析有些理论化，可能也有些难理解。如果难以理解，可以将其忽略，只需要明白下面的结论即可。

所谓的从最接近的现有技术和发明实际解决的技术问题出发，并不是要求最接近的现有技术中一定文字记载了本发明实际解决的技术问题时，才具备"出发"的条件。只有在最接近的现有技术中，完全不可能存在本发明实际解决的技术问题时，以此"不可能"来否定改进需求成立的可能性，才能证明不具备从最接近的现有技术出发的可能性。简言之，这里的"出发"，考虑的不是出发与否的问题，而是能否出发的问题。如此，就能理解为何之前提出，对于合议组观点中提及的"证据 1 中不存在涉案专利所要解决的……技术问题"应更为准确地修改为"证据 1 中不可能存在涉案专利所要解决的……技术问题"。

3.2.4　配合实际情况说明"不能出发"

对于最接近的现有技术不可能存在改进需求，除了可以从该现有技术本身的技术内容加以证实，还存在一种情况，即结合实际情况，说明最接近的现有技术不可能存在改进的需求（即针对本发明实际解决的技术问题）。此时的不可能存在，不是纯粹技术上的不可能存在，而是实际情况的不可能存在。对于这种情况，已经有案例可以说明，读者可以自行查找相关的案例加以理解。或者，可以这样来理解这个问题："你在拼多多的某个店家那里买了一本书，这本书的售价也就 10 多元，相当于这本书实际定价的一二折，这还是一本新书。尽管理论上来说，这本书可能是正版的，但是，从实际上，如此低价的新书就不可能是正版的。"如果是为了解决购买书籍但却无法确定书籍正版还是盗版的问题，那么，从这样的"现有技术"就无从出发去解决这一问题了，尽管，理论上来说可能也能"出发"。

3.2.5　准确确定本发明实际解决的技术问题，才能进行"能否出发"的判断

在考虑"能否出发"的问题时，本发明实际解决的技术问题是与最接近的现有技术一起被整体考虑的。为此，准确确定本发明实际解决的技术问题，

也是进行"能否出发"判断的关键所在。有关准确确定本发明实际解决的技术问题，在《专利审查指南》中已经有明确的规定，著者在之前出版的《专利审查意见答复实战教程：规范、态度、实践》一书中对此也曾进行过介绍，此处不再详细展开说明，只就该问题稍作总结，总结内容如图1所示。

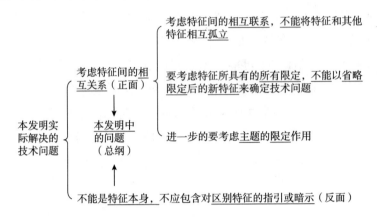

图1　准确确定本发明实际解决的技术问题

3.3　结合动机下功夫

　　动机，这个貌似很主观的内容，在创造性问题的争辩中可以用相对客观的方式来呈现。

　　为了争辩发明具备创造性，通常可以从不能结合、不容易结合、无明确启示结合这三个方面进行分析，这对应于《专利审查指南》中"这种启示会使本领域的技术人员在面对所述技术问题时，有动机改进该最接近的现有技术并获得要求保护的发明"这一规定，只不过，为了证明发明具备创造性，争辩的方向是没有动机而非有动机。

　　以下著者分别对上述提及的三个争辩方向进行说明。

3.3.1　不能结合

　　顾名思义，不能结合指的是多篇现有技术之间并不能相互结合，其原因大多是技术上的。这种技术上的原因可以是文字直接记载的，也可以是通过技术分析得出的。由于存在不能结合的问题，因此不能通过将多个现有技术相结合的方式来得到本发明，也不能得出本发明不具备创造性的结论。

文字直接记载的不能结合，著者曾在《专利审查意见答复实战教程：规范、态度、实践》一书中进行过介绍，此处不再赘述。通过技术分析所得出的不能结合，可以参考如下案例。

该案例对应于第 52475 号无效宣告请求审查决定❶，该决定涉及专利号为201280063827.6、名称为"用于机动车的流体容器"的发明专利。由于针对该案例所要讨论的是多个现有技术不能结合的问题，因此对涉案专利本身不再进行介绍。

为了有针对性地说明不能结合的问题，仅就该案例中与此有关的内容介绍如下。

在涉案专利的无效宣告请求证据中，证据 1 公开了涉案专利的流体容器和夹持带等，未公开：**突起部**设置在外围接缝的**正好相对置的点处**，以及突起部至少有相对布置的**两个**。证据 2 则公开了**两个**突起部以及上述突起部所处的位置。

合议组认为：证据 1 中的金属绑带 3 需转动 90 度以锁定在油箱上，在证据 1 的绑带和油箱上分别设置两个以上相互配合的开口和突起部将导致绑带无法转动。

基于上述理由以及其他理由，合议组认为本领域技术人员无法将证据 1 和证据 2 相结合以获得涉案专利的技术方案。❷ 从合议组的上述观点可以看出，其落脚点在于一旦将不同的现有技术相结合，则会出现技术上的矛盾，导致技术无法实现。落实到该案例中，则是在将相关的区别特征结合到证据 1 后，会使得证据 1 原本应能实现的绑带转动功能无法实现。这样的不能结合的结论虽然在证据 1 和证据 2 中没有明确的提及，但结合技术上的分析则是显然可以得到的，是可以用来证明"不能结合"的。既然现有技术之间不能结合，本领域技术人员自然也没有动机以相结合的方式得到该发明的技术方案了，由此，

---

❶ 国家知识产权局专利局复审和无效审理部. 以案说法：专利复审、无效典型案例汇编（2018—2021 年）［M］. 北京：知识产权出版社，2022：149.

❷ 这个案例主要涉及的观点是现有技术披露的特征难以被单独地抽离出来，进而难以将抽离出的特征相互结合的问题。有兴趣的读者可以查阅相关材料仔细分析。

也就得到了该发明具备创造性的争辩理由。

3.3.2　不容易结合

不容易结合不如不能结合那样在结合的否定性上那么强烈，但同样可以实现对于"有动机"的否定目的。不容易结合具体还可以细分为：技术构思层面的不容易结合、技术实现层面的不容易结合、匹配层面的不容易结合。

3.3.2.1　技术构思层面的不容易结合

技术构思层面的不容易结合主要是指：如果以相结合的方式对最接近的现有技术进行用以得到本发明的改进（将区别特征结合到最接近的现有技术中），则这种结合（改进）会和最接近的现有技术本身的发明构思相反，导致为实现上述改进进行的结合，对于本领域技术人员来说并非容易想到的。简单来说，如果由于结合导致破坏了最接近的现有技术原本的发明构思，那么，对于本领域技术人员而言，其是没有动机进行这样的改进的。

说到发明构思，通常认为所针对的是本发明的发明构思，但现有技术同样具有发明构思，该发明构思也能在争辩本发明具备创造性时，完全为我所用。现有技术的发明构思，某种程度上也给出了其发明创造的改进方向，还原本领域技术人员的站位，当其看到现有技术的改进方向，所得到的自然也是该改进方向对应的技术启示。本领域技术人员当然可以针对该现有技术进行改进，但其是否会完全推翻现有技术所给出的技术启示呢？恐怕是不容易的，通常来说，在已经存在的技术启示给出的改进方向的惯性驱动下，本领域技术人员基本上不会做出与原改进方向背道而驰的改进。这就是之前提及的，由于结合（改进）导致破坏最接近的现有技术原本的发明构思。如果能够证明此点，则可以说明本领域技术人员没有动机以相结合的方式改进现有技术得到本发明的技术方案。

例如，在国家知识产权局专利局复审和无效审理部（原专利复审委员会）2013 年知识产权十大案例中，合议组对于某涉案专利最终具有创造性的分析结论，就有如上思路的体现。《以案说法：专利复审、无效典型案例指引》一书中所介绍的多个专利无效纠纷案例的判定结论中，也都有上述思路的体现。本章后续的"老案例、新思路"部分，也会对上述思路如何具体加以应用进行介绍。

再举个例子，例如某大量销售盗版书籍的网络购物平台，其尽管也设置了知识产权侵权举报渠道，但使用这个渠道的时候就会发现，其流程非常复杂，要求权利人提供数量众多的证据，而这些证据中的绝大多数又是与举报对方无关的证据，而在权利人花费将近半天的时间完成了这些流程后，又会发现这个平台对于举报的审查要将近 1 个月才能给出结论。好吧，权利人耐心地等待了1 个月之后，这个平台给出的结论却是所提供的材料不全，因此不能对被举报的侵权行为进行审查。不难发现，这个平台如此设置举报流程的核心构思就恰恰在于让举报变得烦琐，让举报人失去耐心，让举报不了了之。如果一个新的方案的目的恰恰在于能够提高举报的便捷性，并快速、高效地完成对举报的审查以及对侵权行为的查处，那么，这个新的方案显然是与上述网络购物平台现有方案的实际构思相反的，本领域技术人员显然无法破坏该现有方案的实际构思，得到上述新的方案。

3.3.2.2　技术实现层面的不容易结合

技术实现层面的不容易结合，相比于技术构思层面的不容易结合，更为关注技术实现本身。其可以表现为，本发明和现有技术在技术实现层面的差异过大。

例如，某专利与最接近的现有技术相比，存在种种技术实现层面的不同，该不同使得如果本领域技术人员要通过改进最接近的现有技术得到涉案专利，则需要对最接近的现有技术进行大量的技术实现层面的改动，而这种改动不但改动量大，甚至会颠覆最接近的现有技术本身的技术实现原理。想必，很少有本领域技术人员会以抛弃既往、颠覆已知的干劲，去结合别的现有技术以得到本发明的方案。即使本领域技术人员是一个虚拟的人，也得考虑一下他本应具有的人的惰性。如果真的能在如此大的差异下将最接近的现有技术和其他现有技术结合得到本发明的方案，这个动机估计也是"事后诸葛亮"的动机。对于这一思路如何加以应用，本章后续的"老案例、新思路"部分会进行具体介绍。

技术实现层面的不容易结合，还可以表现为，在技术实现层面难以从现有技术中拆解出相应的特征与其他现有技术相结合。

这其实是一个原材料能否获得的问题。不能仅仅基于文字上有所记载，就教条地将现有技术中的某些特征从整体技术方案中割裂出来，毕竟，本领域技术人员是有技术知识的人，违背技术实现原理对技术特征进行割裂是做不到的。

例如，在第 131807 号复审决定中，涉案专利 ZL201410676241.8 为一种背光模组及液晶显示器件，实质审查程序中将对比文件 1 作为最接近的现有技术来评价涉案专利的创造性。[●] 实质审查意见认为：对比文件 1 与本申请一样，都是使背光模组在更大面积上亮度更加均匀，为此在基板上设置了荧光层，并与下方能够发出光的原件配合。这实际上给出了本申请的发明构思，由此，权利要求 1 不具备创造性。

涉案专利的技术方案，基于传统线光源和点光源，如对发光器件阵列进行改进，使得该发光器件阵列发出的光子能直接激发荧光粉层发光，从而实现即使没有荧光粉层的背光模组也能实现发光。为此，涉案专利在第一基板上设置发光器件阵列，在与其对置的第二基板上涂覆荧光粉层，形成了发光器件阵列与荧光粉层的间隔设置，这样，改善了发光面的均一度，省去了现有技术中扩散板、光学扩散片等设置，从而简化了结构。

对比文件 1 公开的场发射背光装置，则弃用了传统的线光源和点光源，其利用电能直接转换为光能的发光原理，由此需要提供电场。该场发射背光装置有提供电场的电极以及发射电子的发射器，用以和荧光粉层相配合作为一个整体来实现发光效果。

合议组认为，虽然对比文件 1 同样间隔设置两个基板并且在上面的基板侧设置有荧光粉层，但对比文件 1 和本申请权利要求 1 的背光装置的结构不同，荧光层所起的作用也不相同，基于此，相对于对比文件 1，本申请的权利要求 1 具备创造性。

在《以案说法：专利复审、无效典型案例指引》一书对该案的解读中，特别提到"现有技术与申请存在类似的技术手段，若两者在各自的技术方案中以不同的工作原理实现不同的功能，则不能将这种技术手段与其所在技术方

[●] 国家知识产权局专利复审委员会. 以案说法：专利复审、无效典型案例指引 [M]. 北京：知识产权出版社，2018：146.

案中的其他技术特征割裂看待"。沿着这样的解读思路，可以进一步分析出上述讨论的结果论，即由于不能拆解所对应的技术实现上的不容易结合。

在对比文件1中，间隔设置的基板以及上侧基板设置有荧光粉层，在技术上是与用以提供电场的电极以及发射电子的发射器作为一个整体的，即它们之间具有相互配合关系，只有在这种相互配合关系存在的情况下，荧光粉层才能得以按照对比文件1的电能直接转换为光能的原理而发光。由此，从技术实现的角度来说，本领域技术人员不能也不会背离对比文件1所遵循的技术原理，将原本和电极、发射器构成一个整体的荧光粉层生硬地从整体中拆分出来。可以这样说，技术实现原理的存在，使得本领域技术人员从现有技术中拆解相应的技术特征并非都那么容易。违背技术原理进行的技术特征的拆解，要么是仅仅基于文字的教条拆解，要么就是为了评判本发明的创造性而有目的进行的"事后诸葛亮"的拆解，这都是不妥当的。

实际上，虽说是技术实现上的不容易结合，但最终落脚点仍然是发明构思层面，从上面的分析中也可以很容易地发现这一点。

3.3.2.3 匹配层面的不容易结合

匹配层面的不容易结合，可以参考如下案例。

该案涉及第211115号复审决定。❶ 该复审决定涉及申请号为ZL201410742091.6、名称为"制冷器具以及用于制冷器具的风扇组件"的发明专利申请。该专利申请的目的在于：降低风扇组件运行时的噪声，其所采用的原理是：减小反推力在重力方向的分力，从而降低风扇在竖直方向的振动幅度、减小噪声。

在实质审查阶段，采用对比文件1作为最接近的现有技术，而对比文件2中的风扇安装方式同样起到了降低噪声的作用，通过将二者相结合，得出本发明不具有创造性的结论。

合议组针对对比文件1和对比文件2的匹配关系发表了意见，其认为：对比文件2中的气流方向基本上是水平的，尽管其风扇的安装方式也是为了降低噪声，但对比文件2中噪声产生的原因是：水平的旋转轴与轴承之间存在游

---

❶ 国家知识产权局专利局复审和无效审理部. 以案说法：专利复审、无效典型案例汇编（2018—2021年）［M］. 北京：知识产权出版社，2022：153.

隙，气流方向是水平的，由此导致碰撞而产生噪声。

而在对比文件 1 中，旋转轴是竖直的，气流方向竖直向上，并不存在对比文件 2 的同样噪声来源。因此，本领域技术人员难以想到将对比文件 2 中降低噪声的手段，应用到不存在相同噪声来源的对比文件 1 中。

不难发现，合议组特别从噪声产生的原因进行了分析，基于噪声源自水平和垂直这两个不同方向，以二者不具有匹配关系，得出本领域技术人员难以将这两个现有技术相结合的结论。

3.3.2.4　本质上都是利用发明构思得出的不能结合

实际上，在不容易结合中，虽然按照发明构思层面、技术实现层面、匹配层面进行了分类，但从根本上说，这些都是以发明构思为依据，体现得不容易结合。例如，虽然是技术实现层面的不容易结合，但不论是技术实现层面差异过大还是不能从现有技术方案中割裂得到相关特征，其分析过程中都有发明构思的影子，其分析结论最终都回归到发明构思的不同。再如，所谓的匹配层面的不容易结合，关心的更多是多个现有技术发明构思层面的匹配，例如上述专利申请 ZL201410742091.6 复审案例就是从发明构思中技术问题产生的原因进行分析，从而得出两个现有技术从发明构思的技术问题的源头上存在不匹配关系，进而得出不能结合的结论。由此可见，不论是哪种不容易结合，都离不开发明构思这个根本的分析工具，这也是本章"贴心答复"中以"发明构思"为核心的意义所在。进行上述三个分类，只是为了方便记忆，而以不容易结合的不同外在表现形式所进行的分类。

3.3.3　无明确启示结合

无明确启示结合，更多的是关心现有技术中是否有相关内容的明确记载。如果现有技术没有明确记载用以提供启示的内容，仅是基于假定的推理结合多个现有技术，那么，这种无明确启示下所进行的结合，很有可能是看到本发明后的"事后诸葛亮"的结合，不能以这样的现有技术结合方式来否定本发明的创造性。

无明确启示结合可以通过如下案例说明。

第 41958 号无效宣告请求审查决定涉及专利号为 ZL200680037518.6、名称为"餐馆服务系统"的发明专利。● 在涉案专利中，利用轨道系统所形成的传送系统，将餐馆工作区与就餐区连接，全部或部分地利用重力作用，借助于传送系统将食物从工作区直接运送到就餐区对应的餐桌。作为最接近的现有技术的证据 1 公开了一种食物供应装置，其通过滑道或滑槽借助重力将食物从抬升平台传送到服务平台。证据 2 则公开了轨道结构的具体内容。

合议组首先指出，证据 1 仅解决了从后厨工作区到提供上菜服务的服务员所处的服务台之间的食物输送问题，最终仍需服务员将食物送到餐桌上，无法解决"最后一米"的上菜距离问题。

更为重要的是，合议组对于没有明确启示结合进行了分析，其指出：证据 1 并未意识到手动上菜在人力以及时间上所带来的不便，并未意识到需要提供一种彻底无须人员介入仅凭结构就能实现工作区到餐桌的食物传送问题。看似涉案专利与证据 1 的差别仅在于将轨道延伸至餐桌处，但如果没有前述问题的提出，本领域技术人员也就没有动机将证据 1 的技术方案朝着涉案专利的方向进行改进。在缺少前述动机的前提下，本领域技术人员不会将证据 1 和证据 2 予以结合。

可以发现，正是因为证据 1 和证据 2 均未记载和解决"最后一米"这一问题相关的内容，导致了本领域技术人员缺少动机进行现有技术的相结合，这可以被称为无明确启示所导致的不容易结合。这也再次表明了，本领域技术人员并不是那么勤快的一个人，甚至是和我们一样有些惰性的普通人。作为这样的普通人而非发明人，如果现有技术没有给出相应的文字记载，本领域技术人员凭什么花费力气来结合多个现有技术呢？一旦花费了力气，就成了付出创造性劳动的发明人；而如果没有花费力气也能得到本发明，那只能是"事后诸葛亮"了。本领域技术人员应该是什么样的人呢？"是对现状逆来顺受且不思改变的老公，还是怎么看都不顺眼、总想着要改变现状的别人家的老婆？"恐怕前者是一个更恰当的比喻。

实际上，从上述若干案例的分析结论可以发现，在判断创造性时，并不存在所谓的不能结合、不容易结合、无明确启示结合之分。在判断发明具备创造

● 国家知识产权局专利局复审和无效审理部. 以案说法：专利复审、无效典型案例汇编（2018—2021 年）［M］. 北京：知识产权出版社，2022：110.

性时，相关的依据都是没有动机对多个现有技术进行结合。进行不能结合、不容易结合、无明确启示结合的分类，只是为了区分所谓的没有动机的程度。没有动机的程度越高，发明具备创造性的可能性就越高，这对于针对发明的创造性加以预判，进而结合预判结果在撰写、答复中开展有针对性的工作，是有帮助的。更为重要的是，所谓的没有动机只是结论，而得出这一结论的理由却是五花八门，进行了上述简单分类后，能够将不同的具体理由予以归类，方便代理师进行记忆和后续的应用，这才是分类的根本目的所在。当然，读者也可以结合其他案例中得出没有动机结合的相关理由，按照自己的思路进行归类，只要方便记忆和应用，这样的分类都是有益的。

3.4　老案例、新思路

前面所分析的，大多是国家知识产权局专利局复审和无效审理部门提供的典型案例，这些案例虽然权威，但总是别人的案例。这些案例中所体现的思路有普适性吗，能应用到自己处理的案件中吗？

著者曾经也有过这样的顾虑。仅有顾虑是没有用的，尝试应用一下可能顾虑就被打消了。

3.4.1　曾经的案例

著者在《专利审查意见答复实战教程：规范、态度、实践》一书中，曾经就"玻璃与大理石复合板材的生产工艺"案的创造性答复进行了分析，其分析思路主要围绕特征比对，尤其是发明点的特征比对来进行。那么，对于这个案子，是否能采用本章讲到的"贴心答复"完成创造性审查意见的答复呢？

答案当然是肯定的。

3.4.1.1　案情介绍

为了后续分析的需要，首先对于该案的情况简单回顾如下。

该案所涉及的专利申请，是一种玻璃与大理石复合板材的生产工艺。分析申请文件全文后发现，该发明针对现有技术中天然大理石表面不耐磨、不耐污的问题，提供了一种玻璃与大理石复合板材生产工艺，以该工艺制造出的复合板材具有很好的耐污与耐磨性，并能保持人们所喜爱的大理石的天然纹理。

该专利申请的原始独立权利要求如下。

1. 一种玻璃与大理石复合板材生产工艺，其特征在于包括以下步骤：

（1）将大理石板材定厚度，并进行表面处理；

（2）将大理石板材切割成需要的形状和尺寸；

（3）将玻璃切割成和大理石同样的形状和尺寸；

（4）把玻璃放入高温熔炉进行熔边；

（5）将玻璃和大理石用高透明粘接剂*黏合；

（6）固化成型。

需要注意的是，在该案的说明书中，记载了在进行玻璃和大理石的黏合时，是以大理石作为基层、以玻璃作为第二层来进行的黏合。如此，形成了以大理石为底、以玻璃为表面的复合板材。这样的板材由于表面是玻璃，因此具有良好的耐磨、耐污性能，而大理石位于透明玻璃下方，如此使得该板材同时具备了天然大理石的纹理。

对于该专利申请，审查员认为该专利申请的各项权利要求均不具备创造性，针对权利要求 1 不具备创造性的审查意见如下。

权利要求 1 不符合《专利法》第 22 条第 3 款所规定的创造性。

权利要求 1 请求保护一种玻璃与大理石复合板材生产工艺，对比文件 1（CN101397839A）公开了一种透光天然大理石复合板材及其制造方法，具体公开了如下特征（参见说明书第 2 页至第 3 页、附图 1）：

一种透光天然大理石复合板，准备一块厚度在 1.5～10mm 透光的天然大理石板 1（相当于权利要求中的将大理石板定厚度），与同样尺寸和形状的一块无机玻璃或有机玻璃板（相当于权利要求的将玻璃切割成需要的形状和尺寸，并且隐含公开了大理石板切割成需要的形状和尺寸），在两块板之间的界面上黏合有一次环氧胶黏剂的涂层（相当于权利要求

---

*　此处"粘接剂"应为黏结剂，原文如此，未作修改。——编辑注

的用高透明粘接剂黏合），黏合成复合板，置于真空环境中，固化成型。

权利要求1与对比文件1相比，区别技术特征是：将大理石板材进行表面处理；将玻璃放入高温熔炉进行熔边。

对比文件2（CN2580012Y）公开了一种彩色玻璃面砖，并公开了如下技术特征（说明书第1页最后一段）：

"一种彩色玻璃面砖，基层1和着色层2借助环氧树脂的强结合力结合成玻璃塑胶复合结构，其中基层1为热熔边缘的平板玻璃。"

对比文件2与本申请属于相近的技术领域，而且上述技术特征所起的作用与本申请相同，均为玻璃的处理工艺，本领域技术人员在对比文件1的基础上结合对比文件2，很容易将对比文件1中的玻璃在黏接之前放入高温熔炉进行熔边。至于在复合之前对大理石板进行表面处理是本领域技术人员根据实际需要很容易选择使用的，是本领域技术人员的常用技术手段，不需要创造性劳动。

因此，在对比文件1的基础上结合对比文件2和本领域常用技术手段以获得该权利要求所要求保护的技术方案，对所属领域的技术人员而言是显而易见的，因此该权利要求所要求保护的技术方案不具备《专利法》第22条第3款所规定的创造性。

分析上述审查意见不难发现，对于该专利申请的创造性构成严重影响的现有技术是对比文件1。对比文件1的确公开了一种大理石复合板，该复合板也同样是采用玻璃和大理石进行黏合，只不过其在黏合时所采用的是环氧黏结剂而非本发明的高透明粘接剂。但貌似这两种黏结剂的区别并不明显，推翻审查意见中关于二者"相当于"的结论，难度很大。

3.4.1.2　曾经的特征比对争辩思路

《专利审查意见答复实战教程：规范、态度、实践》一书中，就该案的创造性争辩，从特征比对的角度出发进行了分析。首先按照逻辑主线的思路，明确了本发明的发明构思是采用将玻璃黏合在大理石表面从而解决大理石耐磨耐污性能差的问题，基于这样的发明构思，确定出将玻璃黏合在大理石的上方属于本发明的核心发明点之一。以该核心发明点和对比文件1的相应内容进行对比后发现，对比文件 1 中如图 2 所示，是将玻璃（3）黏合在大理石（1）的下方而非上方，玻璃和大理石的位置关系和本发明完全不同。基于这样的争辩思路，对原权利要求 1 进行了修改，在步骤（5）中，增加了将玻璃黏合在所述大理石的表面的限定，以此来明确体现本发明和对比文件 1 的区别。进而基于这样的区别，完整利用"三步法"，得出本发明修改后的权利要求 1 相对于现有技术具有突出的实质性特点，进而具备创造性的结论。

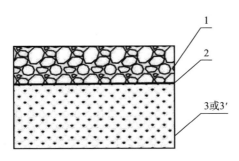

图 2　对比文件 1 的附图

那么，对于这个案例，能否采用"贴心答复"的方式找到新的答复思路呢？这样的答复思路是否会如之前所说的那样，具有更高的高度，答复效果更好呢？

答案是肯定的。当然，要获得这样的答复思路，需要以"全面分析"为前提才可以。

3.4.2　通过"全面分析"获得"贴心答复"新思路

以本章介绍过的"贴心答复"思路，对于上述案例至少可以获得如下三个新的争辩思路。

3.4.2.1　以"不能出发"形成的争辩思路一

从之前讲过的"能否出发"进行分析可以发现，对比文件 1 不可能存在解决本发明实际解决问题的需求。当然，这需要以全面分析为基础。

（1）用"全面分析"打好基础

第一点的全面分析，是至少仍然要发现本发明和对比文件 1 在玻璃和大理石的黏合位置上存在不同，以本发明中玻璃黏合在大理石的上方作为区别特征，进而结合该区别特征确定出本发明实际解决的技术问题是：提供一种耐磨性能好且保持天然大理石纹理的复合板材。只有这个问题确定正确了，后续才能针对这个问题进行"能否出发"的分析。只有进行了这样的全面分析，后续的"贴心答复"的思路才有基础产生，才有可能产生。

第二点的全面分析，则是"能否出发"本身的分析。这个分析则是针对对比文件1进行的。

之前的特征比对的思路会重点针对本发明进行分析，从而明确本发明的核心发明点，而对于对比文件所公开的内容，往往只关注该特征本身，这在一定程度上会忽略对对比文件的整体分析。而"全面分析"中的"能否出发"的分析，恰恰需要对最接近的现有技术有一个构思层面的整体分析。

对于该案而言，对比文件1的构思是什么呢？这要从它的背景技术讲起。

在对比文件1的背景技术中，首先提及了大理石复合板材的应用场景，其指出：

> 大理石由于既坚固耐用，又有装饰美观效果，其应用领域越来越广泛，向着纵深领域发展，出现了一些新的应用领域。在建筑物外或广告墙面上，幕墙石材是一种新兴的建筑及装饰材料。

基于应用于建筑物外或广告墙面上的应用场景，对比文件1进一步指出了相关的现有技术及其问题。沿着这个脉络，对比文件1在其发明内容部分首先指出了其发明目的在于：

> 提供一种制造方法简易，可利用常规设备生产的，装饰效果良好，光学特性满足要求的透光天然大理石复合板及其制造方法。

需要注意的是，这里提到了光学特性，而这一光学特性的要求是与对比文件1的复合板材应用于建筑物外或广告墙面上的场景相适应的。

进一步的，在对比文件1阐述其有益效果时，又有如下的描述：

> 该复合板产品制造简易，设备简单，利用普通材料，可获得光学性能良好的装饰板材。当用作幕墙材料时，光线从半透明的具有彩云般花纹的天然大理石穿过，入射到玻璃层，产生各种反射和折射，得到金碧辉煌、变幻无穷的花纹图案的投影。

这里，对比文件 1 仍然是在以"幕墙材料"为复合板材的应用场景，阐述其所能获得的光学效果。

而在对比文件 1 的具体实施方式部分，其在最后也指出：

该产品适用于建筑物外的幕墙材料，或广告装潢面板材料。

基于对对比文件 1 的整体阅读，结合上述内容即可发现，对比文件 1 所要保护的大理石复合板材，是以其应用于建筑物外或广告墙面出发而形成的发明构思。

掌握了对比文件 1 的整体构思之后，再去对照本发明实际解决的技术问题，就很容易发现"不能出发"的问题了。

（2）获得"不能出发"的争辩思路

如前面已经分析得到的，本发明实际解决的技术问题是：提高复合板材的耐磨、耐污性能，且同时保持天然大理石的纹理。那么，对比文件 1 的技术方案，可能存在解决这样问题的需求吗？想想对比文件 1，其复合板材是应用在建筑物外或广告墙面上的，怎么可能针对这样的复合板材有例如人脚踩踏、物品移动这样的磨损的事情发生呢？这个复合板材上也不会有漏汤洒水这样的经常性的污迹吧。由此，对于对比文件 1 的应用于幕墙的复合板材，其不可能存在耐磨、耐污性能改进的需求，这样的需求是地面铺装用的复合板材所需要的，而非幕墙用复核板材所需要的。

由此可以得出，对比文件 1 不可能存在本发明实际解决的技术问题，因此，本领域技术人员也就不可能从该最接近的现有技术出发，完成用以解决本发明实际解决的技术问题的改进。这种源头的"不能出发"，导致本领域技术人员没有动机进行改进，也就更没有动机进行多个现有技术结合而得到本发明的技术方案。

如此，形成了以"不能出发"为核心的创造性争辩思路。

3.4.2.2　以"不容易结合"形成的争辩思路二

争辩思路二主要是围绕"不容易结合"进行的。同样，其需要借助于对对比文件 1 的全面分析来进行。

结合之前对于对比文件 1 的整体分析可以发现，按照对比文件 1 的发明构思所得到的大理石复合板材，在用作幕墙材料时将会产生金碧辉煌、变幻无穷的效果，而这一效果的达成，则是基于光线能够穿过天然大理石入射到玻璃层从而产生反射和折射才能实现的。为了使得光线能够到达玻璃，天然大理石则应具有透光（半透明）属性，这一属性直接与对比文件1的发明构思相关。

再分析本发明的技术方案不难发现，本发明中的大理石复合板材是应用于地面铺装的，由此才会有所谓的耐磨、耐污性能的需要。而作为地面铺装的板材，考虑到不能将其下方的粗糙毛坯地面呈现出来，该板材显然不会是半透明的。为此，本发明的复合板材中的大理石显然并非对比文件1那样的半透明天然大理石。基于上述特征上的区别，或者地面铺装和幕墙安装这一应用场景的区别，本领域技术人员如果要得到本发明的技术方案，则至少需要将对比文件1中的透光（半透明）天然大理石替换为非透光、非半透明的天然大理石，而大理石一旦不再透光，则会使得对比文件1原本的发明构思被破坏。即无法通过大理石的透光而使得光线穿过大理石而到达玻璃由此产生光学效果。从本领域技术人员的视角来看，其基于对比文件1的发明构思，能够获得的是由"透光"所至的光学特性方面的技术启示，其没有理由、没有动机背离该技术启示进行相应的改进，"不容易"将非透光的天然大理石这一区别特征和对比文件1相结合得到本发明的技术方案。

有一点需要注意的是，在原始权利要求1中，对于用于黏合的天然大理石并未限定其是非透光的，而在说明书中似乎也难以找到其是非透光的限定。可以考虑根据说明书所记载的本发明的复合板材用于地面铺装，在权利要求1中体现出"地面铺装"的限定。以地面铺装和对比文件1的幕墙铺装的不同来支持上述争辩思路。

3.4.2.3 以"不容易结合"形成的争辩思路三

争辩思路三和争辩思路二本质上类似，只不过，其是以玻璃所处的位置为出发点进行的分析。

在对比文件1中，玻璃要位于透光天然大理石的下方，由此才能将光线反射、折射回到透光天然大理石，从而以这样的光线配合天然大理石的纹理，产生所谓的金碧辉煌的光学效果。因此，玻璃位于大理石的下方，属于对比文件1的发明构思的一部分。而如果要得到本发明的复合板材，则需要将玻璃由大理石的下方更改到大理石的上方，这将导致玻璃反射、折射的光线直接由玻璃发射出去而不再经过透光大理石，也就不能产生光线和大理石纹理叠加的光学效果，这显然会破坏对比文件 1 原本的发明构思。和争辩思路二类似，同样可以得出，本领域技术人员没有动机破坏最接近的现有技术（对比文件 1）的发明构思去得到本发明的技术方案。这对应于之前讲过的"不容易结合"的争辩思路。

除了上述 3 个争辩思路之外，还可以将本发明和对比文件 1 整体加以对比，强化本领域技术人员没有动机进行改进。可以指出，如果要得到本发明，既需要将对比文件 1 中的玻璃和大理石的位置相互颠倒，还需要将对比文件 1 中的透光大理石更改为非透光大理石，这些更改基本上颠覆了对比文件 1 的全部技术实现。在存在如此大区别的情况下，本领域技术人员没有动机针对对比文件 1 进行如此大量、如此根本性的改变，由此不能基于对比文件 1 和对比文件 2 的结合得到本发明的技术方案。上述争辩思路同样是"不容易结合"的争辩思路在该案中的具体应用。

第 *4* 章

公知常识的判定与答复

在专利创造性判断中，公知常识时常被用来作为证据。对于以公知常识来评判创造性，专利申请人、专利代理师往往会质疑此种判断方式的合理性，由此，创造性判断中使用公知常识，已成为专利实务中颇具争议的热点、难点问题。

4.1 公知常识的概念

公知常识并不是专利法有关创造性规定中提及的概念，其出现于专利审查的部门规章《专利审查指南》中。具体的，出现于《专利审查指南》第二部分第四章第3.2.1.1节中。在该节中，就创造性规定的突出的实质性特点的判断，给出了"三步法"的判断标准。在"三步法"的第三步判断发明是否显而易见中，提到了"公知常识"，具体如下：

如果现有技术中存在这种技术启示，则发明是显而易见的，不具有突出的实质性特点。

下述情况，通常认为现有技术中存在上述技术启示：

（i）所述区别特征为公知常识，例如，本领域中解决该重新确定的技术问题的惯用手段，或教科书或者工具书等中披露的解决该重新确定的技术问题的技术手段。

上述规定中提及了公知常识的两种使用方式。一种是提供了教科书、工具书等书面证据，说明相关的技术特征属于公知常识，这可以被简称为书证式的公知常识认定方式。另一种是在没有相关证据支撑的情况下认定本发明的特征属于公知常识，业内有人将此种认定方式称为断言式的公知常识认定方式。

在实践中使用公知常识进行创造性判断时，往往会在不同主体间产生较大分歧，这种分歧通常集中于断言式的公知常识认定方式是否合理（如无特殊说明，后文提及的公知常识判定均是指断言式的公知常识判定方式）。专利申请人、专利代理师往往认为，在没有证据支持的情况下，如果审查员判定本发明中的技术特征属于公知常识，则是主观的、不准确的。而审查员会以本领域技术人员的普遍认知出发，结合审查效率的考虑，认为即使没有证据支持，判定本发明中的区别特征属于公知常识是合理、合规的。

4.2　公知常识判定应作为慎重的选择

公知常识作为一种客观存在，在创造性判断中当然是可以采用的，但应是一种慎重的选择。

4.2.1　"慎重"的原因

对于审查员来说，如果禁止采用公知常识来评判创造性，或者将公知常识限定为仅是教科书或工具书披露的内容，那么，无疑会导致审查效率的降低。由此可能导致申请人不断将申请文件中不能提供创造性贡献的技术特征添加到权利要求中，使得审查工作陷入无休无止的境地。为了确保审查工作正常进行、保证审查效率符合要求，采用公知常识进行创造性的判断，当然是审查员可以"选择"的判断方式，这样的选择，有其合理性和必然性。

但要注意的是，审查员的此种"选择"应该是慎重的。慎重的原因源自之前提及的争议所在。

断言式的公知常识认定方式，由于没有客观证据的支撑，难免被质疑存在主观性，进而，最终的创造性判断结论的准确性也会由此被打折扣，从而影响行政效率。效率和速度并不相同，速度只是效率中的一个组成部分。不能为了追求审查速度，而忽视审查结论的准确性。只有在不偏离审查结论准确性的前提下，提升审查速度，才能实现审查效率的提升。由此，审查员在以断言的方式进行公知常识认定时，有必要十分慎重。

4.2.2 "慎重"的表现

这种慎重至少应表现为以下三点。

（1）判定对象应该严格受限

断言式的公知常识认定方式，应仅限于本发明中对于发明不起到贡献作用的特征来进行。

道理很简单。如果在专利申请文件中，申请人都未曾提及某个技术特征对于本发明起到了贡献作用（实现好的效果），那么，从申请人的角度来说，其很可能也认为这个特征并不是本发明的改进所在，而是属于现有技术。此时，对这样的技术特征认定为属于公知常识，产生偏差的可能性小，审查结论的正确性高，能够有效实现审查效率的提升。相反，对于那些在专利申请文件中提及的能够起到贡献作用的特征，则是专利申请人认为其应当获得专利授权的原因所在。一旦认为这样的技术特征属于公知常识，其实就是在否定申请人自身所认识的贡献所在。审查员和专利申请人当然会由此产生分歧，消除这样的分歧显然不应以简单的断言方式来进行。

（2）判定依据应严格受限

断言式的公知常识认定方式，由于缺乏客观的书面证据来支撑，天然就存在主观性以及由此带来的争议性。为了尽可能减少争议，有必要在公知常识的判定依据方面进行严格限制。

公知常识，应当至少具有"周知"的属性，但"周知"与否的依据是模糊的。具体表现为作为"周知"的判断主体，普通公众或本领域技术人员本身属于虚拟的人，判断主体存在模糊性；还表现为"周知"中的"周"体现的是一个知晓的范围，范围大小也是模糊的。两个模糊相叠加，导致准确界定"公知"的内容到底是什么十分困难。为此，有必要将"公知"的内容慎重地界定为各方均能达成一致的内容。这样的内容仅限于日常生活或者科学公理中的内容，可能是比较合适的。

日常生活或科学公理的内容，知晓主体普遍、应用范围广泛，这使得其属于公知常识几乎没有争议。

日常生活中所采用的手段，是生活中的常识；科学公理中的内容，则属于技术中的基础。在日常生活与普通公众息息相关、科学公理被技术人员所熟知的情况下，将这些内容认定为公知常识也就自然而然、没有争议了。除了这两个内容之外的其他方面的内容，则在是否"周知"上存在不确定性，容易引发争议，为此，对于公知常识的认定依据，最好限制在日常生活和科学公理的范围内，不应再作拓展。

（3）判定的性质应该是试探性的而非结论性的

即使在公知常识的判定对象和判定依据上进行限制，断言式的公知常识认定仍然摆脱不了主观性，而客观是保障专利审查本身准确性的重要条件。为此，断言式的公知常识认定，其给出的判定结论仅应是为了更快地探究案件事实所采取的试探性意见。

从审查员的心证角度来说，在第一次审查意见中给出公知常识的判定结论时，该结论不应作为对本发明不具有创造性而言的关键性结论，更不应是盖棺论定式的结论。公知常识的判定结论，应仅是为了搞清楚发明的贡献所在的一个试探性意见。这种心证的试探性意味着，一旦结合申请人的意见陈述，发现其并未阐述相关特征属于本发明的贡献所在，那么，快速搞清案情、提高审查效率的目标已被达成，公知常识的认定结论正确；但如果结合意见陈述，发现相关特征属于本发明的贡献，则应放弃断言式的公知常识认定方式，转而采用证据的方式来论述相关特征是否被现有技术公开。这种可能的转变，应该是由心证的不确定性自然而然促成的，这种可能的转变，也恰恰是采用公知常识以提高专利审查效率（速度＋正确）的体现。

4.2.3 "慎重"的意义

断言式的公知常识认定应是一个慎重的选择，对于专利申请人、专利代理师当然也是有意义的。

首先，对于专利申请人、专利代理师而言，要认识清楚断言式的公知常识认定的确属于审查员基于审查效率提升所"选择"的判定方式，此种判定方式有其存在的合理性，不能寄希望于仅仅指出此种判定方式不合理，进而简单地要求审查员进行举证，从而希望改变审查员的判定结论。

其次，要明确审查员选择进行公知常识判定，根本目的在于快速搞清楚本发明的案情。申请人要配合审查员的这种选择，讲清楚本发明的贡献所在、特殊所在，帮助审查员快速厘清本发明的实质贡献，从而共同达成提升审查效率的目标。

最后，专利申请人、专利代理师乐于明确的是，公知常识的判定应该是慎重的。这种慎重表现为判定的对象和判定的依据是严格受限的，而慎重的判定对应于判定结果是可以改变的。基于此，一旦专利申请人、专利代理师认为公知常识的判定结论有误，则应以积极的态度，在意见陈述中详细分析相关技术特征在本发明中的贡献所在和在本发明中的特殊性，利用充足的理由改变审查员的公知常识判定结论。

4.3 公知常识的具体判定方法

4.3.1 区分被判定的技术特征是否属于对本发明存在贡献的特征

对于权利要求中的某一技术特征，要基于该特征在本发明中对应的效果、作用的记载，识别其是否属于对于本发明而言有贡献的特征。如果属于，那么一般要慎重考虑是否可以采用断言式的公知常识判定方式，如果不属于，则可以大胆使用断言式的公知常识判定方式。

判断某一技术特征是否属于有贡献的特征，则要分析在专利申请文件中是否记载了该技术特征对应的作用、效果。这样的作用、效果可以是针对专利申请文件中提及的发明目的，也可以是发明目的之外其他的有益效果。对于后者作为贡献的考虑因素是因为，《专利审查指南》明确提及"审查员将权利要求中对技术问题的解决作出贡献的技术特征认定为公知常识时，通常应当提供证据予以证明"。这实际上表明，审查员应当对那些作出贡献的特征提供证据予以证明。在这一表述中，并未提及技术问题是申请文件中的发明目的这一核心问题，从理论上来说，申请文件中提及的主要问题、次要问题，都可以作为本发明中的技术问题而被考虑。从实践角度来讲，申请人完全有权利结合审查的情况，修改本发明所要解决的技术问题，其可以将之前的次要问题修改为主要问题，只要这样的修改在专利申请文件中有依据即可。问题对应于效果，因此，对应于申请文件中记载了相应效果的技术特征，都应作为对本发明产生贡献的特征，对于这些特征，要慎重或者避免采用断言的方式判定其属于公知常识。

相反，如果某一技术特征在专利申请文件中完全没有与之对应的效果的记载，那么，大概率可以判定，专利申请人自身也认为该技术特征并不存在任何特殊的贡献。同时，这样的技术特征，由于缺乏效果方面的描述，因此形成不了"问题＋手段"这一整体的评价对象。问题的缺失导致手段形单影只，大概率是一个与本发明的特定情况无关的现有技术特征。在这两个大概率的共同作用下，对于没有记载任何效果的特征，以断言式的方式判定其属于公知常识，很有可能是合理的、正确的。

4.3.2　确定技术特征所解决的问题

确定技术特征所解决的问题，依据的是技术特征在本发明中所达到的效果，这貌似并不复杂，实践中所要做的是严格、准确按照该要求来进行。

第一，技术特征所解决的问题，应考虑该特征所达到的效果，而不能将该特征本身作为要解决的问题。

技术特征所解决的问题和特征本身属于不同的概念。确定技术特征所解决的问题时，要注意对二者加以区分，不能忽略技术特征所达到的效果、将特征本身直接作为特征所解决的问题。实践中经常出现的情况是：对于某一待评价的技术特征，将其解决的问题确定为采用该特征来实现技术方案，进而得出该特征属于公知常识的结论。这实际上是完全忽略了技术特征本身所达到的效果，使得对于公知常识的判定只考虑了技术特征本身而没有考虑技术特征所解决的问题。在公知常识的判定本有很多主观因素影响的情况下，减少公知常识判定时所应考虑的"问题"因素，更会使得该判定结论难以令人信服。

第二，技术特征所解决的问题，应是该特征在"本发明"中的问题，而不应是脱离于本发明之外的问题。

在确定技术特征所解决的问题时，应当将该特征放到本发明的整体方案中，考虑该特征和技术方案中的其他技术特征相互联系、相互作用后，所达到的技术效果。如果将被评价的技术特征完全从技术方案中脱离出来，孤立地考虑该特征所解决的问题，那么，这样的问题要么充其量是其自身固有能解决的问题。这样的问题，由于具有"固有"的属性，大概率属于公知常识。这导致在特征是否属于公知常识的判定中，技术特征所解决的问题实际失去了意义，同样会导致公知常识的判定不准确。

例如，针对一出水控制结构的专利，一方认为该专利和对比文件的区别仅在于采用 L 形压板来代替对比文件中的顶珠，L 形压板所起到的是杠杆作用，由此确定 L 形压板所解决的问题是实现杠杆作用；由于 L 形压板本身以及 L 形压板起到杠杆作用都是本领域的公知常识，因此该专利不具有创造性。❶ 在上述观点中，针对 L 形压板所解决的问题，仅考虑了 L 形压板本身，没有考虑 L 形压板和技术方案中其他技术特征之间的相互联系，由此使得所确定的问题，仅是该 L 形压板孤立于本发明之外的问题，而并非在本发明中所解决的问题，基于该问题所进行的公知常识判定也就不正确了。

合议组纠正了上述错误，具体指出：在该专利中，利用 L 形压板产生杠杆作用，将控制杆作用于压板一侧的结构性转动，转换成垂直作用力，避免了现有技术中推进控制杆的力量大多消耗于顶珠（或顶珠）的摩擦上，从而带来了操作省力、作用寿命长的技术效果。尽管 L 形压板的形状在本领域乃至日常生活中都是常见的，但是该专利中限定的 L 形压板所起的"将控制杆作用于压板一侧的结构性转动转换成垂直作用力"的作用，与其作为本领域惯用技术手段所起的作用不同，二者达到的技术效果也不同。因此，本领域的技术人员没有动机将 L 形压板这样的公知常识用于替代顶珠使顶柱动作不灵活、易磨损而导致的出水控制效果不佳的技术问题得到解决。

从上述分析可以发现，在确定 L 形压板在该专利的作用时，应将技术方案中的控制杆和 L 形压板的相互联系考虑进来，由此才能确定出 L 形压板在该专利中所解决的问题是操作费力、使用寿命短的问题，基于该问题才能完整对于 L 形压板是否属于公知常识进行准确认定。

确定技术特征在本发明中解决的问题，还要注意，该问题应当是发明的技术主题下的问题，这可以从两个方面来理解。一是本发明要保护的主题，同样构成对于权利要求的限定，属于本发明整体技术方案的一部分，既然要考虑技术特征在本发明中的作用，就要考虑技术特征和本发明中各个特征之间的相互

---

❶ 廖涛. 专利复审委员会案例诠释创造性［M］. 北京：知识产权出版社，2006：275 - 278.

联系，而主题作为技术特征之一，自然也在考虑范围之内，由此，确定技术特征所解决的问题，应当是在主题这一限定下所解决的问题。二是问题本身就是针对整体方案而言的，单个技术特征并不存在问题，也不可能通过单个特征来解决问题。由此，在谈及问题时，所针对的都是整体技术方案，在主题指代了整体技术方案的情况下，技术特征所解决的问题自然就是主题下的技术问题了。

将解决的问题确定为发明技术主题下的问题，意义在于，还原出发明人在面对本发明技术主题时，由该技术主题的问题出发寻求本发明解决手段的思考过程，避免出现错误的确定问题，而将问题和解决手段之间的思考过程错误地人为结合，这进一步可能导致作为解决手段的被评价特征，被错误地评价为公知常识。

例如，在某专利申请中，其技术方案是在计算机机箱中增加散热风扇，以此使得使机箱内的空气流通增强、机箱内温度降低，从而提高 CPU 运行效率，进而提升计算机性能。

在上述方案的保护主题为计算机时，即以"一种计算机"作为权利要求的名称，由于计算机同样属于方案中的限定，因此，在确定散热风扇所解决的问题时，自然也应将"计算机"这一主题考虑进来，由此可以确定，散热风扇所解决的问题是计算机性能提升的问题。

在上述方案的保护主题为机箱时，相应的，同样要考虑主题的限定作用，此时，散热风扇所解决的问题则为降低机箱温度（在权利要求所保护的方案中未提及 CPU 的情况下）的问题。

上述两个不同的问题，会导致对于"散热风扇"是否属于公知常识的认定结论完全不同。

如果是计算机性能提升的问题，由于计算机性能和散热分属两个完全不同的领域，计算机性能提升这一问题并不能直接引出增加散热风扇的技术手段，也不会给出增加散热风扇的启示，因此，采用增加散热风扇来解决计算机性能提升的问题并不属于公知常识。换言之，在计算机性能提升这一问题和增加散热风扇这一解决手段之间，需要首先发现 CPU 运行效率提高有助于计算机性能的提升，之后，需要发现机箱内温度降低有助于 CPU 运行效率的提高，还需要发现机箱内的空气流通增强有助于机箱内温度的降低，如此才能提出增加散热风扇这一解决手段。这种多层的、间接的因果关系，意味着本领域技术人员需要克服重重障碍才能获得问题的解决手段，由此，该解决手段所对应的特征属于解决问题的特定手段，并不是公知常识。

相反，如果是降低机箱温度的问题，则增加的散热风扇被判定为属于公知常识应无争议。原因在于降低温度这一问题本身就已经包含了散热的需求，能够直接引出散热风扇这一解决手段，如此，用以解决散热问题的散热风扇也就是公知常识了。●

从上述对比可以发现，考虑保护主题的限定作用，正确确定技术特征所解决的问题，对于公知常识的判定往往影响很大。考虑保护主题的限定作用来确定技术特征所解决的问题，也是还原发明人在问题到解决手段之间所可能付出的创造性劳动的需要。

第三，技术特征所解决的问题，要考虑特征本身所具有的所有限定，不能忽略特征中的限定来确定解决的问题。

技术特征所解决的问题，顾名思义，该问题应该是被讨论的技术特征所解决的。要注意的是，不要将此特征错误地替换为彼特征，基于彼特征来确定解决的问题。对于技术特征这一目标对象的确定错误，会导致由此所确定的解决问题也是错误的。实践中可能出现的情况是，所讨论的技术特征往往是由多个限定构成的，而在确定该特征所解决的技术问题时，却忽略了该特征中的某个或某些限定，进而基于这样的残缺的技术特征来确定所解决的问题。这样的残缺的技术特征已经不是原来要讨论的技术特征，由此所确定的解决的问题也自然不是该特征所解决的技术问题。由于限定的残缺，基于这样的残缺的技术特征所确定的问题，很有可能是一个宽泛的技术问题，而不是本发明特定技术特征所解决的特定技术问题。这会使得对于特征所进行的公知常识判定出现错误。

例如，对于某专利申请，审查员认为，其权利要求 1 与对比文件 1 相比，区别仅在于本专利中增加锥爪型摩擦环，且摩擦环的锥部朝向下方。对于该区别特征，审查员认为其解决的技术问题是"如何增大摩擦力来阻碍伸缩管的下移，使得伸缩管下降时具有缓冲作用"。由此，审查员得出以下结论：将摩擦环设计成锥爪型是本领域技术人员的惯常设计。即以锥爪型摩擦环来解决伸

● 王慧忠，孙纪泉. "三步法"中的非客观性要素及其客观化 [J]. 专利代理, 2017 (1)：15 – 16.

缩管下降时具有缓冲作用这一问题，属于公知常识。申请人对此提出不同意见，其认为：锥爪型摩擦环在本发明中的作用是为伸缩管的上下移动提供一种可变化的摩擦力，这种摩擦力在伸缩管下移时变大，在伸缩管上移时变小。由此，锥爪型摩擦环这一特征所解决的问题是，避免伸缩管迅速下降造成物件砸坏或人员受伤，同时使得伸缩管能够便捷地从固定管中伸展出来，而非"使得伸缩管下降时具有缓冲作用"。❶ 基于审查员对待解决问题的认定错误，或者基于申请人意见陈述中提及的技术特征所解决的问题的特定性，可以说明将锥爪型摩擦环认定为公知常识并不妥当。

在该案例中，审查员虽然确定了锥爪型摩擦环作为区别特征，但在确定该特征所解决的问题时，却忽略了该特征中"锥爪型"这样的限定，从而将锥爪型摩擦环替代为普通的摩擦块，进而确定出所解决的问题。很明显，这样确定的问题并非所讨论的"锥爪型摩擦环"这一特征所解决的问题，而是被模糊化后所产生的"摩擦块"这一其他特征所解决的问题。问题和特征的不对应，导致以这样的问题和特征的组合为对象来进行公知常识的认定，自然结论是不正确的。

4.3.3 结合技术特征所解决的问题的属性进行判断

虽然是判断技术特征是否属于公知常识，但在判断过程中，却可以隐去该特征的存在，以之前所确定的技术特征所解决的问题出发进行分析。如此，能够更好地判断技术特征是否属于公知常识，这是一个事前判断而非看到本发明后的事后判断。

即使是主观判断，判断的对象也不是技术特征本身，而是判断所确定的特征所解决的问题是否公知，在判断问题是公知的情况下，进而以解决该公知问题的公知手段和本发明的技术特征进行对比，从而判断本发明的技术特征是否的确属于公知常识。以此，实现对于技术特征是否属于公知常识的事前判断。

简言之，对于技术特征是否属于公知常识，重点要针对技术特征所解决的问题进行判断。这样的判断，具体可以分为如下3种情况。

---

❶ 覃韦斯. 对"区别技术特征为公知常识"审查意见的答复策略［J］. 专利代理，2017（1）：59－60.

（1）技术特征所解决的问题仅是特征本身固有的效果

这可能源自两种情形，第一种情形是原始申请文件中的确没有记载该特征的任何效果、作用，由此，在确定技术特征所解决的问题时，该问题也只能是该特征本身固有的效果。第二种情形是原始申请文件中所记载的该特征的效果，是一个该特征独立产生的效果，即在该特征没有与本发明中的其他特征相互联系、共同作用的情况下所产生的效果。这样的效果，很大程度上是该特征自身固有的效果，基于这样的效果确定特征所解决的问题时，该问题自然也就是该特征本身固有的效果。

对于第一种情形，技术特征及其解决的问题的组合属于公知常识，是不言自明的。

原因在于：效果的"固有"，意味着该效果属于现有的内容，再加上该效果是该手段的固有效果，即手段和效果之间存在解决方面的"固有"关系，使得在由特征的效果确定出特征的问题后，以问题的固有、问题和作为解决手段的技术特征间的固有关系，技术特征实际上属于解决固有问题的固有技术手段，并非解决特定技术问题的特定技术手段，由此属于公知常识。

当然，从发明人是否作出了贡献的角度来分析，也能得出相同的结论。

当申请文件中没有记载该特征的效果的情况下，该特征很有可能是申请人自身都认为并不会提供贡献的特征。在申请人都有如此看法的情况下，该特征大概率并非本发明相对于现有技术的贡献所在，其作为公知常识的可能性大。

对于第二种情形，在申请文件中所记载的该特征的效果，仅是其自身孤立的效果的情况下，该特征与本发明中的其他特征之间没有相互关联、共同作用，也就无法起到本发明环境中的特定效果。此时，该特征大概率仅是本发明"整体"的一部分，而非能够在本发明整体环境中起到"贡献"的内容。且由于该特征的孤立效果仅为其自身固有的效果，也能说明该特征并没有为本发明的改进提供贡献。

在技术特征不产生贡献的情况下，认定该特征属于公知常识，符合节约程序的需要，且因为不产生对于本发明的"贡献"，大概率不会与现有技术产生区别，属于公知常识。

（2）问题并非公知常识

在技术特征所要解决的问题（所能起到的效果）都并非公知的情况下，

解决这样的一个新的问题的手段自然也应该是新的手段。即问题的新必然带来解决手段的新，该手段自然不属于公知常识。

（3）问题是公知常识

这一情况是要着重加以分析的，原因在于，在此种情况的判断结论存在不确定性，需要结合具体情况加以区分。

技术特征所解决的问题属于公知常识，意味着本发明要解决的问题很可能是长期存在的，否则就不可能成为公知周知的"问题"。这种问题的长期存在，很可能进一步意味着解决这样的问题的手段早已被提出了甚至被广泛采用。由此，这样的问题和解决手段的组合很有可能属于公知常识。

但是，也可能出现另外的情况，有可能对于一个公知的问题，本发明采用了区别于公知解决手段的新的手段加以解决。此时，再将这样的手段认定为公知常识就不合适了。

这就涉及一个将同样解决公知常识问题的公知常识手段和本发明的手段进行对比的问题。

一般来说，对于公知常识问题存在对应的公知常识解决手段，由此，可以设想一下，如果在没有看到本发明方案采用的技术特征的情况下，本领域技术人员对于该公知常识问题所已经知晓的公知常识解决手段是什么。然后，将该公知常识解决手段和本发明的特征进行比较，如果二者相同，那么本发明的特征属于公知常识，否则，公知常识的判定结论不成立。这样做的好处是，能够从问题出发，还原本领域技术人员看到问题后所知晓的技术方案，而不是看到本发明后启示得到的技术方案，这能够减少以发明人的高度进行公知常识的判定这一错误的出现。

确定公知常识问题的公知常识解决手段，可以基于问题和解决手段之间的逻辑关系来进行。

如果问题和解决手段之间的逻辑关系，即解决思路，是公知的，那么，在问题已经公知的前提下，解决手段自然也是公知的。这种公知的逻辑关系体现为解决手段是从问题出发以表象的、常规的因果关系而得出的，而这样的因果关系通常以问题本身即直接包括有解决手段或给出了解决手段的启示来体现。此时，正是因为问题本身是公知常识，基于该现有的问题本身所给出（表象的因果关系）的或启示给出（常规的因果关系）的技术手段，自然也就是公知常识的解决手段了。例如，对于漏水这一公知常识的技术问题，其"漏"本身已经给出了"堵"这样的解决手段的启示，因此，采用堵住漏水点来解决该技术问题自然也就是公知常识了。基于上述分析可知，在分析公知常识问题的公知常识解决手段时，重点要以问题出发，分析该问题本身能够直接给出的解决手段，或者直接启示给出的技术手段，以这样的手段作为该问题的公知常识性质的解决手段。

当然，简化分析也是可能的。如果本发明中针对公知常识问题采用了不同寻常的解决思路，这种解决思路不能从问题本身直接得出，也不能从问题本身直接启示而得到，而是另辟蹊径得出的解决思路。那么，基于这样的解决思路所得出的解决手段，并不属于公知常识，而是属于解决公知常识问题的特定技术手段。例如，对于漏水这一技术问题，本发明中所采用的解决思路是将漏出的水引流到别处加以使用，这样的解决手段并不是"漏"本身所能够给出的解决手段，而是另辟蹊径找出的解决手段，并不属于解决该问题的公知常识性质的解决手段。

当然，还存在一种情况，那就是问题虽然是公知常识，但现有技术中没有对应的手段予以解决，即该问题长期存在但没有得到解决。此时，由于并不存在解决该公知常识问题的技术特征，也就谈不到之前的对比了，对于本发明的特征也就不能判定为属于公知常识了。当然，要得出这样的公知常识问题并不存在解决手段，貌似并不容易。这可能需要从本发明的技术手段如何独辟蹊径、发明人如何在问题和解决手段之间发现不易被发现的因果逻辑联系来间接地加以确认。

4.3.4 问题是否公知的判断

不难发现，作出上述判断，很大程度上依赖于技术特征所解决的问题是否属于公知常识。这貌似又使问题回到了原点，到底什么问题才能被判定为属于公知常识。

从问题的角度说，最好作这样的限制：只有问题属于科学公理中的问题或日常生活中已经普遍存在的问题，才能将技术特征所解决的问题认定为属于公知常识。进行这样的"限制"，原因有两个。

第一，科学公理和日常生活，均应用广泛、存在时间长，不论是从纵向的时间维度还是从横向的使用范围，都能使得这两个性质的内容满足公知中"周知"的要求。

第二，科学公理和日常生活，具备"普通"的性质，没有与本发明相结合的特殊性，由此，基本上不会产生对本发明的特定贡献，从这个角度来说，对其作出属于公知常识的认定，错误的概率低。

为什么不作范围的扩大呢？因为扩大到其他范围，都有可能导致其他方面内容在"周知"方面的不确定性。不作公知常识范围的扩大，也是与发明的特点、专利的特点有关的。众所周知，很难出现革命性的发明创造，绝大部分的发明是在现有技术的基础上修修补补，如果扩大公知常识的范围，会导致很多发明由此存在很大的不被授权的风险。专利保护的特点是肯定发明人的贡献并予以权利的回报，如果公知常识的范围不清或不必要扩大，那么，很有可能使得发明人原本的贡献被不确定的公知常识所否定，这与专利的初衷是相悖的。

4.4 答复策略

在讲完了如何判定属于公知常识后，对应的答复策略就不难得到了。

4.4.1 态 度

首先要明确的是，很难有那么多原创的技术进步，更多的是，采用现有技术进行组合或者发挥特定的作用来解决技术问题。明确了原创的发明难得后，再去看待公知常识的判定，至少不会轻易认同公知常识的判定结论了。

从态度的角度来说，采用公知常识评价本发明的创造性，可被视作审查员的慎重选择。

对于"选择"而言，要认识到采用公知常识进行创造性评价，是审查员可以采用的合理选择之一。为此，不要将答复观点仅仅局限于质疑此种评价方式的合理性，而是应该在假定此种评价方式合理的前提下，以充实的理由来改变审查员的评价方式或具体观点。另外，要明确此种选择的目的在于，搞清楚本发明的发明构思，进而得出相应的审查结论。由此，在进行答复分析时，要分析被确定为属于公知常识的特征到底是否属于本发明的发明构思中的贡献所在，如果确实不属于贡献所在，则应该接受审查员基于提升审查效率所采用的断言式的公知常识评价结论，如果属于贡献所在，则应该在讲明本发明的发明构思的基础上，阐述相关特征属于本发明的贡献所在，帮助审查员搞清楚本发明的案情，改变之前的审查方式和审查结论。还要注意的是，由于在申请文件撰写时，不能完全准确地预期后续审查时哪些特征会被现有技术所公开，因此稳妥起见，不仅应对本发明的核心发明点论述其在本发明中的效果、作用，而且应对本发明中能够产生有益效果、特定作用的各个技术特征，分别论述其在本发明中的效果、作用。即不要仅注重技术特征的阐述，而忽视技术特征的效果、作用的介绍，这种介绍所针对的特征要尽可能全面。

对于"慎重"而言，在答复工作中可以借鉴的是，这样的审查结论是完全有可能改变的。因此，不要对于这样的审查意见主动放弃，而是要积极、主动地发表观点、陈述理由。

4.4.2　具体方式

对于公知常识的具体答复理由，可以参考如下方式进行。大体思路为：

你说公知，我谈贡献；

你说特征，我谈问题；

你分析部分，我强调整体；

你事后判断，我事前分析；

你泛泛而谈，我具体来论。

4.4.2.1　你说公知、我谈贡献

对于公知常识的判定，在《专利审查指南》第二部分第八章第4.10.2.2节第（4）项中关于"贡献"的明确规定：

审查员在审查意见通知书中引用的本领域的公知常识应当是确凿的，如果申请人对审查员引用的公知常识提出异议，审查员应当能够提供相应的证据予以证明或说明理由。在审查意见通知书中，审查员将权利要求中对技术问题的解决作出贡献的技术特征认定为公知常识时，通常应当提供

证据予以证明。

尽管存在"通常"这样的修饰，但该规定中至少给出了对于"作出贡献"的特征进行公知常识判定时，通常不应采用断言的方式评判这一倾向性意见。由此，在进行公知常识方面的答复时，首先要分析的是被评价为公知常识的技术特征，是否为对技术问题的解决"作出贡献"的特征。问题对应于效果，如果在专利申请文件中描述了目标特征所起的效果、所解决的问题，那么，可以据此分析目标特征实现了什么效果、解决了什么问题，由此属于对解决问题作出贡献的技术特征。当然，此处的效果、问题并不局限于申请文件的主要发明目的或有益效果，次要的效果、问题同样可以作为技术特征是作出贡献的依据。

在确定了特征属于作出贡献的特征后，就可以按照《专利审查指南》的上述规定要求审查员就该特征被评为公知常识，提供相应的证据予以证明。但需要注意的是，对于公知常识的答复不能到此为止，不能仅寄希望于对审查员评述方式的质疑就能推翻公知常识的判定结论，毕竟，在《专利审查指南》中就提供证据还给出了"通常"这一修饰，审查员即使不提供证据，貌似也不完全违反《专利审查指南》的规定。要求提供证据，只是针对公知常识答复工作的开篇，但并不是重点所在。

例如，北京市高级人民法院（2018）京行终字第 4818 号判决就体现了此点。该判决中的涉案专利涉及一种包装箱，该包装箱通过平板状材料折叠、黏结制成，解决现有技术中包装箱开箱和封箱浪费时间的问题。涉案专利的权利要求 1 中限定了"上盖与下盖覆盖一面粘有双面胶"。

对涉案专利的无效宣告请求审查决定中指出：证据 3 公开了一种多次循环用环保箱体，具有多个外侧板，与下盖侧板相密封的上盖侧板设置"一次性密封胶带"。涉案专利权利要求 1 与证据 3 的区别仅在于证据 3 没有公开"上盖与所述下盖覆盖一面粘有双面胶"，但是本领域技术人员很容易想到将证据 3 的两个侧板的延伸部相粘接❶来形成外层封装结构，而且在它们相覆盖一面采用双面胶实现粘接❷是本领域公知常识。

---

❶❷　此处粘接应为黏结，为保持与专利文件表述一致，未作修改。——编辑注

专利权人不认可上述公知常识判定结论，坚持行政部门应当提供公知常识性证据予以证明。一审和二审法院均未支持专利权人这一诉求。

法院在针对上述案例的解读中指出，在专利授权、确权案件中，被诉决定已经通过充分说明的方式认定相应的技术手段或技术特征属于常用技术手段的基础上，不能仅依据专利权人的简单否认，即要求国家知识产权局提交证据证明该技术手段或技术特征属于常用技术手段。除非其提出明确的反证证明或者详尽的理由说明相应的技术手段并非常用技术手段，通常情况下对于相应的技术手段是否属于常用技术手段无须举证证明。❶

从该案例可以得出，仅仅要求审查员就公知常识提供相应的证据，是一个可以采用的答复办法，但未见得是一个行之有效的办法。尤其是在相关特征大概率属于公知常识的情况下，更是如此。

4.4.2.2 你说特征、我谈问题

仅就技术特征是否属于公知常识与审查员进行直接对抗，并不可取。原因在于，这样的对抗充斥着各方的主观性，在既没有客观证据支撑又没有更多内容可供论述的情况下，想要成功说服审查员，难度可想而知。

由此，为了论述特征不属于公知常识，不妨采用迂回的方式、借助其他的要素分析目标特征并不属于公知常识，此时，就需要用到特征所解决的“问题”。

谈及问题，能够避免仅就特征是否属于公知常识，与审查员进行“你说是、我说不是”这样空洞、无意义的讨论，由于引入了“问题”作为讨论对象，且由于“问题”的得出上存在分析空间，这都使得就公知常识的答复能够有较为充足的理由进行支撑。而问题本身相比特征又具有更为概括、更为直观的特点，因此，在公知常识答复时，更能形成能够令审查员所接受的答复理由。综上，在公知常识的答复工作中，尽管答复的对象是目标技术特征，但答复内容的重点却在特征所解决的问题上。要大篇幅分析特征所解决的问题是什么，如果可能，要分析特征所解决的问题本身为何不是公知常识，以及从问题出发分析可能的公知常识是什么，并论述本发明的目标特征和该公知常识的区别，以上种种分析，都是以问题为牵引进行的。

---

❶ 李伟伟，王辉. 创造性判断的几个关键问题［J］. 专利代理，2021（4）：68 – 69.

4.4.2.3　你分析部分、我强调整体

既然公知常识的答复主要在于从问题出发进行分析，那么，正确地确定问题就至关重要了。具体而言，要依次注意如下两点。

第一，要分析所解决的问题，是否遗漏了目标特征中的部分限定后，由残缺的特征来确定其解决的问题。如果的确如此，那么，这实际上所得出的问题并不是目标特征所解决的问题，而是一个仅具"部分"限定所构成的新特征所解决的宽泛的问题，以这样的宽泛问题进行公知常识的判定显然有误。在答复中，要指出上述错误，并结合目标特征中的各个限定这一"整体"对象，准确确定本发明的目标特征所解决的问题。

第二，对于特征所解决的问题，要分析其是否为在考虑了目标特征和本发明方案中的各个特征的相互联系后所得出的。如果结论为"否"，则要在答复中强调，这样所确定的问题，仅考虑了特征本身这一方案中的"部分"要素，没有把特征放在技术方案这一"整体"中考虑其解决的问题，由此并不属于该技术特征在本发明中所解决的技术问题。相应的，在答复中要分析阐述目标特征同本发明技术方案中的各个特征的相互联系，结合该相互联系确定出该特征在本发明中所解决的技术问题。

当然，发明主题也是技术方案"整体"的一部分，在确定技术特征所解决的问题时，也应被加以考虑。具体而言，要分析审查员是否在确定"问题"时，忽略了技术主题的限定作用，仅以特征这一"部分"来确定问题。如果的确如此，则应在答复中指出如此确定问题的错误所在，进而考虑发明主题，分析得出技术特征所对应解决的问题。

4.4.2.4　你事后判断、我事前分析

事后判断是指，针对本发明的特征及其解决的问题属于公知常识，是在看到本发明后以发明人的高度得出的结论，这是错误的判断方式。事前分析则是指，要以本发明提出之前本领域技术人员知晓技术内容的情况，判断采用本发明的特征用以解决技术问题是否属于公知常识，这是公知常识认定应然的判断方式。

实践中，由于公知常识的判断对象为本发明的特征及其解决的问题，由

此，很容易出现基于对本发明的知晓而以"事后诸葛亮"的方式进行判断的情况，这实际上是对"事后"判断对象的确定与"事前"判断方式的混淆。

这种混淆表现为：在判断过程中，仅明确了判断对象，然后就对本发明的判断对象直接主观地给出属于公知常识的结论，这实际上是以对"事后"判断对象的明确过程包含了"事前"分析过程，造成了确认现有技术中是否存在本发明特征所解决的问题、确认现有技术中有无解决该问题的手段或者解决该问题的手段和本发明中的特征是否相同，这样的事前分析过程的缺失。而这样的分析过程恰恰是正确判断公知常识乃至进行创造性判断所必需的。这种"必需"，在公知常识认定、创造性判断的规定中，都有体现。

在创造性判断涉及是否显而易见的判断中提到"面对本发明所解决的问题，本领域技术人员有动机采用现有技术相结合"，这实际上就是针对本发明所解决的问题这一事后判断对象，从现有技术出发分析是否给出了技术启示。这种分析所借助的是现有技术的内容，而非本发明的特征，只不过是在确定得到现有技术存在解决的手段后，将该解决手段和本发明的方案进行比较，从而完成对事后判断对象的判断过程，但整个分析方式、分析依据都是事前而非事后的。

在公知常识的认定中提到，所述区别特征为公知常识，例如，本领域中解决该重新确定的技术问题的惯用手段。这同样是从作为事后判断对象的所要解决的问题出发，分析现有技术中而非本发明中是否存在解决该问题的惯用手段。当存在这样的惯用手段时，再与本发明的特征进行对比，如果二者相同，才能得出本发明的特征是解决该问题的惯用手段的结论。这样的分析过程同样是针对事后判断对象的事前分析过程。

上述分析过程，是以未知本发明解决手段为前提，将现有技术中面临本发明所要解决的问题时的技术状况予以还原，然后，将还原的现有技术状况与本发明的解决手段（即发明构思）进行对比，如此体现出发明人在现有技术状况下可能的技术贡献。这种方式能够还原出发明人面对现有技术时的发明创造过程并进行评价。这种针对事后对象的事前分析方式，也恰恰是创造性评价、公知常识判断中所应该遵循的。相反，如果仅进行事后对象的确定而不进行事前的分析，即确定出本发明特征及其解决的问题后，就得出采用本发明特征解决问题属于公知常识，则是对发明人可能的贡献的忽略，是错误的判断方式。

这是发明创造结果的事后回顾，而非发明创造过程的事前还原及判断。

这里提供一个有意思的模拟案例。

假设某专利申请中，为了避免汽车高速行驶时发出蜂鸣声，发明人提出的方案中，减小或消除了后视镜与车身之间的缝隙。由于缝隙减小或被消除，因此降低了后视镜周围的气流噪声，从而达到了避免汽车高速行驶时发出的蜂鸣声的目的。审查员结合检索认为，该专利与现有技术的区别仅在于后视镜与车身之间的缝隙被减小或消除，该特征所解决的问题是降低后视镜周围的气流噪声。而通过减少或消除后视镜与车身之间的缝隙以降低后视镜周围的气流噪声，是本领域的公知常识，由此，该专利不具有创造性。❶

该专利申请所要保护的技术方案的产生过程则是这样的：汽车在高速路上行驶时，每次速度超过 120km/h 时都会出现蜂鸣声，但在速度低于 120km/h 时没有问题，经过多次检测，仍然没有发现问题所在，由于无法找到原因，因此该问题始终得不到解决。在一次高速行车过程中再次出现蜂鸣声，很偶然的，一个塑料袋贴在了后视镜上，作为司机的发明人发现蜂鸣声突然消失了，此后发明人注意到，蜂鸣声是由于汽车后视镜与车身之间狭窄的缝隙造成，找到了该问题的原因，解决方案非常简单，只需避免后视镜与车身之间存在缝隙。

在判断该专利中消除或减小缝隙是否属于公知常识时，需首先明确该特征在该申请所解决的问题为消除汽车高速行驶时的蜂鸣声，从而将这一特征及其解决的问题作为事后判断对象。

明确事后的判断对象后，则要以事前判断的方式进行公知常识的判定。具体的，要以事前的视角，判断现有技术中是否已经发现了汽车高速行驶时发出蜂鸣声这一问题，然后，仍然要以事前的视角，即忘记该申请所采用的解决手段，分析现有技术中是否存在解决该问题的手段，或者现有技术中解决该问题的手段是什么。这才是对发明人提出发明之前的事前技术状况的还原。

在该案例中，现有技术中由于不能明确汽车高速行驶时所发出的蜂鸣声的原因，因此并不存在能够消除该蜂鸣声的解决手段。由此，针对汽车高速行驶时所发出的蜂鸣声这一问题，现有技术中并不存在解决该问题的公知常识的解

---

❶ 王慧忠，孙纪泉. "三步法" 中的非客观性要素及其客观化 [J]. 专利代理，2017（1）：15 – 16.

决手段。由于公知常识中并不存在解决手段，因此该申请通过消除或减小缝隙以消除汽车高速行驶时的蜂鸣声这一解决手段，自然不属于公知常识。

当然，还存在一种可能的情况，如果汽车高速行驶时发出的蜂鸣声这一问题在现有技术中并未被发现，那么，还原出的现有技术状况即为现有技术中并不存在该申请所要解决的问题。由此，也就更不存在解决该问题的手段。在两个"不存在"下，该申请中所采用的解决手段，自然是解决特定问题的特定手段，因此并不属于公知常识。

对于事前判断，在答复中可以采用如下思路予以说明。

第一，还原。

可以主动还原在本发明提出之前，发明人所面临的现有技术状况。即从本发明所要解决的问题出发，提及发明人面临的现有技术中，难以寻找解决该问题的手段。在上述提及的汽车发出蜂鸣声的专利案例中，可以提及现有技术中虽然发现了存在蜂鸣声，但无法确定该蜂鸣声的来源以及成因，由此使得该问题难以被解决。这实际上确定出现有技术中针对该问题并不存在公知常识的解决手段。

第二，强调。

还原的过程仅是一个铺垫，"强调"才是体现本发明构思的直接所在。要结合对现有技术状况的还原，强调发明人如何特别地发现了解决该问题的特殊手段，即其如何在问题与解决手段之间，跨越思维上的障碍，以创造性的劳动获得了解决方案。在汽车发出蜂鸣声的专利案例中，则是要强调发明人在偶然的机会中发现了后视镜与车身之间缝隙的有无直接导致了高速蜂鸣声的有无，由此确定了高速蜂鸣声的特定来源，发掘了高速蜂鸣声与缝隙之间相互联系这一并非显见的因果关系，从而以创造性的劳动提出了解决高速蜂鸣声的解决手段。基于该强调所得到本发明的发明构思，与"还原"所得到"不存在公知常识的解决手段"相互对比，可以得出本发明的特征属于解决问题的特定手段，从而并不属于公知常识。

第三，纠偏。

上述的"还原""强调"可以说是答复中的主动立论过程，并不是针对审查意见的针对性反驳。为了使得答复更具有针对性，可以在答复中体现"纠偏"的内容。纠偏即为分析审查意见中是否出现了以确定事后判断对象来吸收、忽略事前判断过程的问题。如果的确存在这样的问题，可以指出审查意见中仅给出了事后的判断对象，但并没有以事前的方式从问题出发进行现有技术状况的事前分析，这实际上是以"事后诸葛亮"的方式进行的错误的公知常识认定，其违背了公知常识认定中判断主体应是本领域技术人员而非发明人的判断要求。

当然，上述答复中定性的内容居多、理论分析的成分更大，但如果该分析的确成立，且能够对于答复通过有帮助，在答复中阐述上述内容还是很有必要的。

4.4.2.5　你泛泛而谈、我具体来论

在进行公知常识的答复时，要分析审查员是否将公知常识的范围泛化，即将公知常识所涵盖的范围模糊化而进行不当的扩大。这将导致对于问题是否公知、解决该问题的特征是否公知，都会以一个错误的结论来收场。尽管《专利审查指南》中对于公知常识的范围没有明确规定，但不影响代理师在答复中，主动将公知常识的范围具体化。即将公知常识的范围局限于日常生活、科学公理的内容，并具体分析本发明的特征、特征所解决的问题如何不属于这两个范畴的内容。尽管这样的答复不一定能够被审查员所接受，但至少结合公知常识"周知"的属性，给出了代理师对于公知常识的理解，且这样的理解对于代理师的答复是有利的。或者说，当代理师对于公知常识的范围进行了具体明确时，至少对于审查员在公知常识认定范围上的模糊化、泛化提出了反对意见，在审查员也不能给出公知常识的准确定义的情况下，这种反对意见表明了代理师的态度，对于审查员改变其判定结论也能起到辅助作用。

如果能够确定特征所解决的问题不是公知的，显然对于答复是十分有力的。可以借助所解决的问题并非公知，论述解决这一新问题的手段自然也并非公知常识，从而从整体上论述得到，所评价的特征是一个解决特定问题的特定手段，并不属于公知常识。要论述特征所解决的问题并非公知，前提是将该问题确定得准确，即前文所分析的，要将特征具体放到本发明的技术环境中，确定该特征具体在本发明中所能达到的效果，从而确定出该特征具体到本发明中所解决的问题。当然，即使确定特征在本发明中所解决的问题，这一问题是否属于公知常识仍然存在不确定性，为此，要针对所确定的问题，分析其并不属

于日常生活中常见的问题、不属于科学公理中现存的一般问题，从而得出该问题并非属于公知常识的结论。这需要具体地将本发明特征所解决的问题，与日常生活、科学公理进行具体的对比。

当然，还存在一种情况，特征所解决的问题的确是公知的，但本发明解决该问题的手段却是特定的。在审查中，审查员可能会泛泛指出，本发明的特征属于解决该公知问题的公知手段，具体为何解决手段是公知，则不进行具体的分析。而在答复中，代理师需要做的是，从问题出发，具体分析该问题本身所能直接得到的或启示得到的解决手段，从而基于问题和手段之间的表象的、常规的逻辑关系，得出解决该公知问题的公知手段，再将该公知手段和本发明的手段进行对比，得出本发明的手段和公知手段并不相同的结论，以此来说明，本发明中是以特定手段解决的公知问题，该特定手段并不属于公知常识。

相信通过上述分析，能够对于公知常识判定给出一个相对全面且内容充实的答复。简言之，答复的目标在于，对于手段及其解决的问题，尽可能地说明这二者中至少有其一是特定的，如能达成这个目标，则能说明相应的特征并不属于公知常识。

4.4.3　对于公知常识的其他答复方式

在实践中，对于采用断言式的公知常识来判定本发明不具有创造性，也可以采用不直面分析特征本身是否属于公知常识，而是从不能结合迂回攻击的方式来完成答复。这种答复方式实际上可能并不属于特定的针对公知常识的答复方式，而是能够普遍适用于创造性答复的常规答复方式。例如可以是之前章节中所讲解的"贴心答复"的争辩思路。

4.5　对于撰写工作的反思

结合之前公知常识认定方式和答复策略的介绍，对于专利申请文件的撰写，可以产生相应的借鉴作用。由于认定公知常识与否，很重要的分水岭在于特征在本发明中的特定效果、作用，而论述这样的效果、作用需要在申请文件中有相应的出处，因此在撰写申请文件时，应当对本发明中产生贡献作用的技术特征，给出其所产生的效果的详细介绍。这样的介绍，要将效果落实为特征在本发明中的特定效果。即不仅要介绍特征在本发明中所直接产生的有益效果，而且要讲清楚该特征如何同其他特征相互联系、共同作用，产生特定的效果。这样的特定效果的得出，对于后续分析相关特征如何不属于公知常识是重要的依据所在，也是能够凸显出本发明贡献的文字依据。

第 **5** 章

专利保护客体解读
——把握关注、澄清误区、理解典型

专利保护客体是专利申请人和专利代理师一直关心的问题，尤其是在人工智能等新兴技术发展的情况下，哪些方案具备"技术"要素由此属于专利保护客体，更成为人们关心的热点问题。同时，由于"技术"并没有准确的定义，因此对于方案是否属于技术方案的专利保护客体的判断，成为难点问题。当然，在专利保护客体的判断中，还存在一些困惑或者误区。对于这些问题，专利代理师都有学习、总结的必要，以便能够在实务中，应用好学习成果，做好专利保护客体的判断。

本章所讨论的专利保护客体问题，只限于《专利法》第 25 条中所提及的"智力活动的规则和方法"，以及《专利法》第 2 条第 2 款中有关"技术方案"的判断。

当要判断一个方案是否属于专利保护客体时，通常的判断顺序是先判断其是否符合《专利法》第 25 条的规定，然后判断其是否属于《专利法》第 2 条第 2 款所规定的技术方案。下面著者就按照这样的顺序进行分析。

5.1　智力活动的规则和方法的判断

5.1.1　把握关注

5.1.1.1　《专利法》及《专利审查指南》的规定和解读

《专利法》第 25 条规定，对下列各项，不授予专利权：

（一）科学发现；

（二）智力活动的规则和方法；

……

本章聚焦于对"智力活动的规则和方法"进行分析。

在《专利法》中，对于何谓"智力活动的规则和方法"并未加以明确，《专利审查指南》第二部分第一章第4.2节则对此有相应的解读，其指出：

智力活动，是指人的思维运动；它源于人的思维，经过推理、分析和判断，产生抽象的结果；或者，必须经过人的思维运动作为媒介，间接地作用于自然产生结果。

智力活动的规则和方法，是指导人们进行思维、表述、判断和记忆的规则和方法。

对于"智力活动的规则和方法"为何不属于专利保护客体，《专利审查指南》第二部分第一章第4.2节也明确指出：

由于其没有采用技术手段或者利用自然规律，也未解决技术问题和产生技术效果，因而不构成技术方案。

它既不符合专利法第二条第二款的规定，又属于专利法第二十五条第一款第（二）项规定的情形。

结合《专利审查指南》的上述规定，可以作如下更为通俗的解读。

如果一个方案，告诉别人**如何进行思维**、表述、判断和记忆，给出了**如何进行如上述智力活动**的**步骤（指导）**，那么，这种**指导**内容，不能被授予专利权。

进而，不难得出如下的结论：

所谓的属于智力活动的规则和方法的方案，是**如何思维**的方案，是**思维运动本身的方案，但并不是指思维产生的方案**。

5.1.1.2　关注要点解读

从《专利审查指南》的上述规定可以看出，"智力活动的规则和方法"对应于思维本身。将其排除于专利保护客体，要点在于，限制专利不能保护人的主观思维本身。至于为何作此种限制，《新领域、新业态发明专利申请热点案例解析》一书给出了如下的说明：

大多数国家对科学发现和智力活动的规则和方法，都不给予专利保护。原因在于，它们所涉及的是一个认识过程，而任何发明创造都**始于**人类的**认识**过程。它们是创新的**源头**，是**必经的途径**，对其保护将**背离**专利法推进科学进步的根本宗旨。这就好比一个迷宫中**只有一条**通往**出口**的**路径**，若有人找到了这个路径并告诉了大家，他应当得到鼓励。但如果鼓励的方式**是凡经过该路径的人都必须支付**相当数额的费用，则会使不能付费的人**永远走不出迷宫**。❶

上述说明，尤其是其中提及的"迷宫"的比喻，对于"智力活动的规则和方法"判断中的认识误区的澄清以及典型情况的理解，都有很好的指导作用。

5.1.2　澄清误区

对于"智力活动的规则和方法"判断不准确，一个很重要的因素是对其的认识存在误区。一旦误区澄清了，认识和判断自然也就准确了。

5.1.2.1　不因方法和规则是由思维产生判定其属于智力活动

这涉及认清思维所处的角色，需要澄清相关的认识误区。虽然说是认识的误区，也不是凭空产生的。对于"智力活动的规则和方法"的第一个认识误区，源自对其的字面理解的误区。

该误区就是：在"智力活动的规则和方法"的文字表述中，有"智力活动"又有"规则"，由此，只要一个规则涉及智力活动，也就是人的思维，那么这个规则就是智力活动的规则了。更为具体一些，如果一个规则是由人基于其思维所设定的，那么，这个规则就是智力活动的规则。

这么理解好像与"智力活动的规则"的字面含义相对应，貌似正确，但这样的理解又好像明显有问题。难道是由人设定的规则全都是智力活动的规则吗？在具体的方案中，哪一个规则不是由人所设定的？进而，如果人设定的规

---

❶ 肖光庭. 新领域、新业态发明专利申请热点案例解析［M］. 北京：知识产权出版社，2020：14.

则就是智力活动的规则，是不是一旦出现规则就属于智力活动的规则？显然，至少从最后一个问题来看，答案当然是否定的。

实际上，上述基于字面含义的理解，是一个不准确的理解，由此造成了对"智力活动的规则"的认识误区。这个误区源自没有对思维的角色有一个清晰的认识。

为了获得一个较为清晰的认识，可以对思维在智力活动规则中的角色定位，从正反两个方面进行说明。

第一，思维是规则搬运者不会导致规则属于智力活动的规则。

什么是搬运者呢？顾名思义就是思维充当的是一个把别处的规则放到本发明中的角色。落实到之前提及的场景中，人通过其智力活动，也就是思维，在本发明的方案中设定了规则，人的思维就是规则的搬运者。这个搬运者的角色定位意味着，其对于所搬运的对象到底是何属性并不构成影响。也就是说，尽管是以人的思维实现的规则的搬运，但到底这个规则是主观的规则，还是客观的规则，并不会因为人的搬运而受到影响。由此，并不能以方案中的规则是由人这一主体设定的，就认定该规则是智力活动的规则。实际上，由人设定并不能说明什么，发明创造中的哪个部分不是由人设定产生的！那么，思维作为什么角色出现，才会导致规则属于智力活动的规则呢？

第二，思维是规则决定者才会导致规则属于智力活动的规则。

先说结论。

即使对于"智力活动的规则"进行字面理解，也不应涉及智力活动和规则就是智力活动的规则，这其实是忽视了对字面中的语法关系的简单理解。准确进行字面理解，应当看到在"智力活动"和"规则"之间存在"的"这一连接，这个"的"是一个隶属关系的体现，体现了"智力活动"是对"规则"本身的限定。

有了这个限定，一方面意味着规则应是智力活动的规则，而不是别的对象的规则；另一方面则意味着不能忽视这个限定，把"智力活动"和"规则"作为两个完全并列的要素来看待。

也就是说，从字面含义来理解，"智力活动的规则"体现的是规则本身的属性是智力活动的属性。以角色定位来说，当思维是规则的决定者时，才会导致规则是智力活动的规则。所谓的决定，指的是规则本身被人的思维所影响、所决定。这一规则决定者的身份，使得规则具有了智力活动的属性，规则也就是智力活动这个对象的规则，而不是其他对象的规则了。

简言之，规则是由人所设定，充其量只是说明了规则的搬运工具是人的主观思维，这与智力活动的规则的判断并无关系；只有规则被人的主观思维所决定、所影响，思维充当规则的决定者时，该规则才是智力活动的规则。

以案例来说明前面略显抽象的理论当然是必要的。

例如第 112558 号复审决定（ZL201110201369.5），其涉及一种制备卡介菌培养基的原料马铃薯的质控方法。所述质控方法包括直链淀粉占总淀粉比例这一参数指标及其对应的阈值。说明书记载了这一指标能准确体现原料马铃薯对卡介菌生长状态的影响。❶

该复审决定认为：上述参数指标及其阈值的选择，是以卡介菌生长状态为标准，相比使用不符合要求的马铃薯，卡介菌有更好的生长状态，这是客观存在的技术效果。参数指标选择、阈值选取遵循了自然规律，并不是人为的任意选择。不能因为技术方案中存在上述内容，而认为其属于智力活动的规则和方法。

从上述决定可以看出，虽然该方案是由人进行参数指标选择、阈值选取进而设定阈值判断规则，但这只是说明规则是由人的智力活动所产生的，进而据此确定人的思维是规则的"搬运者"，这一角色并不会导致规则属于智力活动的规则。实际上，该规则是基于客观存在的技术效果所体现出的客观规则，尽管是由人将该规则应用于技术方案中，但不会改变该规则本身的客观属性，该规则并不属于智力活动的规则。

那么，思维何时以决定者的角色出现呢？下面以养鸽子案例进行说明。

第 5374 号复审决定（ZL02111388.2）涉及一种鸽子的驯养方法。该复审决定认为：该专利申请的发明目的是提供一种鸽子的驯养方法，把鸽子的饲养地与观赏地分开，解决鸽子的粪便对景点的污染问题。权利要求 1 所限定的解决方案利用了鸽子天生具有一定的记忆力，并且在饥饿时进行觅食的动物本能。同时，实现上述方法，这强烈依赖于鸽子对饲养者行为所作出的反应和饲

---

❶ 国家知识产权局专利复审委员会. 以案说法：专利复审、无效典型案例指引［M］. 北京：知识产权出版社，2018：13.

养者对鸽子所作反应的识别和判断能力。即依赖于饲养者的经验、识别和判断能力，才能确定鸽子是否熟悉饲养地和观赏地。该解决方案必须通过人的思维运动作为媒介，才能间接地作用于自然产生结果，属于智力活动的规则和方法。❶

需要注意的是，虽然该复审决定最后提及"解决方案必须通过人的思维运动作为媒介"，但这并不是说借助思维来产生上述解决方案。所谓媒介，指的是方案本身的实现需要借助人的思维运动。也就是说，在上述驯养鸽子的方法中，方法本身就存在饲养者的经验、识别和判断能力这样的人的思维运动本身。基于此，人的思维才在该方法中成为决定者的角色，该方法才由此成为具有"智力活动"这一定语的规则和方法。

5.1.2.2　不能因方法和规则是具体而非抽象判定其不属于智力活动

抽象的就一定是思维吗？思维一定抽象吗？具体而非抽象，就一定不是思维吗？这是进行第二个澄清要首先解决的三个问题。

从"抽象"的定义来看，不论是将抽象作为结果来看，还是将抽象作为一个动作来看，"抽象"都蕴含人的主观思维动作，由此可以说，抽象的一定是思维。这可以在以下案例中得以体现。

涉案发明专利申请的解决方案是一种建立数学模型的方法，其通过增加训练样本数量来提高建模的准确性。该建模方法将与第一分类任务相关的其他分类任务的训练样本也作为第一分类任务数学模型的训练样本，从而增加训练样本数量；利用训练样本的特征值、提取特征值、标签值等对相关数学模型进行训练，并最终得到第一分类任务的数学模型。由此，该方法克服了由于训练样本少导致过拟合而建模准确性较差的缺陷。

对于该方案是否属于智力活动的规则和方法，《专利审查指南》给出的结论为：该方案不涉及任何应用领域，处理的训练样本都是抽象的通用数据，处理过程是抽象的数学方法步骤，得到的结果也是抽象的通用分类数学模型。该

---

❶ 国家知识产权局专利复审委员会. 以案说法：专利复审、无效典型案例指引 [M]. 北京：知识产权出版社，2018：12.

方法属于对抽象的数学方法本身的优化，属于智力活动的规则和方法。

从申请人和代理师的角度讲，总是寄希望于所要保护的方案能够规避其属于智力活动的规则和方法的嫌疑，为此，对于上述结论，他们可能会朝着反方向去解读：如果方法涉及具体的领域，处理的是具体的数据，那么，这个方法就不属于智力活动的规则和方法。这就涉及对第二、第三个问题的解答。

那么，思维一定抽象吗？并不尽然。思维从其本身分类来看，就分为抽象思维、具象（形象）思维等。由此，并不能得出思维就一定是抽象的。举例来说，算命方法、会计规则、下象棋的方法，从所涉及的领域、所处理的数据来说，已经足够具体，但它们显然属于思维、智力活动的规则和方法。

在思维一定是抽象这一命题不能成立的情况下，作为其逆否命题，"具体"一定不属于"思维"，也就不能成立了。

实际上，"抽象"仅是因为蕴含了人的主观思维，才能由抽象得出属于思维的结论。但从思维定义和分类的角度来看，思维既不是由抽象所定义，也包括了除抽象思维之外的具象思维，因此，严格来说，抽象与否并不能用作区分思维和非思维的标准。具体的，不能基于"不抽象"所对应的具体，得出判断对象不属于思维的结论。如果上面的表述难以被理解的话，那么以下解释是否会简单一些：当一个方法或规则对应于一个具体而非抽象的内容（例如算命、会计算账）时，不能因为其"具体"就得出其并非属于思维、智力活动的规则和方法的结论。

至于上述"建立数学模型的方法"案例的判断结论，是否可以作这样的解读。上述判断结论中的核心内容在于"该方法属于对抽象的数学方法本身的优化，属于智力活动的规则和方法"，这一内容中的前后半句之间的关系是推理关系而非等于关系。准确地解读该核心内容，可能是这样的：由于该方法属于抽象的数学方法本身的优化，因此其属于智力活动的规则和方法，这种推理关系可以被理解为一个由 A 成立则 B 成立的命题。同样，不能将上述核心内容作这样的错误解读，抽象的数学方法本身的优化等于智力活动的规则和方法，更不能解读为"抽象和思维相等"。为何不能进行这样的"等于"的解读想必不难理解，至少，上述"核心内容"中只给出了由 A 到 B 的表述，没有给出由 B 可以到 A 的表述，将这二者"等于"显然是不合适的。

如果对于上述的解读结论能够认可的话，后面的分析就容易理解了。基于常规的逻辑原理，原命题成立并不能得出其否命题也成立。在"方法是抽象的则属于智力活动的规则和方法"这一原命题成立的情况下，并不能得出其否命题，即"方法不是抽象的（具体的）则不属于智力活动的规则和方法"也成立。而只有在前后二者是"等于"关系的情况下，才能基于对 A 的否定而得出 B 也同样是否定的结论。显然，基于上一段的解读，"抽象"和"智力活动的规则和方法"之间并不是这样的"等于"关系。由此可以说明，基于对《专利审查指南》中案例分析结论的更严谨一些的解读，并不能得出"具体"是对抗"智力活动的规则和方法"的灵丹妙药。严格来说，与"具体"相对的"抽象"，尽管能够用以得出属于智力活动的规则和方法的结论，但"抽象"充其量只是判断线索而非判断依据。其实际是以目标对象外在表现上的"抽象"为线索，挖掘该对象本质上符合智力活动的定义，这个判断实际上是基于智力活动的规则和方法的本质、定义来进行的，并非仅基于表象、线索作出判断。

以上，貌似否定了以"抽象"和"具体"作为判断标准进行智力活动的规则和方法，但可能有人提出不同的意见。有人可能会指出，以说明立法本意的"迷宫"的比喻为例，其不就恰恰说明了不能以"抽象"所界定的过大保护范围来限制别人，由此将其界定为智力活动的规则和方法；相反，如果是一个具体的保护范围小的规则或方法，由于不会过多地限制别人，与该立法本意相符，因此就不会被界定为智力活动的规则和方法了。

这可能是错误领会之前提到的立法本意的例子。在"迷宫"案例中，确实提到了"但如果鼓励的方式**是凡经过**该路径的人**都必须**支付相当数额的费用，则会使不能付费的人**永远走不出迷宫**"，这里的"凡"的确有限制范围过大的意思，但这个限制范围过大不是由保护范围覆盖面积过大所导致的，而是由出口道路的唯一性所导致的。也就是说，迷宫中只有一条通往出口的路径，一旦申请人设卡收费，别人又必须走这个路，那自然对所有人这个广泛的群体产生了影响。产生这个广泛影响的原因是路径的唯一性，而非路径的宽窄。这个路可以是阳关大道也可以是羊肠小路，都不影响以其作为出口路径的唯一性针对所有人收费。由此，关心这个路的宽窄，也就是判断对象的保护范围大小，并不是这个立法本意的比喻所要说明的问题。其真正要说明的问题是，要避免通往出口的唯一路径被独占，而这个唯一性即是该立法本意说明中提及的

"人类的认识过程"，也就是人的思维。简单来说，该立法本意说明的逻辑应该是这样的：思维作为唯一路径会构成过大的影响，由此专利保护不能延伸至思维层面。该立法本意说明并没有这样的逻辑：由于保护范围过大因此不能通过专利来保护思维层面的内容。由此，即使基于该立法本意说明也不能得出，可以基于方案的"具体"来争辩其并不属于智力活动的规则和方法。

5.1.2.3 以"思维"的定义作为智力活动的规则和方法的判断标准

上文多次指出，仅能以方案是"抽象"的确认该方案属于智力活动的规则和方法，但不能以"具体"来争辩其不属于智力活动的规则和方法。但对申请人和代理师来说，更多的是希望能够争辩得出"不属于"的结论。如果不能以"具体"进行争辩，那么，基于什么呢？

答案就在智力活动的规则和方法的定义中，也就是"思维"的定义中。针对要判断的对象，如果其不符合"思维"的定义，自然也就不是思维，也就不属于智力活动的规则和方法了。

那么，思维是什么呢？

虽然在《专利审查指南》中并没有给出思维的相关定义，但可以从《新领域、新业态发明专利申请热点案例解析》这本书中找出答案，其指出：

如果要求保护的方法在使用过程中，必须直接借助于人的感知力、理解力、决策力，或者完全依赖于相关经验、态度等人的主观意识，不受自然规律的约束，则该方法属于单纯的智力活动规则和方法。❶

即以"思维"的定义出发所确定的智力活动的规则和方法的判断标准。这个标准中的核心要素是人的认识，而这与思维的定义是相符的。

思维的通常定义是：思维是人类所具有的高级认识活动，按照信息论的观点，思维是对新输入信息与脑内储存知识经验进行一系列复杂的心智操作过程。❷ 可以发现，这个定义同样是以人的认识为核心来定义思维的。

由此，对于是否属于思维，进而是否属于智力活动的规则和方法的判断，

---

❶ 肖光庭. 新领域、新业态发明专利申请热点案例解析［M］. 北京：知识产权出版社，2020：18.
❷ 刘颖，苏巧玲. 医学心理学［M］. 北京：中国华侨出版社，1997：27.

也就逐渐清晰了。如果方法是基于人的认识所决定、所影响，该方法因这样的被决定和被影响，表现出因人而异的不确定性，那么，这个方法就属于智力活动的规则和方法。如果考虑判断标准的精简，也可以这样表述：智力活动的规则和方法，其实就是对判断目标本身进行主观属性和客观属性的区分。

回到前面讨论的算命方法的例子，并不是因为算命方法是由人将其设定在计算机程序中，就使得其属于智力活动的规则和方法，这种设定只是规则的搬运，而要进行的判断则是分析所搬运的规则本身到底是不是智力活动的规则和方法。由于该算命方法本身是人按照其自身的认识所创立的，该算命方法本身由此被人的主观认识所决定、所影响，由此使得该方法属于智力活动的规则和方法。

5.1.3 理解典型

在澄清了相关误区、明确了判断标准后，再进行针对典型对象的智力活动的规则和方法的判断，就比较容易了。

5.1.3.1 涉及数学公式的方案是否属于智力活动的规则和方法

在《专利审查指南》中明确指出，数学理论和换算方法属于智力活动的规则和方法，在实务中也有大量涉及数学公式的权利要求被判定为属于智力活动的规则和方法的案例，但显然，不能以权利要求涉及数学公式就判定其属于智力活动的规则和方法，那么，到底应如何判断呢？

有人可能提出，以公式中是否有实际物理量作为判断标准，如果有，则并不是纯数学公式，并不属于智力活动的规则和方法，如果没有，那么实质保护该公式的方法就属于智力活动的规则和方法。这好像也不太准确。

通常来说，没有实际物理量的数学公式，的确属于纯数学方法，因此属于智力活动的规则和方法，但对于有物理量的公式，则要区分分析。

第一层区分是一个简单的区分，所要区分的是公式到底是数学公式还是物理公式。例如 $F = ma$ 这样的物理公式，同样存在质量、加速度这样的物理量，但其本质上是以公式形式体现的物理规律，并不是数学方法。这样的物理公式虽然不属于智力活动的规则和方法，但其属于科学发现，同样不属于专利保护客体。由此，至少不能以看到公式且公式中存在物理量，就认为其属于专利保护客体。

第二层区分则相对复杂，其要进行的是外在表现和实质改进的区分。不能仅以权利要求中是否直接表述了数学公式的形式，就判断该权利要求属于智力活动的规则和方法，而是应该探究该权利要求实质改进所涉及的内容，以此进行是否属于智力活动的规则和方法的判断。这时就会发现，并不是数学公式只要有实际物理量就一定不属于智力活动的规则和方法。

以下通过案例来说明。

【案例1】

1. 一种利用计算机程序求解圆周率的方法，其特征在于，包括以下步骤：

计算一个正方形内"点"的数目；

计算该正方形内切圆内"点"的数目；

根据公式：$\pi = \Sigma$ 圆内"点"计数值$/\Sigma$ 正方形内"点"计数值$\times 4$，求解圆周率。

对于该权利要求所要保护的方案，《专利审查指南》给出的结论为：其仅仅涉及一种由计算机程序执行的纯数学运算方法或者规则。

不难发现，案例1所保护的方案的本质是纯粹的数学计算方法，其中并不涉及任何实际的物理量，由于其数学的纯粹性而使得其属于智力活动的规则和方法。

【案例2】

1. 一种利用计算机程序实现自动计算动摩擦系数 μ 的方法，其特征在于，包括以下步骤：

计算摩擦片的位置变化量 $S1$ 和 $S2$ 的比值；

计算变化量的比值 $S2/S1$ 的对数 $\lg S2/S1$；

求出对数 $\lg S2/S1$ 与 e 的比值。

在该案例中，的确存在摩擦片的位置变化量 $S1$ 和 $S2$ 这样的具体物理量，但没有因此就使该权利要求所要保护的方案不属于智力活动的规则和方法。

《专利审查指南》对于该案的分析结论是：这种解决方案是一种由计算机

程序执行的数值计算方法，求解的虽然与物理量有关，但求解过程是一种数值计算，该解决方案整体仍属于一种数学计算方法。

依据上述分析，可能产生这样的困惑：难道求解过程是一种数值计算，就会导致这个方法是一种数学计算方法吗？各种类型的数学公式都是在进行数值计算，那么是不是所有的数学公式都不属于专利保护客体呢？答案当然是否定的。实际上，上述分析中所提到的数值计算，是一个纯数学性质的数值计算，该案例的本质改进是数学层面的而非技术层面的，由此才使得该方法属于智力活动的规则和方法。

针对案例 2，《专利审查指南》给出了相关的现有技术信息，具体为：测量动摩擦系数的传统方法是，采用一种装置以固定速度牵引被测绳状物，分别测出摩擦片的位置变化量 $S1$ 和 $S2$，再按下列公式 $\mu = (\lg S2 - \lg S1)/e$ 计算出被测绳状物的动摩擦系数 μ。

在数学上，存在这样的换算关系：$\lg S2 - \lg S1 = \lg S2/S1$。在本发明是以 $\mu = (\lg S2/S1)/e$ 进行计算的情况下，显然，本发明和现有技术的区别仅在于数学公式的换算，估计由此《专利审查指南》才指出，本发明的解决方案不是对测量方法的改进，而是一种由计算机程序执行的数值计算方法。严格来说，这里"数值计算方法"被称为"数值计算中的数学换算方法"可能更准确一些，而数学换算方法在《专利审查指南》中被明确列举为属于智力活动的规则和方法，由此得出上述判断结论就更容易理解了。

从案例 2 可以发现，分析要保护的方案到底是否属于智力活动的规则和方法，不能仅依据"实际物理量"这样表象的要素，而是应当如案例 2 所分析的那样，分析该方案的本质改进是什么，基于此来完成方案是否属于智力活动的规则和方法的判断。这种探究本质上就是一个去伪存真的探究真相的过程，这种分析思路会在本章的后续内容中反复出现。这里可以延伸出一个问题，假设案例 2 的权利要求所要保护的方案，没有所谓的"传统方法"作为现有技术存在，那么，该方案还是智力活动的规则和方法吗？还满足专利保护客体的规定吗？有兴趣的读者可以自己思考一下。

值得注意的是，在案例 1 和案例 2 中，权利要求中都没有直接体现出数学公式，而是以文字的形式来加以描述。这种表象上没有出现公式的形式，而实质上保护的就是公式的内容，对于方案避免落入智力活动的规则和方法的范畴也是没有意义的，这两个案例的判定结论就是实证。相反，在案例 3 中，虽然权利要求中直接体现了数学公式本身，但该权利要求并不属于智力活动的规则和方法。

【案例 3】

1. 一种用数控工艺制造压缩机活塞的方法，其特征在于，对裙面横向形状的加工，按照准均压类椭圆规律进行：

$$\Delta\alpha = G/4\big[\,(1 - \cos2a\,) - \beta/25(1 - \cos4a\,)\,\big]$$

在该案的分析中指出，上述关系式虽然是公式，但其是在数控工艺过程中决定加工工具运动轨迹的控制方式，不是抽象的数学关系或运算法则。具体的，是椭圆规律在活塞制造过程中的应用。该权利要求所要保护的方法并不属于智力活动的规则和方法。❶

从对案例 3 的分析和判断结论至少可以看出，数学公式的外在表现并不会直接影响是否属于智力活动的规则和方法的判断结论。案例 3 本质上所要保护的是某个自然规律的具体应用时，并不会因为其采用数学公式来表现这个自然规律而使得该方案属于智力活动的规则和方法。

5.1.3.2　涉及计算机程序的方案是否属于智力活动的规则和方法

随着前面分析的深入，后续的分析会越来越简单。只要继续沿着透过表象分析实质的思路，会很容易得出准确的判断结论。

涉及计算机程序的方案，对于智力活动的规则和方法的判断而言，可以说既特殊也不特殊。

所谓的不特殊指的是，虽然有计算机程序的加持，但计算机程序并不被特殊看待，其并不会被认为引入了技术特征而使得要保护的方案天然地不属于智力活动的规则和方法。在涉及计算机程序的方法中，计算机程序只是作为方法运行的载体，这个载体对于方案的本质没有影响，由此，基于方案本质所进行的是否属于智力活动的规则和方法的判断，与针对其他的对象的判断相比，并

---

❶ 肖光庭. 新领域、新业态发明专利申请热点案例解析［M］. 北京：知识产权出版社，2020：89.

无特殊之处。实际上，在之前的相关案例分析中，一些案例就是涉及计算机程序的方法，但从对这些案例的分析可以发现，计算机程序并非进行判断所考虑的要素。

所谓的特殊指的是，涉及计算机程序的方法一旦是计算机程序本身，则其属于智力活动的规则和方法。原因在于，计算机程序本身本质上是一种表达方式，而表达方式属于智力活动的规则和方法。由此，作为存在形式和其他对象明显不同的计算机程序本身，基于其特殊性可以很容易地将其判定为属于智力活动的规则和方法。

5.1.4 例 外

5.1.4.1 既包括智力活动的规则和方法又包括技术特征的方案

对于智力活动的规则和方法，《专利审查指南》明确规定，如果方案中既包括智力活动的规则和方法，又包括技术特征，则不能将该方案界定为智力活动的规则和方法。当然，这样包括技术特征的方案是否属于专利保护客体，还需要基于《专利法》第 2 条第 2 款对其进行是否属于技术方案的判断。

5.1.4.2 透过表象看实质的"例外"

在是否属于专利保护客体的判断中，始终贯穿分析方案本质并以此进行判断的思路，在有关智力活动的规则和方法的判断中也是如此。

有些时候，貌似从专利保护的主题即可判断出其是否属于智力活动的规则和方法，这种只看表象不分析实质的判断可能是不准确的。

例如，某方法专利权利要求的主题是教学方法，但其不一定属于智力活动的规则和方法。这在第 10516 号复审决定（ZL00129659.0）中就有体现。❶

该复审决定所涉及的专利申请要保护的是一种关联式的即时有声教学方法，该方法利用光学辨识装置读取标示于学习目标的标签，通过储存标签的识别码作为识别学习目标的依据、建立对应于学习目标的声音资料、提供搜寻单

---

❶ 国家知识产权局专利复审委员会. 以案说法：专利复审、无效典型案例指引［M］. 北京：知识产权出版社，2018：13.

元、声音输出单元实现有声教学。

该复审决定认为：上述方案的实质在于建立教材与声音资料之间的即时关联性，提供一种有声教材，摆脱完全依赖平面文字或图形教材作为教学媒介的传统教学方式。虽然权利要求保护的主题为一种教学方法，但不是通过指导学习者主观的思维活动以获取更好的教学成绩的方法，而是通过上述一系列客观的技术特征，实现对教学媒介上的技术改进，不属于智力活动的规则和方法。

从上述决定可以看出，虽然在保护主题上，"教学方法"属于智力活动的规则和方法，但不能仅仅基于主题就得出结论。主题仅仅是这个方案的外在表象，要分析方案的实质所在。上述决定恰恰是分析了该方案的实质所在，得出该方案的实质在于教学媒介上的技术改进，而非指导学习者主观思维的方法，从而得出了准确的判断结论。

再如，某专利权利要求是产品权利要求，貌似产品不属于智力活动的规则和方法，实际也不尽然。这在第 1197 号复审决定（ZL94239972.2）中有所体现。❶

该复审决定涉及的权利要求请求保护一种姓氏定位通讯录，其通过姓氏拼音检索表以及根据各姓氏所含人口数占我国总人口数的比例，划分各姓氏在通讯录中的空间容量。

该复审决定认为，姓氏拼音检索表以及姓氏收录空间设计，仅属于特定信息的检索编排方法，即通过人的思维、推理实现特定信息在载体上的标识和设计。尽管该权利要求保护的是产品，但本质上仍然属于智力活动的规则和方法。

该案例再次体现出不看表象"包装"而看实质"干货"的判断思路。

什么是不看"包装"看"干货"啊。可以这么理解。你不要看到一个大夫岁数很大，留着白胡子，道骨仙风的样子，再看着他开方子都用毛笔而不用电脑，更不要因为他身边有好几位助理，或者因为他自称是某位国医大师的嫡传弟子，就认为他是一位好大夫。这些都是表象。你要看的是他到底开的方子有没有道理，有没有结合不同人对症施治，甚至还要看看他有没有医德，是不是在医院挂不上号然后给你推荐到他出诊的别的地方，那个地方的挂号费要贵

❶ 国家知识产权局专利复审委员会. 以案说法：专利复审、无效典型案例指引 [M]. 北京：知识产权出版社，2018：14 – 15.

不少，这才是判断一位医生的医技如何、医德如何的干货所在。

当然，对于是否属于专利保护客体的判断，从判断顺序来说，要首先进行是否符合《专利法》第 25 条的规定的判断，之后再进行是否符合《专利法》第 2 条第 2 款的判断。如果从方案是否属于技术方案的视角来看，第 25 条中所列举的智力活动规则，更像是不属于技术方案的典型例子，以这样的典型例子可以实现简单、迅速的判断，但这样的判断全面性不足，容易出现漏网之鱼，《专利法》第 2 条第 2 款的判断不但能够有效弥补上述漏洞，更是从专利保护客体根本属性上进行判断。这个根本属性就是"技术"方案，第 2 条第 2 款的判断难度也正在于此。

5.2　技术方案的判断

5.2.1　把握关注

《专利法》第 2 条第 2 款规定，发明，是指对产品、方法或者其改进所提出的新的技术方案。这里，所关注的并不是方案的"新"，而是方案的"技术"属性。更为严谨的说，这里所关注的并不是方案外在表象上的技术属性，而是方案的发明构思的技术性。发明构思的技术性，表现为发明利用自然规律来改造客观世界，即问题和解决手段之间的因果关系是自然规律而不是非自然规律。这种对于发明构思技术性的判断，是贯穿整个"技术方案"的判断标准。这一标准在《专利审查指南》的相关规定中有所体现。

《专利审查指南》第二部分第一章第 2 节规定：技术方案是对要解决的技术问题所采取的利用了自然规律的技术手段的集合。未采用技术手段解决技术问题，以获得符合自然规律的技术效果的方案，不属于《专利法》第 2 条第 2 款规定的客体。

由此，至少有两点可以明确。第一，对于是否属于技术方案的判断，不是单独针对问题是否具有技术性、针对手段是否具有技术性的判断，而是一个针对问题和解决手段之间因果关系的属性判断。前者仅是针对方案表象的判断，不但判断对象错误，而且很难完成判断；后者则是针对方案本质的发明构思的判断，判断对象正确，且具有相对清晰的判断标准，容易得出较为准确的判断结论。第二，有关是否属于技术方案的判断，重点在于对是否利用自然规律进行判断，这里要进行规律的主观属性、客观属性的区分。

以下通过案例分别进行说明。

【案例4】该案例用以说明"技术方案"所判断的是发明构思而非单纯的技术实现。

该案例是一种基于气温与经济增长的用电需求的预测方法，其要解决的问题是：如何统筹考虑经济指标和气温对准确预测社会用电需求量的影响，更为准确地预测用电需求量。该方法所采用的手段是：获取最佳经济指标、获取历史年度最佳经济指标增速数据、历史气温数据和历史社会用电量数据；通过构建数学模型，计算得到目标月度或季度的全社会用电量预测值。

对于该方法是否属于技术方案，一种看法为：该方法解决了具体应用领域的特定问题，不属于抽象的数学方法。进一步的，该方法包括了客观数据的获取步骤，也包括了大数据算法领域常见的数学建模、指标选取和数据预测步骤。而且，气温对用电量的影响是客观存在的，影响大小则是基于历史数据进行拟合，通过客观计算得到的。由于这些客观的存在，该方法属于《专利法》第2条第2款规定中的技术方案。

然而，上述判断仅是局限于方案的表象所进行的判断，判断结论并不正确。

概括来说，上述方案中所涉及的要素虽然都是客观的，但问题和解决手段之间所遵循的规律并非客观的，而是受人的意志所影响的。

具体而言，虽然气温对用电量的影响是客观存在的，但影响占比却是人的主观确定的。虽然结合历史数据进行算法拟合确定影响大小，但根据人为选择的指标不同，会拟合出不同的影响因子，影响因子随人为选择的指标不同而变化。选择不同的指标，对应建立不同的算法模型，不同的算法模型则分别对应于人为的对历史数据产生原因的解释，这实质上代表了人主观的不同的解释思路。这种解释思路，是基于人对经济规律的理解，不同解释思路会确定出不同的解释结果，没有反映出任何自然规律。❶

【案例5】该案例用以说明如何区分自然规律和非自然规律。

---

❶ 肖光庭. 新领域、新业态发明专利申请热点案例解析 [M]. 北京：知识产权出版社，2020：65.

案例 5 涉及一种计算机游戏方法，其独立权利要求如下：

一种计算机游戏方法，其特征在于，该方法包括：

提问步骤，当使用者进入计算机游戏的游戏环境时，从存储的题目资料、对应该题目资料的答案资料及游戏进度资料中调出对应该游戏进度的问题资料，并将问题资料显示给使用者；

成绩判断步骤，判断使用者所输入的答案是否与存储的对应该题目的答案资料一致；

改变游戏状态步骤，依据成绩判断步骤的判断结果，决定受使用者操作的游戏角色在该计算机游戏中的等级、装备或环境。

从该权利要求的表象上来看，其包括了"调出""显示""判断""改变游戏状态"等技术特征，但该权利要求所要保护的方案并不属于《专利法》所规定的技术方案，原因在于其发明构思，也就是问题和问题的解决手段之间的因果关系，并不受自然规律的约束。具体而言，该方案所要解决的问题是，如何根据人的主观意志来兼顾两种游戏的特点，解决该问题采用的手段是，根据人为制定的活动规则将问答类游戏和成长类游戏结合。在该方案的问题和问题的解决手段之间，人为决定的活动规则作为"能否解决问题"的因果关系而存在。这种人为决定体现了人的主观性，这导致基于这一主观的因果关系所形成的发明构思也是主观的而非客观的，由此，该方案解决问题时所采用的手段并不受自然规律的约束，该方案并不属于技术方案。

需要注意的是，有关发明构思是否利用了自然规律的判断，应是一个是否纯粹利用了自然规律的判断，如果发明构思中既存在符合自然规律的要素，又包括非自然规律的要素，那么，从整体上来说，由于非自然规律要素的存在，因此仍然会使得该发明构思并非利用了自然规律。

例如，假设某个涉及算法的发明专利申请，其解决问题的手段中需要用到由三个参数构成的模型，其中，参数 B 是运气指数，但运气具有不确定性，由此使得整个方案的解决手段与要解决的问题之间，不受自然规律的约束。即使其余的参数都是具有确定性的指数，也会由于参数 B 的存在而使得整个发明构思不再是纯粹地利用了自然规律的发明构思，导致方案不是技术方案。

貌似自然规律也不是那么容易判断，但是比是否属于"技术"的判断要容易得多，因为至少可以从规律的参与要素、规律的运行结果，配合规律所属领域可进行有依据的判断。

一般来说，自然规律是一种客观规律，表现为不经人为干预，客观事物自身运动、发展、变化的内在必然联系，是自然现象固有的、本质的联系。自然规律基于给定的条件必然得到既定结果，其不以人的意志为转移，表现为某种条件下的不变性。❶

上述对于自然规律的通常认识，为自然规律的判断提供了参与要素和运行结果方面的判断依据。当规律本身涉及人为参与，利用规律的结果体现为由于人所导致的不确定性时，此种规律则并非自然规律。当然，与自然规律相反，人文规律这一类型也不属于自然规律，当规律属于经济规律、社会规律、智力活动的规则和方法等人后天创设的规律时，则也可以结合该规律所属的类别，辅助进行是否属于自然规律的判断。

例如，一种交通安全隐性因子的信用评价方法。该方法要解决如何获得交通安全隐性因子的信用评分，从而为保险公司提供决策依据。该方法中虽然有采集输入数据、搭建数据库等技术特征，但是其所基于的参数（隐性因子），例如驾驶员的性别、驾龄、受教育程度，车辆的车龄、价格，车辆总行驶里程及在不同类型道路的行驶里程。这些参数的选择依赖于人为选择；而参数权重大小的设定以及评分规则，也同样依赖于人为选择。这些都是源自社会生活中人对影响交通安全因素的认识。由此，该方法所利用的规律，受人所干预，结果体现为以人的不同选择而表现出不确定性，该规律并非自然规律，利用该规律的方法由此不受自然规律的约束，不属于技术方案。❷

简言之，该方案中所利用的规律，是一个被人的主观认识所决定、所影响的规律，并非自然规律。

再如，某专利申请请求保护一种计算机博弈策略的制定方法。该专利申请的提出背景是：随着计算机和互联网的普及，越来越多的博弈学者和棋牌爱好者通过计算机、互联网参与多人竞技活动，在用户离开或者掉线无法进行博弈行为时，希望博弈能够正常进行，由此出现了计算机博弈。现有技术的问题在于，制定的博弈策略胜算概率低。本发明为提高博弈胜算概率，对其他博弈方

---

❶❷ 肖光庭. 新领域、新业态发明专利申请热点案例解析［M］. 北京：知识产权出版社，2020：19.

未知博弈数据元集合进行估算。❶

该方案为了解决提高博弈胜算概率所采用的估算以及制定博弈策略，遵循的是博弈规则，而博弈规则显然属于人主观设计的规则，并非自然现象中固有的存在，属于人后天加工的人文领域的产物，由此不属于自然规律。该方案由此也就不属于技术方案。

再如，在一种具备可推广性的省级电网投资效应分析方法中，该方法利用经济学规律中的投资规律，进行投资相关数据的计算来解决投资走向及效应分析的问题。基于规律所属于的经济学类型，可以辅助得出该方法并未利用自然规律的判断结论。❷

可以发现，与自然规律相反，非自然规律体现出人的主观因素的"干扰"。但这种干扰本质上被人所影响、所决定，而非由人所产生。尽管后者看起来好像能够包括前者，但从根本上来说是不同的。由人所产生的规律，仅仅说明了规律是由人搬运到方案中的，不能说明规律本身即是被人所决定、所影响的，因此也就不能因为人的"搬运"而将所搬运的规律界定为非自然规律。

例如，一种采用计算机程序控制橡胶模压成型工艺的方法，其独立权利要求包括如下步骤：

> 通过温度传感器对橡胶硫化温度进行采样；
> 响应所述硫化温度计算橡胶制品在硫化过程中的正硫化时间；
> 判断所述的正硫化时间是否达到规定的正硫化时间；当所述正硫化时间达到规定的正硫化时间时即发出终止硫化信号。

不难发现，该方法的本质是，正硫化时间到时则停止硫化这一规则。难道这不是人为设定的规则？这种人为设定的规则是否也将导致该方法并不属于技术方案？

答案是否定的。的确，从动作的角度来说，这个规则是人为设定的。但这也仅仅是动作本身，只能说明"规则"是由人搬运到本发明方案中的，并不能说明规则本身到底是人主观设计的规则。实际上，在该方法中，由人发现了

---

❶❷ 肖光庭. 新领域、新业态发明专利申请热点案例解析［M］. 北京：知识产权出版社，2020：33，45.

有关硫化时间和相关技术效果之间的客观规则，该客观规则并非源自人，而是源自自然界本身。只不过，是由人发挥其主观能动性，将该客观规则在本发明中加以利用，即是该方案中人设定规则的动作。但这一设定动作并不会改变规则本身属于自然规律的结论。

对比之前的"交通安全隐性因子的信用评价方法"案例可以发现，尽管相关规则都是由人所设定，但一个人所设定的规则是由人结合其社会经验所决定的规则，而"控制橡胶模压成型工艺的方法"的规则是自然界中本就存在的规则。规则是否属于自然规律的判断，判断的是规则本身，而不是规则由谁来加以在本发明中设定，这是要加以区分和明确的要点。

5.2.2　澄清误区

5.2.2.1　技术特征和技术手段之间不能画等号

依据《专利审查指南》的规定，技术方案是对要解决的技术问题所采取的利用了自然规律的技术手段的集合。在实务判断过程中，往往会将权利要求中的技术特征和技术手段画等号，并基于此认为只要权利要求中具有了技术特征，那么，其所保护的方案就利用了技术手段，该方案属于技术方案。

这样的判定思路无疑是有问题的。技术特征并不一定是技术手段，二者之间并不是等于关系，原因在于，技术手段前面有一个很关键的定语"利用了自然规律"。

严格来说，并没有单独的"技术手段"的概念，谈及《专利审查指南》中所提及的"技术手段"，都应该是以"利用了自然规律的技术手段"作为一个整体来讨论。这意味着，在分析是否属于技术手段时，不能仅以手段本身是否具有技术属性，也就是具有技术的表象进行判断，而是应当引入该手段所对应要解决的问题，以该手段和问题之间所遵循的规律是否符合自然规律对该手段是否属于技术手段进行判断。技术特征仅仅意味着其本身具有技术属性，但这种技术属性不一定意味着其与所解决的问题之间所遵循的是自然规律。

例如，专利要保护的是一种算命方法，尽管其方案中使用了数理统计工具，但数理统计工具仅仅是技术特征，在该技术特征不可能与要解决的算命问题之间遵循自然规律的情况下，数理统计工具并非技术手段。

　　简言之，由于手段意味着要解决问题，因此技术手段是针对其所要解决的问题而言的，二者也是一个整体。由于特征意味着对外表现的特点，并无用以解决问题的含义，因此技术特征只需单独具备外在的技术属性即可。实际上，对于"技术手段"和"技术特征"的区分，《新领域、新业态发明专利申请热点案例解析》一书中有更为明确的说明❶，其指出：

　　技术手段通常是由技术特征体现的；能够解决技术问题并获得技术效果的手段，必然构成技术手段。不能简单地从方案中是否包含"技术特征"或"技术术语"，就断言其是否构成技术手段，从而断言其是否构成技术方案。

　　澄清技术手段和技术特征之间的关系，至少能够消除这样的误区：只要权利要求中存在若干的技术特征，那么该权利要求所保护的方案就是技术方案。对于技术手段含义的澄清认识，还能指引我们在实务中将对技术手段的判断重点放在手段与其解决的问题之间所遵循的规律上。这不但是准确判断的需要，更能使判断难度从虚幻的"技术"判断，转变到有据可依的"自然规律"上。

　　总结来说，只有能够解决技术问题并获得技术效果的，才是对于评价方案是否属于技术方案有意的技术手段。脱离问题和效果，仅仅是技术特征本身，对于方案是否属于技术方案的判断是没有价值的。这就好比，一位学生参加论文答辩，对于其自认为很有创意的论文内容，这位学生热切地期盼评审专家能针对其论文中的观点、依据提出怀疑或建议。可专家们提出的问题大多是论文题目如何能更简洁、现有文献还能进一步检索等问题，没有涉及其论文的核心观点。快要冷场的时候，一位大教授严肃突然跳出来说，这个论文的脚注不规范，某个脚注不符合规定的格式，要定你的答辩不通过。显然，从论文答辩的角度来讲，这样的批评意见没有解决有价值的问题，带来有价值的效果，不是一个有价值的意见。说它没有价值，最重要的是，仔细核查全篇论文的各个脚注后，发现这些脚注都是规范的。如果只是为了提意见而提意见、为了显示权威而提意见，为了告诉学生你能否毕业的生杀大权在我手里而提意见，这样的不为研究实际问题、不带来学术争鸣、促进学术进步的意见，是没有实际价值的。这样的意见，充其量也就在象牙塔里横行一下，走出校园的圈子面对实际

---

❶ 肖光庭. 新领域、新业态发明专利申请热点案例解析［M］. 北京：知识产权出版社，2020：16，17.

的问题，就显得苍白无力，令人耻笑了。

5.2.2.2 "三要素" 判断并非单独判断

在进行是否属于技术方案的判断时，要分别进行问题是否属于技术问题、手段是否属于技术手段、效果是否属于技术效果的判断。

貌似这三个判断是从三个维度分别进行的独立判断，但实际上，每个判断都是考虑问题、手段、效果的整体判断，脱离整体进行单独的问题、手段、效果的判断，往往是不准确的。

例如一种节油方法，脱离问题和解决手段之间的联系，孤立地看"节油"问题，无法明确确定节油问题到底是技术问题还是社会问题。只有联系了该问题的解决手段，确定是以增强燃油运行效率的手段解决节油问题时，节油问题才由因解决手段和其之间遵循的是自然规律而成为技术问题。相反，如果是以每周进行一次车辆限行的手段来解决节油问题，那么，在解决手段和问题之间所遵循的是人文规律，这使得节油问题由此成为人文问题而非技术问题。❶

对于不能割裂地单独就某个要素进行是否属于"技术"的判断，《新领域、新业态发明专利申请热点案例解析》一书有这样的说明，其指出：不宜简单地将"所解决的问题"从"三要素"中割裂出来，单独判断其是否构成"技术问题"，进而判断是否构成技术方案。❷

由于方案要解决的问题和能够达到的效果往往是相互对应的，因此上述对于问题是否属于技术问题的判断方法，同样适用于对于效果是否属于技术效果的判断。又如前面已经分析的那样，技术手段应以"利用了自然规律的技术手段"这一整体加以理解，而自然规律所体现的是问题和解决手段之间的因果关系。因此，对于手段是否属于技术手段的判断，自然应是在问题（效果）和解决手段的完整体系中进行判断。

可以这样说，虽然是针对问题、手段和效果分别进行三次是否属于"技术"的判断，但实际上是进行的三次相同的判断。这三次判断只是最终落脚的判断目标不同而已，实际所进行的判断都是，问题、手段和效果之间因果关系是否符合自然规律的判断，即判断的本质目标仍然在解决思路的因果关系是

---

❶❷ 肖光庭. 新领域、新业态发明专利申请热点案例解析 [M]. 北京：知识产权出版社，2020：16，17.

否符合自然规律上，而不在问题、手段、效果本身是否具备技术属性上。只有在问题（效果）和手段之间存在自然规律这样的因果关系，才能使得问题成为技术问题、效果成为技术效果、手段成为技术手段。

从判断思路来说，是基于问题和解决手段之间遵循了自然规律，由此使得问题、手段、效果都满足技术方案所要求的技术性。相反，将问题、手段、效果从整体发明构思中割裂出来，孤立地分别判断它们各自是否具有技术属性，然后，基于一个判断对象是技术或非技术的，就得出其他判断对象同样也是技术或非技术的，是不妥当的。后者的典型情况是，孤立地判断问题并非技术问题，由此就得出解决的手段也就必然不属于技术手段，进而得出方案并不属于技术方案的结论。之前所提及的"节油方法"例子，可用于说明后者的判断思路。

按照后者的判断思路，其可能一开始仅瞄准"节油"这一问题进行判断，在该问题被从发明构思中割裂出来的情况下，简单地将其界定为属于人文问题而非技术问题，进一步仅仅基于问题并非技术问题则手段也必然并非技术手段的逻辑，在忽视方案中的具体解决手段的情况下就得出方案没有采用技术手段，进而得出方案并非技术方案的结论。这样的判断当然是不妥当的，此种不妥当可以被解读为没有对技术方案"三要素"进行全面判断，但更为根本的是，这样的判断不妥当是由于对"三要素"中的某个要素的判断方式错误所导致的。如果判断方式正确，也就是说，采用了在发明构思整体下完成对单个要素的判断，那么，即使缺失针对某个要素的判断也并无大的问题，因为发明构思下的单个要素的判断，实际上需要考虑技术方案构成的"三要素"。仍以"节油方法"为例，如果在对问题是否属于技术问题的判断时，已经将该判断放在整体发明构思中进行判断，则能够依据问题和解决手段之间所遵循的自然规律，判断出节油问题属于技术问题，而解决手段也会因为该自然规律的存在自然成为技术手段。因此，即使仅进行了问题属于技术问题的判断，实质上已经完成了手段属于技术手段的判断，从形式上省略手段是否具有技术属性的判断过程，只是形式上的省略而实质上已经完成，这未尝不可。

当然，有些时候，如果问题的非技术属性十分明显，那么，也是可以基于前面提到的问题并非技术问题则手段必然并非技术手段的逻辑，简单且准确地判断出方案并非技术方案的。当然，这需要问题的非技术属性十分明显，即使单独看该问题也不可能出现其是否属于技术问题的判断错误。

例如，一种城市空间格局合理性诊断的技术方法，该方法所要解决的问题是诊断城市空间格局是否合理，而城市空间格局是否合理是一种人为规定的标准，其合理与否并不依赖于自然规律，● 该问题明显不属于技术问题。基于此确凿无疑的结论，倒是可以由问题并非技术问题，得出手段并非技术手段的结论。实际上，即使单独就方案中的解决手段进行判断也可以发现，该方案虽然采用了数学建模方法进行计算，但其在该方案中与要解决的技术问题之间，不受自然规律的约束，同样可以得出该方案没有采用技术手段的结论。

对于从问题开始进行是否属于技术方案的判断，可以得到如下的结论。

如果从发明构思整体分析得出问题并非技术问题，那么，手段自然也并非技术手段。因为，在判断问题的技术性时，所依据的就是问题和解决手段之间是否遵循了自然规律，而这也是判断手段具有技术属性时的判断依据。

如果问题的非技术性非常明显，完全不可能利用自然规律解决该问题，那么，也可以得出手段并非技术手段。

5.2.2.3 自然规律并不绝对排除人的因素

自然与人在属性上是相互对立的，由此，在以自然规律为核心所进行的技术方案判断中，可能存在这样的认识误区。该认识误区为，只要方案中涉及人，那么，这个方案很可能并没有利用自然规律，并不是技术方案；相反，如果方案中全部都是自然的对象，没有任何人的因素，那么，这个方案自然就利用了自然规律，属于技术方案。

这样的认识是有问题的。

第一，方案中涉及人就不属于技术方案？

准确来说，虽然人有主观性，但其作为自然的客观存在，也有客观的自然属性。例如，人的视觉、听觉、触觉等感官对于外界刺激的反应，属于人的自然生理特征。人眼对于放大的字体看得更清楚，是由人的自然属性决定的。人的自然属性具有确定性的特点，不会出现因人而异的不确定性；人的自然属性也是客观的，其类似于自然界的其他对象是自然界的真实客观存在而非人的主观意志。由此，不应将利用人的自然属性，例如提高人的感官体验，简单地排

● 肖光庭. 新领域、新业态发明专利申请热点案例解析［M］. 北京：知识产权出版社，2020：17.

除在利用自然规律的范畴之外。❶

例如，某方案在确定了用户与联系人的联系紧密程度后，对联系紧密的联系人进行放大显示来解决相应的问题。这一发明构思实际上利用了人眼的视觉感官的自然属性，所基于的人眼对于放大的图像产生更为强烈的视觉刺激的原理，受自然规律的约束。❷

第二，方案中涉及的都是自然对象就一定是技术方案？

答案是否定的。即使方案中只有自然对象，其也不一定属于技术方案，因为自然对象不但有自然属性，也有例如人文属性这样的非自然属性。

例如，对于纸币而言，其既具有作为纸张的自然属性，例如纸币的重量、形状、材料、印刷标记等，又具有作为一般等价物的经济学属性。落实到方案中，如果要保护一种利用特殊油墨印刷纸币的防伪方法，其是对纸币的自然属性进行改造以实现其发明目的，则该方法属于技术方案。相反，一种按比例兑换纸币的货币交易方法，则是针对纸币的经济学属性提出的交易规则，其没有利用自然规律来解决问题，并不属于技术方案。❸

第三，方案中涉及的对象不是根本决定因素，重点还是要判断发明构思是否利用了自然规律。

实际上，方案中所涉及的对象的属性并不会对方案是否属于技术方案产生决定性的影响，前面提及人或自然对象的自然属性和非自然属性之分，只是为了说明不能以一刀切的方式，仅仅基于"有人"或"没有人"得出是否属于技术方案的结论。正如之前一直强调的，判断方案是否属于技术方案，判断的目标应是方案的发明构思，为此，区分属性的自然与非自然，也应是针对发明构思而言的，即判断发明构思是否利用了自然规律。

例如，方案中涉及人的自然属性，但发明构思并非符合自然规律，那么，该方案仍然不属于技术方案。

之前提到人的视觉属于人的自然属性，如果要保护的方案为了提升用户的满意度，将手机壳制作为白色，这样的方案仍然不属于技术方案。原因在于，该方案从问题到解决手段之间的发明构思，是白色和满意这样的因果关系。而

❶❷❸ 肖光庭. 新领域、新业态发明专利申请热点案例解析［M］. 北京：知识产权出版社，2020：18 - 19.

这样的因果关系并不受自然规律的约束，属于人为主观确定的因果关系。简单来说，并不是所有人都认为白色好看，对于是否喜欢白色因人而异。由此，尽管该方案中的"白色"是和人的视觉这一自然属性相关，但发明构思是由人所决定的非自然规律。因此，该方案仍然不属于技术方案。

再如，方案中虽然涉及人的主观属性，但是发明构思利用了自然规律，那么，该方案仍然属于技术方案。

要保护的是一种动态观点演变的可视化方法，其为了更直观地了解针对某个事件的人的观点、情感的演变过程，采用了如下手段。

采集针对事件的评价信息，依照点赞或点踩，将情感分为三类（积极、中立和消极），确定信息的情感隶属度；依照信息的情感隶属度对应于渐变的颜色，为各情感分类层上的信息着色。

该方法使得用户能够基于渐变颜色的强深弱浅，快速直观地感知信息集合中信息的情感分类和情感强度随时间的起伏变化情况。

在该方法中，在确定情感隶属度时，依据的是点赞数除以点踩数是否大于阈值。而阈值的确定和依据不同的阈值设定进行情感分类，则因人而异，因此其情感分类方式是主观的。同时，该方法中所涉及的"情感"、"赞"和"踩"，这些无疑都体现出人的主观性。但该方法中涉及的这些"主观"，不会导致该方案并非技术方案，原因在于，该方法的发明构思是客观的，是利用了自然规律的。该方法的发明构思在于，依照信息的情感隶属度对应的渐变的颜色完成对信息的着色，从而使得用户能够基于颜色的变化快速地感知信息的情感变化情况。也就是说，发明构思不在于如何进行情感隶属度分类，而在于针对分类结果进行渐变颜色的着色，而着色结果的不同配合人眼对于颜色感知的自然属性，得以解决快速、直观感知情感变化情况的问题。由此，该方法的发明构思中虽然涉及人的因素，但该因素为人的自然属性，由此，该发明构思受自然规律的约束，该方法属于技术方案。❶

再如，所要保护的方案中涉及自然对象的非自然属性，但如果其发明构思符合自然规律，该方案仍然属于技术方案。某方案要保护一种数据传输中基于时间轴的行情数据一致性保护方法。该方法中输入的数据是股票行情，输出则

---

❶ 肖光庭. 新领域、新业态发明专利申请热点案例解析［M］. 北京：知识产权出版社，2020：57.

是指数行情，且主题中包括行情数据，这些要素都属于数据这一自然对象的经济属性，但不能仅基于此判断该方法不属于技术方案。

实际上，该方法所要解决的问题是行情数据一致性和准确性不足的问题。为解决该问题，在该方法中引入映射因子，使得数据同步从原来的映射到行情中单支股票交易最新时间点（即数据集合中单个最新值对应的时间戳）改进为映射到行情中所有股票交易更新的时间点（即数据集合的整体更新值对应的时间戳），从而实现映射时间点的一致性，提高了数据同步的安全可靠性。这种通过时间戳特性进行数据同步以提高一致性和准确性的手段利用了自然规律。❶

由此可见，该方法虽然涉及商业领域，但不能仅凭领域就武断地、孤立地判定其所解决的并非技术问题，采用的并非技术手段，进而得出方案不属于技术方案的结论，而是应当聚焦于方案的发明构思，判断解决问题所采用的手段这一整体是否利用了自然规律。该方案中的股票行情数据，一方面具有自然属性（带有时间戳标记），另一方面具有经济学属性（表征股票交易信息）。该方案利用的是带有时间戳的自然属性，而非表征股票信息的经济学属性来解决问题，由此，解决问题采用的是利用自然规律的手段的集合，该方法属于技术方案。

再如，方案中所涉及的均是自然对象的自然属性，但如果该方案的发明构思并非利用自然规律，那么，该方案仍然不属于技术方案。

某方案要保护的是一种基于气温与经济增长的用电需求的预测方法，其要解决的问题是：如何统筹考虑经济指标和气温对准确预测社会用电需求量的影响，更为准确地预测用电需求量。解决这一问题所采用的手段是：获取最佳经济指标、获取历史年度最佳经济指标增速数据、历史气温数据和历史社会用电量数据；通过构建数学模型，计算得到目标月度或季度的全社会用电量预测值。❷

可以发现，在上述方案中，仅涉及了气温数据、用电量数据等这样的客观数据，计算所采用的也是数学模型这个客观工具，但这些"客观"不会使该

❶❷　肖光庭. 新领域、新业态发明专利申请热点案例解析［M］. 北京：知识产权出版社，2020：161.

方案由此就能被判定为属于技术方案。实际上，从发明构思的角度来分析，该方法为了解决更为准确地预测用电需求量这一问题，选择特定的指标、通过算法模型完成基于历史数据来预测未来用电量，而选择不同的指标，对应建立不同的算法模型，对应于人为的对历史数据产生原因的解释，不同指标的选取，实质上代表了不同的解释思路。这种解释思路，是基于人对经济规律的理解。不同解释思路会确定出不同的解释结果，没有反映出任何自然规律。由此，尽管该方法中所涉及的对象均属客观，但所利用的并非自然规律，因此并不属于技术方案。

以上洋洋洒洒地介绍了若干案例，其实本质上只是要说明，在进行是否属于技术方案的判断时，不应仅基于方案中所涉及的对象进行表象的判断，而是仍然应针对方案的发明构思作出是否符合自然规律的本质判断。避免表象判断而应进行本质判断，也是后续"典型"情况分析中所遵循的原则，甚至是在整个是否属于技术方案判断中应该始终遵循的原则。

5.2.3　理解典型

对于是否属于技术方案的判断，存在三个方向的典型，分别是场景的典型、工具的典型和热点的典型，但不论是针对哪个典型的讨论，都最终回归于发明构思是否利用了自然规律这一核心判断原则。

5.2.3.1　涉及工业场景时的技术方案判断

工业场景本身具备技术属性，为方案提供了技术环境，因此，在工业场景中的方案大概率属于技术方案。例如，《专利审查指南》中规定：如果涉及计算机程序的发明专利申请的解决方案执行计算机程序的目的是实现一种工业过程、测量或测试过程控制，通过计算机执行一种工业过程控制程序，按照自然规律完成对该工业过程各阶段实施的一系列控制，从而获得符合自然规律的工业过程控制效果，属于技术方案。在上述内容中，先后 4 次提及"工业"，由此可见，"工业"是方案具有技术性的重要推手。

但要注意的是，不能以方案所处的环境是工业环境，就直接得出其属于技术方案。某种程度上来说，方案所处的环境仅是该方案的外在表象，而发明构思才是其本质所在。在针对工业场景中的方案进行是否属于技术方案的判断时，仍然要基于其发明构思是否利用了自然规律来完成判断。仔细分析《专利审查指南》的上述规定也可以发现，其并非单独基于"工业"，而是基于工业中的符合自然规律，才得出属于技术方案的结论。

简言之，如果工业场景中的方案，其发明构思基于的是人所决定的主观规则，或者发明构思并不受自然规律的约束，那么，该方案仍然不属于技术方案。

例如，一种用于在制造环境中根据个性化的订单生产产品的方法，实际保护的是一种生产线调度方法，该方案根据产品中各个组件的到货情况以及各组件在生产过程之间的相互依存关系来确定生产顺序，从而提高生产线的利用效率。该方案要解决的问题是：当各供应商供应的组件的交付时间确定后，如何根据不同组件交付期的长短以及生产过程中可能出现的延迟供应自动调整生产顺序。概括来说，该方案采用分析偏差调整订单顺序来解决内部协调耗费的工作量。

对于该方案是否属于技术方案，一种观点认为，该方案仅仅涉及人为制定的生产规则，属于单纯的商业方法，由此并不属于技术方案。根据之前的分析就可以发现，规则是由人所设定，并不意味着该规则并不属于自然规律，由此，并不能仅仅基于规则的设定主体是人，就得出该方案不属于技术方案的结论。❶

实际上，该方案所保护的调度方式，取决于生产环节的客观数据或因素，例如供应延迟或组件缺陷等，基于这些数据或因素来调整调度方式或顺序。这种调度方案体现了自然规律的利用。也就是说，由于供应延迟和调整生产顺序之间存在客观的、确定的关系，这是符合自然规律的，不以人的意志为转移的，而该方案恰恰是利用了这样的自然规律来解决问题，因此属于技术方案。这一结论的得出，是以发明构思符合自然规律而非该方案属于工业场景为依据的。

同样是该案例，假设稍作修改，则可得出相反的判断结论。

假设该方案中的调度规则，不再符合自然规律，而是完全被人的思维所影响、所决定的主观规则，这样的主观规则又由于其主观性而存在因人而异的情

---

❶　肖光庭. 新领域、新业态发明专利申请热点案例解析［M］. 北京：知识产权出版社，2020：79.

况，基于这样的主观规则所进行的调度则不受自然规律的约束，该调度方案即使是在工业场景中被应用，也仍然不属于技术方案。

5.2.3.2　涉及计算机程序的技术方案判断

计算机程序作为一种特定的、典型的工具，《专利审查指南》第二部分第九章第 2 节对涉及其的方案是否属于技术方案有特别的规定，其指出：

> 如果涉及计算机程序的发明专利申请的解决方案执行计算机程序的目的是实现一种工业过程、测量或测试过程控制，通过计算机执行一种工业过程控制程序，按照自然规律完成对该工业过程各阶段实施的一系列控制，从而获得符合自然规律的工业过程控制效果，则这种解决方案属于专利法第二条第二款所说的技术方案，属于专利保护的客体。

> 如果涉及计算机程序的发明专利申请的解决方案执行计算机程序的目的是处理一种外部技术数据，通过计算机执行一种技术数据处理程序，按照自然规律完成对该技术数据实施的一系列技术处理，从而获得符合自然规律的技术数据处理效果，则这种解决方案属于专利法第二条第二款所说的技术方案，属于专利保护的客体。

> 如果涉及计算机程序的发明专利申请的解决方案执行计算机程序的目的是改善计算机系统内部性能，通过计算机执行一种系统内部性能改进程序，按照自然规律完成对该计算机系统各组成部分实施的一系列设置或调整，从而获得符合自然规律的计算机系统内部性能改进效果，则这种解决方案属于专利法第二条第二款所说的技术方案，属于专利保护的客体。

基于上述规定，对于涉及计算机程序的方案是否属于技术方案，可以从"工业控制、测量测试方法""处理外部技术数据""改进计算机系统内部性能"三个细分方向进行分析和讨论。

（1）工业控制、测量测试方法的方案

这个细分方向实际上之前已经在"工业场景"部分讨论过。要注意的是，当一个方案属于工业控制、测量测试方法时，仅是大概率地属于技术方案，并非绝对属于技术方案。对其是否属于技术方案的判断，仍然需要基于该方案的发明构思是否利用了自然规律进行判断。"工业控制""测量测试方法"仅是方案属于技术方案的引子、表象，而非本质的判断标准。

（2）处理外部技术数据的方案

外部技术数据在某种程度上也仅仅是引子、表象，对于是否属于技术方案的判断仍然要依据于发明构思是否利用了自然规律这一本质来进行。

对于外部技术数据，可以分成两个层次来认识。

首先，外部技术数据中的"技术"，意味着这个数据应是有确切的技术含义的。为此，在进行是否属于技术方案的判断时，可以首先区分计算机程序所处理的外部数据是否具有确切的技术含义，如果不具有，则对于该数据的处理自然也不可能具备技术含义。由此，该方案的发明构思大概率并未利用自然规律，该方案不属于技术方案。

例如，一种用于简化复杂合式公式即 WFF 的计算机实施的方法。在其权利要求中，仅限定了该方法用于"评估飞行器或航空器运载工具的各种备选设计概念，并且减少完成该评估的时间"，但除此之外，在权利要求的合式公式简化的各步骤中，均没有与飞行器或航空器运载工具的设计评估的方面关联。[1]该权利要求所保护的方案，并没有体现出所处理的数据具有确切的技术含义，该方案所采用的手段自然不会利用自然规律。由此，该方案不属于技术方案。

其次，在外部数据具有确切技术含义从而属于外部技术数据的情况下，则要区分"确切技术含义"是否属于发明构思的一部分。如果是，则该确切技术含义将使得发明构思具备技术性，所要保护的方案属于技术方案；否则，该外部技术数据可能仅作为"充当数据"而出现，发明构思仍然不具备技术性，所要保护的方案不属于技术方案。

仍然以"一种用于简化复杂合式公式即 WFF 的计算机实施的方法"为例。即使修改上述权利要求，进一步限定其中的合式公式的谓词、域的含义为飞行器运载工具设计领域的相关内容，也就是将所处理的数据限定为具有确切技术含义的数据，但从发明构思的角度来分析，该申请为了解决简化复杂合式公式所采用的手段，是离散数学中的公式简化算法，由此获得的公式简化、评估时间的减少等效果，都是单纯地由算法的改进带来的，而不是由任何利用了

---

❶　肖光庭. 新领域、新业态发明专利申请热点案例解析［M］. 北京：知识产权出版社，2020：114.

自然规律的技术手段而获得的。此时，有确切技术含义的技术数据，只是作为"充当数据"而已。❶ 该数据的确切技术含义，并非发明构思的一部分，由此不能使发明构思具有自然规律的属性，该方案仍然不属于技术方案。

何时外部技术数据的确切技术含义能为发明构思带来技术性呢？

如下案例可以说明。

某专利申请要保护的是一种去除图像噪声的方法。现有技术中，通常采用均值滤波方式，即用噪声周围的像素点的均值替代噪声的像素值的方式去除图像噪声，但这会造成相邻像素的灰度差值被缩小，从而产生图像模糊的现象。

该发明专利申请提出一种去除图像噪声的方法，利用概率统计论中的 3θ 原理，将灰度值落在均值上下 3 倍方差外的像素点看作是噪声进行去除，而对灰度值落在均值上下 3 倍方差内的像素点不修改其灰度值，从而既能有效地去除图像噪声，又能够减少因去除图像噪声处理产生的图像模糊现象。

尽管该方案中利用的概率统计论中的 3θ 原理貌似属于智力活动的规则，不属于自然规律，但恰恰是由于该方案限定了所处理的数据是像素点的灰度值，由此使得概率统计论中的 3θ 原理具备了图像噪声处理方面的技术含义，这使得该方案的发明构思利用了自然规律，该方案由此属于技术方案。

（3）改进计算机系统内部性能的方案

对于改进计算机系统内部性能的方案是否属于技术方案，仍然要注意不能仅作表象的判断，应落实到在发明构思层面作本质的判断。

计算机系统由于其本身由硬件构成，因此自然具有技术属性，计算机系统内部性能的提升也由此属于技术效果。但不能仅仅因为其具有这样的技术效果，就得出方案属于技术方案，而是应当全面地分析计算机系统内部性能提升的原因。如果这个原因和计算机系统的硬件相关联，则方案的发明构思中包括由计算机硬件所带来的技术要素，方案属于技术方案；相反，如果这个原因与计算机系统的硬件毫无关联，计算机系统仅是作为方案的执行载体而存在，则方案的发明构思并没有由计算机硬件所带来的技术要素，该方案仍然不属于技术方案。

---

❶ 肖光庭. 新领域、新业态发明专利申请热点案例解析［M］. 北京：知识产权出版社，2020：114.

例如一种由计算装置生成机器学习样本的组合特征的方法。该方法通过对组合离散特征的搜索树进行剪枝处理来控制每轮迭代中生成的候选组合特征数量，从而可在使用较少运算资源的情况下，有效地实现自动特征组合，提升机器学习模型的效果。

对于该方法是否属于技术方案，一种观点认为，虽然该方法处理的是应用于通用数据的机器学习相关方法，但是该方法由计算装置完成，包括了获取数据及将数据输出的步骤，达到了使用较少运算资源的技术效果，提升了计算机系统内部性能。因此，该方法属于技术方案。

实际上，该方案要解决的问题是筛选应用于通用数据的机器学习样本的组合特征，为解决该问题，采用了按照样本组合特征的重要性，采用剪枝处理选取一定数量的组合特征进行筛选的手段，其中，"重要性"的规则以及选取的数量均是人为制定的规则。上述手段与要解决的问题之间反映的并非自然规律，由此，该方案并不属于技术方案。❶

对于该案例分析可以发现，其用以解决问题所采用的控制每轮迭代中组合特征的数量这一手段，与计算机系统内部结构之间并不存在特定的技术关联。即不借助计算机系统的内部结构，同样可以实现上述的控制。

由此，即使该方案最终达到了占用较少运算资源这一提升内部性能的技术效果，但计算机仅是作为该方案的载体而存在，该方案中并没有以计算机内部结构作为组成部分形成发明构思以获得上述效果，该方案不属于技术方案。

再如，一种深度神经网络模型的训练方法。该方案要解决的是固定地采用同一种单处理器或并行处理器模型训练方案所带来的训练速度慢的问题，采用的手段是：在训练过程中，基于不同大小的训练数据与计算机系统不同性能处理器的选择适配实现训练数据的训练。即数据量小适配单处理器训练，数据量大适配多处理器并行处理。

对于该案的分析结论中指出，该模型训练方法与计算机系统的内部结构存在特定技术关联，提升了训练过程中硬件的执行效果，从而获得符合自然规律的计算机系统内部性能改进的技术效果。❷

❶❷　肖光庭. 新领域、新业态发明专利申请热点案例解析［M］. 北京：知识产权出版社，2020：139，145.

对于这一分析结论可以从两个方面进一步解读。第一，该分析结论强调了"特定技术关联"，而从该案的发明构思来看，处理器这一硬件本身属于发明构思的一部分，对比之前所列举的计算机仅作为执行载体的例子可以得出，技术关联的特定应是发明构思层面的特定，即计算机系统的内部结构属于发明构思的一部分。第二，上述分析结论中，在计算机系统内部性能改进之前，还有"符合自然规律"这一定语，这也说明，并不是单纯的计算机系统内部性能改进的效果，即可使得方案属于技术方案，只有在该效果与用以达成该效果的手段之间符合自然规律的约束时，才能据此判断方案属于技术方案。

简言之，在该案中，正是因为计算机系统的硬件本身属于发明构思中的组成部分，才使该方案和计算机系统内部结构产生了特定的技术关联。也正因为此，才使依据发明构思所获得的计算机系统内部性能改进的效果属于符合自然规律的技术效果，该方案才得以属于技术方案。

不知道读者到此是否有所体会，前述提及的各种判断思路，都在强调要避免片面的、表象的、一刀切式的判断，而是应该进行全面的、本质的、具体情况具体分析式的判断。如果你还没有体会到这一点，可以重新回顾一下之前的内容，当然，之后的分析也可以帮助你对此加以理解。

5.2.3.3　涉及算法或商业方法的技术方案判断

涉及算法或商业方法的方案，之所以在《专利审查指南》中作为典型被单独说明，一方面是因为它们涉及不属于专利保护客体的因素，另一方面是因为它们对应于新领域、新业态下的前沿技术，因此被格外重视。

对于这样的方案，《专利审查指南》中给出了审查基准：在审查中，不应当简单割裂技术特征与算法特征或商业规则和方法特征等，而应将权利要求记载的所有内容作为一个整体，对其中涉及的技术手段、解决的技术问题和获得的技术效果进行分析。

这恰恰也是前面提及的"全面""本质"判断的体现，仍然延续了依据发明构思是否符合自然规律进行判断的核心思路。当然，涉及个案要具体情况具体分析，这里，不妨对具体情况进行分类，分类的依据是方案中所处理的数据是否具有确切技术含义。

（1）数据具有确切技术含义

《专利审查指南》第二部分第九章第6.1.2节指出：

> 如果权利要求中涉及算法的各个步骤体现出与所要解决的技术问题密切相关，如算法处理的数据是技术领域中具有确切技术含义的数据，算法的执行能直接体现出利用自然规律解决某一技术问题的过程，并且获得了技术效果，则通常该权利要求所限定的解决方案属于专利法第二条第二款所述的技术方案。

上述规定虽然仅涉及"涉及算法"的方案，但想必对于涉及商业规则和方法特征的方案也是同样适用的。可以这样解读该规定：如果数据是具有确切技术含义的技术数据，在将算法或商业规则和方法特征等与该技术数据作为一个整体看待时，由处理该技术数据所形成的发明构思，很有可能也会由于该确切的技术含义而具有技术属性（除非该技术数据仅作为"充当数据"而存在），这将使得方案虽然涉及算法或商业规则和方法的特征，但仍然属于技术方案。

例如，一种卷积神经网络（CNN）模型的训练方法涉及算法特征，其在各级卷积层上对训练图像进行卷积操作和最大池化操作后，进一步对最大池化操作后得到的特征图像进行水平池化操作，使训练好的 CNN 模型在识别图像类别时，能够识别任意尺寸的待识别图像。

《专利审查指南》对于该方案的分析中指出：该方法中明确了各步骤处理的数据均为图像数据以及各步骤如何处理图像数据，体现出神经网络训练算法与图像信息处理密切相关。该方案所解决的是 CNN 模型仅能识别具有固定尺寸的图像的技术问题，采用了在不同卷积层上对图像进行不同处理并训练的手段，利用的是遵循自然规律的技术手段。[1]

对于上述分析可以这样理解，正是因为"图像"给数据赋予了确切的技术含义，使得该方案的发明构思受到自然规律的约束，该方案才由此属于技术方案。

---

❶ 肖光庭. 新领域、新业态发明专利申请热点案例解析［M］. 北京：知识产权出版社，2020：105.

再如，一种共享单车的使用方法，从主题上来说可能涉及商业，对其是否属于技术方案的判断，也可以就所处理的数据是否具有确切技术含义为线索来进行。

该共享单车的使用方法，通过获取用户终端设备的位置信息和对应一定距离范围内的共享单车的状态信息，使用户可以根据共享单车的状态信息准确地找到可以骑行的共享单车进行骑行，并通过提示引导用户进行停车。使用该方法，方便了共享单车的使用和管理，节约了用户的时间，提升了用户体验。

《专利审查指南》对于该方法的分析中指出：该解决方案所要解决的是如何准确找到可骑行共享单车位置并开启共享单车的技术问题，该方案通过执行终端设备和服务器上的计算机程序实现了对用户使用共享单车行为的控制和引导，反映的是对位置信息、认证等数据进行采集和计算的控制，利用的是遵循自然规律的技术手段，实现了准确找到可骑行共享单车位置并开启共享单车等技术效果。因此属于《专利法》第2条第2款规定的技术方案。

从上述分析可以发现，正是因为该方法所处理的数据是终端设备的位置信息以及共享单车的状态信息这样的具有确切技术含义的技术数据，使得该方法的发明构思得以具有技术性、符合自然规律，即使该方法处于商业环境中，也不影响其属于技术方案。

（2）数据不具有确切技术含义

如果方案所处理的数据本身不具有确切技术含义，则发明构思不能由此具有技术性，但以下两个途径也可以为发明构思提供技术性。

第一，大数据之间符合自然规律的内在关联关系。

《专利审查指南》第二部分第九章第6.1.2节指出：

> 如果权利要求的解决方案处理的是具体应用领域的大数据，利用分类、聚类、回归分析、神经网络等挖掘数据中符合自然规律的内在关联关系，据此解决如何提升具体应用领域大数据分析可靠性或精确性的技术问题，并获得相应的技术效果，则该……解决方法属于……技术方案。

可以这样解读上述规定：数据的技术性既体现为其对外含义上的技术性，也可以体现为其作为大数据时内在关联关系上的技术性。如果该大数据的内在关联关系符合自然规律，且发明构思又在于挖掘并利用这样的内在关联关系，那么，发明构思由于大数据内在关联关系的技术性也有技术性，方案由此属于技术方案。当然，上述规定中所提及的大数据，也不应是一个不具有任何含义的纯数学的数据，而是具体应用领域的大数据。这个具体应用领域可以是商业、经济领域，此时，大数据虽然不具有确切的技术含义，但可能具有商业、经济上的含义。

例如，一种电子券使用倾向度的分析方法。该方法的背景技术为：为了吸引用户，商家会向用户发放各类电子券，但是无目的地投放电子券，不但无法吸引真正有需要的用户，反而给用户增加了浏览和筛选的负担。由此，发明专利申请通过分析电子券的种类、用户行为等，准确地建立电子券使用倾向度识别模型，以更加精确地判断用户对电子券的使用倾向，从而使投放的电子券更加满足用户实际需要，提升了电子券的利用率。

《专利审查指南》对于该案的分析中指出：该方法通过对电子券进行归类，挖掘出用户行为特征与电子券使用倾向度之间的内在关联关系，浏览时间长、使用电子券频繁等行为特征表示对相应种类电子券的使用倾向度高，这种内在关联关系符合自然规律。

可以这样解读上述分析结论：虽然该方法所涉及的电子券使用倾向度这一数据不具有确切的技术含义而仅具有商业含义，但该方法挖掘的用户行为特征与电子券使用倾向度之间，却存在确定的、符合自然规律的内在关联关系，该方法的发明构思体现出对于这种关联关系的挖掘以及利用，由于该关联关系所具有的技术性使得发明构思具有技术性，因此该方案属于技术方案。

要注意，此处的大数据的内在关联关系，是符合自然规律的关系。如果该关系并不符合自然规律，即使方案进行的也是大数据中内在关联关系的挖掘和利用，也不会由此使得该方案属于技术方案。

例如，一种金融产品的价格预测方法。

现有的金融产品价格预测方法，大多由专家根据经验给出建议，预测的准确性和时效性不高。发明专利申请提供一种金融产品的价格预测方法，通过金融产品的历史价格数据对神经网络模型进行训练，从而对金融产品的未来价格走势进行预测。

《专利审查指南》第二部分第九章第6.2节对该案的分析中指出：

　　该解决方案涉及一种金融产品的价格预测方法，该方法处理的是金融产品相关的大数据，利用神经网络模型挖掘过去一段时间内金融产品的价格数据与未来价格数据之间的内在关联关系，但是，金融产品的价格走势遵循经济学规律，由于历史价格的高低并不能决定未来价格的走势，因此，金融产品的历史价格数据与未来价格数据之间不存在符合自然规律的内在关联关系。

从上述分析中可以发现，并不是方案挖掘大数据之间的内在关联关系，就能够使得该方案属于技术方案。只有当该内在关联关系是符合自然规律的关联关系时，才能由这个关联关系所提供的客观属性，使该方案属于技术方案。

值得考虑的是，上述分析中提到金融产品的价格走势遵循经济学规律，那么，是否方案所挖掘、所利用的规律一旦涉及经济，就会使得该方案不属于技术方案呢？答案可能是否定的。上述分析中，关键点可能并不在于"经济学规律"，而在于"不能决定"，即历史价格的高低并不能决定未来价格的走势。此种不能决定意味着在历史价格和未来价格之间，甚至没有可以遵循的规律可言。即使有某种规律，那也只能是受到人为因素、社会因素所影响、所决定的非客观规律。对于经济学规律而言，如果从广义角度来看，在经济领域中所应用的规律可能都属于经济学规律，一旦这样的规律不受人的主观因素所影响、所决定，具有确定性，那么，即使其应用于经济环境中，也应是属于自然规律的。例如，上述分析的电子券使用倾向度的案例，其所涉及的规律从广义上理解，也可能属于经济学规律，毕竟，其所关心的用户行为特征是购物这一经济活动中的行为特征，而电子券使用倾向度也是一个经济活动的指标体现，但由于在这二者之间存在确定的、不受人的主观因素所影响、所决定的关联关系，因此这二者大数据的内在关联关系属于遵循自然规律的关联关系，即使这样的关联关系是处于经济活动的环境中，也不影响其客观性，不影响基于此判定该方案属于技术方案。

第二，计算机系统内部性能的改进。

正如上文分析过的，计算机系统内部结构本身具有天然的技术性，如果计算机系统内部结构作为发明构思的组成部分，最终通过该发明构思得以实现计算机系统内部性能的改进，那么，即使不能通过数据的确切技术含义为方案提供技术属性上的贡献，方案仍然可以基于其发明构思中所具有的技术属性而属于技术方案。

例如，上文已经分析的"一种深度神经网络模型的训练方法"案例，也出现在《专利审查指南》有关"包含算法特征或商业规则和方法特征的发明专利申请审查相关规定"部分的审查示例部分中。

从数据是否具有技术含义的角度来看，该案例所保护的方法就是处理的通用数据，即并非具有确切技术含义的数据。我们不妨再回顾一下这个案例。

该方案要保护的是一种深度神经网络模型的训练方法，其要解决的问题是，固定地采用同一种单处理器或并行处理器模型训练方案所带来的训练速度慢的问题。该方案采用的手段是，在训练过程中，基于不同大小的训练数据与计算机系统不同性能处理器的选择适配来实现训练数据的训练。即数据量小适配单处理器；数据量大适配多处理器并行处理。

针对该案的分析结论中指出，该模型训练方法与计算机系统的内部结构存在特定技术关联，提升了训练过程中硬件的执行效果，从而获得符合自然规律的计算机系统内部性能改进的技术效果。因此，该解决方案属于技术方案。

从上述分析中可以得出，尽管该方案所处理的数据是通用数据，无确切技术含义，但是计算机硬件本身即是发明构思中的组成部分，为该方案引入了遵循自然规律的要素，使该方案属于技术方案。

（3）数据表象不是核心，发明构思才是根本

虽然之前以数据是否具有确切技术含义为区分进行了分析，但实际上，数据的含义或者其所处的环境，只是一个可参考的外在因素，并非进行技术方案判断时的根本要素，该根本要素仍然是发明构思是否遵循自然规律。

例如，在如下的案例中，所处理的数据在表象上没有确切的技术含义，同时，该方案也并非挖掘大数据之间符合自然规律的内在联系，也不符合改进计算机系统内部性能的要求，但该方案仍然属于技术方案。

该方案为一种基于散点图的数据质量检测方法。该方案所针对的现有技术存在的问题是：当待处理数据量不大时，常规散点图可以简单直观地表征数据关联趋势，然而，当待处理的数据量巨大时，需要显示的点太多，以常规散点图进行表征时，无法在一个图形中展示所有的点。为解决该问题，该发明对散点图进行扩展，扩展后的散点图中的某一个点不再是一个原始的记录点，而是

满足一定条件的所有记录点的集合，成为数据格 Gxy。[1]

在对该方案是否属于技术方案的分析中指出：该方案虽然没有明确限定其处理的数据是何种数据，即数据是所谓的通用数据，但该方案中数据格的大小与纳入其中的数据量直接相关，而数据量则直接体现为二维坐标系中数据的展示密度、分散程度等，这些因素实质上决定了计算机显示器件中所展示的图形要素。该方案中的定义数据格、调整参数等技术特征，与计算机对数据的处理和显示功能密切相关，因而受图像处理和显示技术相关的自然规律约束，具有技术性。该方案解决了现有散点图只能处理少量数据且无法进行异常数据分析和纠错的问题，属于技术问题。该方案采用了定义数据格、手动调整参数等技术手段，达到了扩展显示点、检测异常数据的技术效果，属于技术方案。

从上述分析可以发现，其分析的重点在于该方案的发明构思是否利用了自然规律，只要符合这一要求，数据是通用数据也好，方案没有改进计算机系统内部性能、没有挖掘大数据之间符合自然规律的内在关联关系也罢，都不会影响方案属于技术方案。因为方案属于技术方案的核心是发明构思利用了自然规律，其他的所谓判断标准，只是针对这一核心的典型举例而已。

---

[1] 肖光庭. 新领域、新业态发明专利申请热点案例解析［M］. 北京：知识产权出版社，2020：150.

第 6 章

利用发明构思、解决支持问题

权利要求能否得到说明书的支持，在实务中通常不是一个实质性决定专利申请能否授权的问题，但它往往会对授权的保护范围大小产生影响。在答复审查意见的过程中常见的现象是：当通过意见陈述将创造性问题解决之后，审查员进一步指出当前的独立权利要求不能得到说明书的支持，由此导致该专利申请仍不能获得授权。此时，到底是通过限缩独立权利要求的保护范围使得专利申请顺利获得授权，还是冒着不被授权的风险争辩当前的独立权利要求能够得到说明书的支持，是摆在专利申请人、专利代理师面前的一道待解的难题。这个难题可能并不是很难，但由于大家都把精力放在创造性答复，因此难免对于"支持"问题有所轻视。再加上，面对"支持"的审查意见时，与之配套存在限缩范围就能获得授权的诱惑，甚至还存在如果不作限缩范围上的妥协则可能导致前面的创造性答复的种种努力付之东流的风险。这些因素相互叠加，使得"支持"问题反而成为专利实务中的一个难点问题。

6.1 概 述

有关权利要求应当得到说明书的支持规定在《专利法》第 26 条第 4 款中，其指出："权利要求书应当以说明书为依据，清楚、简要地限定要求专利保护的范围。"

对于"支持"问题，《专利审查指南》第二部分第二章第 3.2.1 节有更为细致的规定，其指出：

权利要求书应当以说明书为依据，是指权利要求应当得到说明书的支持。权利要求书的每一项权利要求所要求保护的技术方案，应当是所属技术领域的技术人员能够从说明书充分公开的内容中得到或概括得出的技术方案并且不得超出说明书公开的范围。

从这一规定中可以解读出"支持"问题的核心要素和大体框架。

基于《专利审查指南》的上述规定可以发现，在讨论"支持"问题时，衡量支持与否的标准是说明书公开的范围，这是"支持"问题的核心要素。公开的范围当然不能与记载的范围画等号。后者仅仅是文字本身所记载的内容，而前者则是以本领域技术人员的视角阅读文字记载的内容后所能得到的内容。前者的范围显然大于后者。

基于说明书公开的范围不等于且大于说明书记载的范围，在分析"支持"问题时，至少应当注意：不能仅仅基于说明书的文字记载本身，以教条的方式分析权利要求是否得到说明书的支持，而是应当辩证地而非机械地看待说明书的文字记载，辩证地基于说明书文字记载的表象获得其本质呈现的发明构思，辩证地从虽无文字记载的表象，确定出本领域技术人员基于其知识和能力所能掌握的内容同样属于说明书公开的范围，以这样的辩证唯物主义思维，探究"支持"问题的真相。

《专利审查指南》的上述规定中明确提及"支持"有两种类型，从而明确了考虑"支持"问题的框架。一种是"得到"的支持，另一种则是"概括"的支持。简单来说，考虑能否"支持"的问题，一种类型是考虑权利要求所记载的方案在说明书中是否也有相应的记载，即"得到"的支持；另一种类型则是，当权利要求是一个以上位概念概括的权利要求时，该上位概括是否能够得到说明书中所记载的下位概念的支持，即"概括"的支持。

对于"得到"的支持，通常应该注意避免仅仅进行纯粹的文字上的解读。要分析是否能以辩证的方式，消除权利要求和说明书文字记载的差异，从而在说明书中得到权利要求所保护的方案。

对于"概括"的支持，则是"支持"问题的重点、难点所在。《专利审查指南》第二部分第二章第3.2.1节对此有详细的规定，其指出：

权利要求通常由说明书记载的一个或者多个实施方式或实施例概括而成。

权利要求的概括应当不超出说明书公开的范围。

如果所属技术领域的技术人员可以合理预测说明书给出的实施方式的所有等同替代方式或者明显变型方式都具备相同的性能或用途，则应当允许将保护范围概括至覆盖其所有的等同或明显变型的方式。

对于权利要求概括得是否恰当，审查员应当参照与之相关的现有技术进行判断。

从上述规定可以发现，考虑是否"支持"的问题时，现有技术是重要的参照物。

《专利审查指南》第二部分第二章第3.2.1节还指出：

对于用上位概念概括或用并列选择方式概括的权利要求，应当审查这种概括是否得到说明书的支持。如果权利要求的概括包含了申请人推测的内容，其效果又难于预先确定和评价，应当认为这种概括超出了说明书公开的范围。如果权利要求的概括使所属技术领域的技术人员有充分理由怀疑该上位概括或并列概括所包含的一种或多种下位概念或选择方式不能解决发明或者实用新型所要解决的技术问题，并达到相同的技术效果，则应当认为该权利要求没有得到说明书的支持。

对应于上位概念的概括，上述规定中给出了两种典型的不支持的形态。一种是概括中包括了"效果难于预先确定和评价的推测的内容"，另一种则是概括中包括了"不能解决技术问题"的下位概念。这两种形态都关注了"问题"和"效果"，从这个角度来说，这两种形态从能否解决问题的角度也可以被分别称为"能解决的不确定性"和"不能解决的确定性"。

"能解决的不确定性"对应于"推测""难于预先确定和评价"。为了解决由此带来的不支持问题，可以考虑寻找规律，通过规律来解决此种不确定性问题，这样的规律可以是记载于专利申请文件中的，也可以是本领域技术人员所掌握的。基于这样的规律，则可以将"不确定性"改变为"确定性"，从而解决"能解决的不确定性"所带来的不支持问题。

"不能解决的确定性"对应于"充分理由怀疑下位概念不能解决技术问题"。为了解决由此带来的不支持问题，则应考虑进行坏点排除，即将那些作为不能解决技术问题的下位概念从上位概括中排除掉。这样的排除可以是通过修改权利要求完成排除，也可以是结合发明构思对权利要求的保护范围加以澄清，从而说明该保护范围中原本并不包含此坏点的内容。

应该注意的是，不论是哪种类型的支持问题，发明构思都在其中起着十分重要的作用。

6.2 "得到"的支持

"得到"的支持比较简单，三句话即可说明大意，具体为：消除文字差异、获得支持方案、发明构思验证。

在"得到"的支持方面被质疑。质疑理由通常为，从说明书中不能得到权利要求所保护的方案。而所谓的不能得到有可能是由于文字记载的不同所导致的。为此，为了消除此种"得到"的支持方面的质疑，需要做的是消除说明书和权利要求书在文字记载上的差异，从而在说明书中得到权利要求所保护的方案。文字差异的消除，可以借助语言表达进行，也可以借助技术知识进行，但这种差异消除得是否合理，即是否能够基于说明书的某种文字记载得到另一种文字记载的方案，则需要借助发明构思加以验证。

6.2.1 借助语言表达消除文字差异

"得到"的支持被质疑，很多时候是由于语言表达所导致的。解铃还须系铃人，语言表达所导致的问题自然可以通过基于语言表达的分析来解决。

但是，纯粹的语言表达的分析，却有可能落入教条的、机械的咬文嚼字上，甚至可能由此导致从说明书中抠字眼"得到"与本发明完全无关的技术方案。为此，需要借助发明构思验证语言表达分析结果的正确性。这实际上就是一个利用发明构思，透过文字记载的表象，探究说明书记载的真实方案的真相探究过程。

例如，在第 23765 号复审决定（ZL200510114303.7）中，涉案专利的说明书记载的方案均包括：在验证密码后，"把随机密码对照表删除"这一技术特征。但在涉案专利的权利要求 1 所保护的方案中，并没有包含上述"删除"的技术特征。

有观点认为，在涉案专利的说明书中，没有单独记载不包含"删除"动作的技术方案，而权利要求1保护了该方案，由此权利要求1得不到说明书的支持。

实际上，该复审决定认为：在涉案专利的说明书中，针对"删除"的技术特征，在其之前均采用了"可以"这一措辞。"可以"一词表明技术方案并不必须包括该"删除"的步骤，该步骤是选择性的。

可以发现，该复审决定首先基于语言表达规则，从"可以"所表达的含义出发，从说明书中得到了并不包括"删除"步骤的技术方案。

该复审决定进一步指出，权利要求1的技术方案（不包括删除步骤）已经能够解决技术问题。❶

可以发现，该复审决定并没有仅仅基于语言含义的解读即得出符合"得到"支持的结论，而是落实到涉案专利这一特定判定对象中，借助其发明构思对之前所得到的方案是否合理进行验证。在验证该方案能够解决技术问题之后，该复审决定最终才得出该权利要求1能够得到说明书的支持的结论。

6.2.2　借助技术知识消除文字差异

"得到"的支持被质疑，有的时候并非由文字表达导致，此时，权利要求和说明书记载内容的文字差异，不再是文字表达上的差别，而是一个貌似技术上的差别。此时，不能简单地认定"得到"的支持不成立，而是应当引入本领域技术人员，分析是否可以利用其所掌握的技术知识来消除这种技术上差别。如果能够消除，那么，权利要求所记载的方案则属于说明书记载的方案的明显变型，权利要求能够得到说明书的支持。当然，这种技术上的差别的消除是否合理，仍然需要利用发明构思加以验证。

例如，在第28003号无效宣告请求审查决定（ZL200920189941.9）中，涉案专利的权利要求1有如下的技术特征："双冗余电机泵组、双冗余供油液压回路、双冗余过滤器、冗余单向阀。"

请求人认为，涉案专利的说明书及附图都明确说明，电机泵组、供油液压

---

❶ 国家知识产权局专利复审委员会. 以案说法：专利复审、无效典型案例指引［M］. 北京：知识产权出版社，2018：275.

回路、过滤器和单向阀都是一套使用、一套备用，即冗余一套。但权利要求1限定电机泵组、供油液压回路和过滤器是两套冗余，单向阀是一套冗余，显然得不到说明书的支持。

该决定认为：虽然权利要求1中的电机泵组、供油液压回路、过滤器的冗余数量与单向阀的冗余数量不同，但根据说明书的记载可知，冗余设置就是在发生故障时可以使用备用的部件继续工作，至于冗余部件的数量，其属于所属领域技术人员根据实际需要可以进行合理配置的范畴，所属领域技术人员可以预期采用多套冗余也可以达到相同的功能和效果。因此，权利要求1能够得到说明书的支持。❶

通过上述案例可以发现，对于冗余数量不同这一貌似技术上的差异，该决定恰恰是引入了本领域技术人员，以其掌握的技术知识和能力消除这一差异，即从说明书记载的方案得到明显变型的方案，在对该明显变型方案进行符合发明构思的验证后，最终得出权利要求得到说明书支持的结论。

6.3 "概括"的支持

对于"概括"的支持是否成立的问题，依据分析时是否需要借助发明构思以及判断的难易程度，大体可以分成两类进行判断。

一类是无须借助发明构思、"一眼"即可完成的判断，另一类则是需要借助发明构思、"多眼"方可完成的判断。

6.3.1 无须借助发明构思"一眼"即可完成的判断

这种判断无疑是简单的。简单的原因在于，要么是上位概念的概括明显过大，要么是下位概念中已经记载了用以支持上位概括的规律性内容。基于概括原理中明显的"不合理"和"合理"，即使不引入发明构思也能完成支持与否的准确判断。

---

❶ 国家知识产权局专利复审委员会. 以案说法：专利复审、无效典型案例指引［M］. 北京：知识产权出版社，2018：280.

6.3.1.1 上位过大

实践中，一些上位概念明显过大，这样的上位概念通常只是一个形式上的上位概括，体现为其没有任何特定多个下位概念的特定共性内容。这个上位概念甚至是技术上放之四海而皆准的概念。这就不是上位概念的概括了，只是一厢情愿的大范围特征而已，它好比纸老虎，外表唬人、一捅就破。

例如，第79249号复审决定（ZL200610059990.1）。该决定认为：权利要求1涉及检测灯丝的工作参数的步骤；而说明书仅仅给出了将"灯丝的加热特性的信息""具体以加热功率为例"作为灯丝的"工作参数"的情形。灯丝的加热特性工作参数除了加热功率，还包括加热电流、加热电压等，加热功率仅仅是其中的一种。采用这些参数也能解决低功耗执行灯丝的附加加热的技术问题。但是，如果灯丝的工作参数采用与"加热特性"无关的其他工作参数，则无法实现对灯丝的加热调节，解决不了所述技术问题。因此，所属领域技术人员根据说明书充分公开的内容，仅能得到或概括出"加热特性信息作为工作参数"的方案，权利要求1采用"工作参数"所限定的方案得不到说明书的支持。❶

在该案例中，虽然决定中引入了发明构思进行分析并最终得出判断结论，但仅从该案所讨论的对象中即可发现上位过大的问题。"工作参数"就是上文提及的技术上放之四海而皆准的概念，这个上位概念中仅具有"工作"这样的没有任何特性可言的限定，而不具有特定的下位的特定的共性内容。在该案中，这样的特定下位概念体现为加热功率、加热电流、加热电压，而这些特定下位的特定共性则是"加热特性"。从该决定的结论中也能发现，如果权利要求中采用加热特性信息作为工作参数，则能够得到说明书的支持。相比较而言，"工作参数"就太虚了，没有一点干货，这导致了"一眼"就能识别其不能得到说明书的支持。

---

❶ 国家知识产权局专利复审委员会. 以案说法：专利复审、无效典型案例指引［M］. 北京：知识产权出版社，2018：280-281.

6.3.1.2 文字记载了上位概括所需要的规律

上位概念概括被质疑得不到支持，一种情况是因为说明书中仅仅记载了有限的下位实施例。上位概念所覆盖的范围大，有限的下位实施例所涵盖的范围小，由此导致出现不支持的问题。如果在说明书中已经记载了用以进行上位概括所需要的规律，则可以利用这样的规律，从有限的下位实施例向外扩大范围，从而实现对上位概念所概括的大范围的支持。为此，如果在说明书中已经记载了上述规律性的内容，则可以"一眼"判断出以上位概念概括的权利要求能够得到说明书支持的结论。

例如，在第 63571 号复审决定（ZL200780036082.3）中，针对权利要求 1 能否得到说明书的支持，该复审决定认为：涉案专利的说明书记载了纤维二糖水解酶、葡聚糖内切酶的功能和酶促水解机理，同时提供了以 fE2、fC2 和 CBH 百分含量等为参数所列举的 100 多种不同配比的混合物相对于基准混合物的活性值的实验数据，并将这些结果以 fE2、fC2 为坐标作成区域统计图。所述实验数据在以 fE2、fC2 为坐标的图中均设计为等距排列，客观反映了酶混合物活性的连续变化规律。从实验结果看，在权利要求限定范围内得到的几十种混合物，均具有比基准混合物高至少 13% 的活性，呈现一定的规律性。综合考虑实施例数值变化趋势以及其他因素，所属领域技术人员能够确信权利要求 1 所限定范围的混合物，都将具有将经预处理的木素纤维素原料酶促水解成可溶性糖的活性。因此，权利要求 1 能够得到说明书的支持。❶

可以看出，该复审决定指出涉案专利说明书中已经给出了用于进行上位概括有关的具体规律，并基于发明构思对该上位概括的合理性进行验证，最终得出权利要求得到说明书支持的结论。在该案例中，说明书所记载的机理、多个实验数据所呈现的规律性，无疑对得出上述结论起到至关重要的作用。

6.3.2 借助发明构思"多眼"才能完成的判断

当上位概括本身不是明显过大，或者说明书中也没有提供数量众多的实施

---

❶ 国家知识产权局专利复审委员会. 以案说法：专利复审、无效典型案例指引 [M]. 北京：知识产权出版社，2018：277.

例且给出相应规律的情况下，不太容易"一眼"完成是否支持的判断。此时，需要借助发明构思，分类别、有步骤地完成支持与否的判断。

6.3.2.1 "不能解决的确定性"所导致的支持问题

当上位概括中包括了不能解决问题的下位概念时，该下位概念属于"坏点"。如果这样的"不能解决"被确定了，即存在"不能解决的确定性"，那么，以上位概念概括的权利要求由此得不到说明书的支持。相反，如果能够通过证明或修改的方式将坏点予以排除，则权利要求得不到说明书支持的问题将被解决。

这种"不能解决的确定性"导致的不支持，在《专利审查指南》第二部分第二章第3.2.1节中有如下规定：

> 如果权利要求的概括使所属技术领域的技术人员有充分理由怀疑该上位概括或并列概括所包含的一种或多种下位概念或选择方式不能解决发明或者实用新型所要解决的技术问题，并达到相同的技术效果，则应当认为该权利要求没有得到说明书的支持。

（1）说明书记载了坏点

显然，如果专利申请文件中已经自认了存在"不能解决"，有充分理由怀疑存在坏点自然能够成立。

例如，在第9525号无效宣告请求审查决定（ZL93109045.8）中，涉案专利权利要求1保护一种β异头物富集的核苷的方法。

该决定认为：与现有技术相比，涉案发明通过"离去基团种类、核碱种类、核碱当量、反应温度、溶剂等"多个反应条件的特定选择，实现了β异头物的富集。从说明书实施例来看，其提供的采用不同反应条件的实施例中，部分能够实现β异头物的富集，部分不能实现β异头物的富集。说明书并未揭示反应条件和最终反应产物之间的对应规律。在缺乏有效指引的情况下，从多个宽泛的反应条件中通过实验筛选出能够实现目的的反应条件，需要付出过

度劳动。由此，权利要求的概括是不恰当的。❶

该案说明书中已经记载的不能实现 β 异头物的富集的这部分实施例，即作为"坏点"而存在，由此导致"不能解决的确定性"被证实，"充分理由怀疑"由此得以成立。

（2）借助发明构思澄清坏点问题

澄清坏点问题，很多时候还真不用针对坏点是否存在加以说明，而是在于要对坏点所对应的上位概念概括的保护范围进行澄清，这需要借助发明构思。

从思路上来说，一种办法是利用发明构思，直接澄清权利要求的保护范围中其实并不包括属于坏点的下位概念。另一种办法则是，基于发明构思明确上位概念的特征并非属于改进点，以此为基础，从本领域技术人员的视角，对上位概念文字上可能包含的下位坏点进行澄清。

这两种思路在两件无效宣告请求审查决定中均有所体现。

6.3.2.2 "能解决的不确定性"所导致的支持问题

"能解决的不确定性"对应于《专利审查指南》第二部分第二章第 3.2.1 节的如下规定：

> 如果权利要求的概括包含了申请人推测的内容，其效果又难于预先确定和评价，应当认为这种概括超出了说明书公开的范围。

在上述规定中，"推测""难以预先确定和评价"都是不确定性的体现，当然，这个不确定性是针对效果，或者说是针对解决发明所要解决的问题而言的。

为了解决"能解决的不确定性"所导致的支持问题，还是要利用发明构思。发明构思所充当的角色，是以其作为尺子，确定支持问题所要讨论的特征到底是否属于本发明的改进所在。如果该特征不属于改进，由于其并不对应于解决问题所采用的特定的改进手段，因此一般来说不会存在"能解决的不确定性"所导致的不支持问题。相反，如果该特征属于改进所在，则要利用发明构思进行支持与否的进一步分析。

---

❶ 国家知识产权局专利复审委员会. 以案说法：专利复审、无效典型案例指引 [M]. 北京：知识产权出版社，2018：277－278.

以特征是否属于改进，区别分析是否存在"能解决的不确定性"所导致的不支持问题，道理其实不难被理解。对于支持的问题，尤其是"能解决的不确定性"所对应的支持问题，分析的主体是所属技术领域的技术人员。当所要分析的特征属于发明中的改进所在时，该特征的改进属性使得其存在未知或不确定的属性，这样的属性决定了从所属技术领域技术人员的视角来看，可能需要更多的信息和分析，才能解决"能解决的不确定性"的问题，由此，需要进行进一步的分析才能完成是否支持的判断。相反，如果所要分析的特征并非属于发明中的改进所在，则这样的特征具备了现有、已知的属性，这样的属性使得所属技术领域的技术人员能够自然得知该特征如何解决相应的问题，能够在不借助其他信息的情况下消除"能解决的不确定性"问题。由此，只要判断出所要讨论的特征并非属于本发明的改进所在，则可以得出其并不存在"能解决的不确定性"所对应的支持问题。

结合上述分类，可以对"能解决的不确定性"所导致的支持问题，从特征"并非改进""涉改进而非改进""属于改进本身"这三个方向进行区分分析。

（1）特征并非改进所在

如果所分析的特征并非改进所在，一般不存在"能解决的不确定性"所导致的不支持的问题。

例如，在第63698号复审决定（ZL200580017490.5）中，涉案专利申请的权利要求主题为：某活化剂CNP及其衍生物在制备关节炎治疗剂或预防剂中的用途。

该复审决定认为：涉案专利申请相对于现有技术的改进之处在于，发现了某已知肽及其相应衍生物的新用途。多肽本身结构的修饰并不是发明的改进之处。本领域技术人员结合现有技术整体状况，能够合理预期多肽结构变化对功能可能产生的影响。因此，虽然涉案专利申请的权利要求未对多肽衍生物的结构进行具体限定，也不会导致不支持的问题。❶

（2）特征涉及改进但并非改进所在

某个特征和改进完全无关的情况还是比较少见的，更多的情况是，某个特

---

❶ 国家知识产权局专利复审委员会. 以案说法：专利复审、无效典型案例指引［M］. 北京：知识产权出版社，2018：278–279.

征和发明的改进相关联。此时，如果能够分析得出该涉及改进的特征实际上并非本发明的改进所在，即该特征涉及改进但并非改进所在，那么，也能得出该特征并不存在"能解决的不确定性"所导致的不支持的问题。实际上，在这种情况下，更多的是对于特征属性的澄清，要把看似属于改进的特征澄清为并非改进。在澄清后，当该特征属于并非改进的特征时，自然也就可以利用上述"特征并非改进"的思路说明并不存在不支持的问题了。这种是否属于改进的澄清自然需要借助发明构思。例如，某复审决定就体现了这样的思路：其基于技术问题、解决手段、技术效果所形成的发明构思，澄清了涉案专利申请的改进在于"替换"而非实现"替换"的具体结构。由此，将所讨论的具体结构的特征，澄清为涉及改进但并非改进所在，在该特征并非改进的情况下，配合其他现有实现方式的举例说明，得出权利要求并不存在不支持问题的结论。

对涉及改进但并非改进所在的特征，一方面可以按照如上思路，利用发明构思来澄清该特征本身并非属于改进本身，由此证明得出对于该特征并不存在"能解决的不确定性"所导致的不支持问题。另一方面，也可以通过"烙大饼"式的分析验证"支持"的结论。这种分析，对于涉及改进并非改进所在的特征来说，可能是"锦上添花"式的进一步验证，但对于属于改进本身的特征来说，则属于"雪中送炭"式的证明方式了。"烙大饼"式的分析到底是什么呢？下面进行分析。

（3）特征属于改进本身

当支持问题所讨论的特征属于改进本身时，是否支持的结论可能有两种。

一种是，说明书记载的下位技术特征**可变化、属举例**。此时，由于这种变化的存在和下位的举例属性，因此使得权利要求的上位概括能够得到说明书的支持。

另一种是，说明书记载的下位技术特征，属于用以解决技术问题、达到预期效果的特定技术手段，且所属领域技术人员无从掌握能够用以得到其他下位技术特征的规律性内容。此时，说明书中记载的有限数量的下位技术特征，无法扩展为更宽的说明书公开的范围，权利要求的上位概括得不到说明书的支持。这属于**"属特定、无规律"**。

对于可变化、属举例的分析。

为了分析得出"可变化、属举例"，进而得出权利要求得到说明书的支持的结论，可以按照"烙大饼"式、"问妈妈"式的方法进行分析。

第一，"烙大饼"式的分析。

烙大饼，自然要烙完正面再烙反面，两者缺一不可。"烙大饼"式的分析指的是从技术上进行正反两个方面的分析，用正反两个方面的分析结论，证明说明书记载的下位技术特征是可变化的，其性质仅仅是举例的性质。

正面的分析通常是要证明"可变"，即说明书实施例中所给出的某个特定下位手段，是可以改变为其他类似的下位手段的。为了证实此种可变的可能性，最好给出具体的例子加以说明。

反面的分析则是要证实"不"。这个"不"具体而言是"不决定""不冲突"。如果能够通过技术分析证明说明书中的特定下位手段并不会因其区别于其他下位手段的特定性而决定发明的问题是否能够被解决、效果是否能够被达到时，这个特定下位手段就在一定程度上摆脱了与问题、效果之间的必然关联关系，就不是唯一用以解决问题、达成效果的手段。这就是所谓的"不决定"。而所谓的"不冲突"指的是，当按照如上提及的"可变"可以得知其他下位手段时，这些由于"可变"所引入的新的下位手段，不会导致方案实现出现技术上的冲突，仍然能够确保方案可以实现并达到预期效果。如上的正反两个方面的分析通常应相互配合来进行，共同用以证明说明书的下位手段可变、能变，以这样的"变"拓宽说明书公开的范围，证明权利要求能够得到说明书的支持。

当然，正面"可变"和反面"不决定""不冲突"，都是以发明构思为标尺进行的。所以，这里所进行的支持与否的分析，仍然是基于发明构思所进行的分析。

例如，某复审决定中就体现了这样的"烙大饼"式的分析思路。

第二，"问妈妈"式的分析。

有关支持与否，毕竟是从所属领域技术人员的视角来看。这好比我们在刚学做饭时，经常会请教妈妈。妈妈就是做饭领域的本领域技术人员。妈妈会以其家常菜领域技术人员的视角，告诉我们一些她们看来的"常识"。而我们自然不会做每道菜都去问妈妈，而是会结合妈妈告诉我们的常识，自己学会做出更多的家常菜。

回到所属领域的技术人员。如果对于说明书中所记载的下位技术特征，所属领域技术人员利用其所掌握的知识，能够明确该下位技术特征和上位概括之间的关系属于所属领域的通用常识，那么，利用该通用常识，该下位技术特征"可变化、属举例"的性质即可被明确，上位概括的权利要求可以得到说明书的支持。

例如，在第 9235 号复审决定（ZL99105006.1）中，涉案专利申请的权利要求 1 请求保护一种插接件，其中限定"检测电路，其检测所述至少一个端子的电平状态，当检测到的电平状态表明有可插拔部件与所述连接器连接时，控制所述**电子开关电路逐渐**向第一端子施加插接件的电压"。涉案专利申请的说明书记载了一种能实现上述功能的检测电路。即说明书中仅记载了某个下位的特定电路。

对于权利要求 1 能否得到说明书的支持，该复审决定认为：虽然在涉案专利申请说明书的实施例中，**电子开关电路 108 逐渐**向第一端子施加插接件的电压的功能是通过**定时（RC）电路**实现的，但是对本领域技术人员而言，**RC 电路**作为**定时电路**，是**通用的技术**，且**不是唯一**实现该功能的方式。无论采用**何种形式**的定时电路，只要能配合开关电路逐渐施加电压**即可**。

由此，该复审决定指出，根据涉案专利申请说明书实施例的教导，所属领域技术人员可以想到其他方式实现"**逐渐**"……的功能。权利要求 1 能够得到说明书的支持。❶

从上述复审决定的观点可以看出，其正是基于所属领域技术人员所掌握的知识，明确了"**RC 电路**作为**定时电路**，是**通用的技术**，且**不是唯一**实现该功能的方式"，从而确定了说明书实施例中的 RC 电路仅为举例的性质，进而得出权利要求能够得到说明书支持的结论。这样的知识，虽然没有记载在专利申请文件的说明书中，但属于所属领域技术人员掌握的知识，同样属于说明书公开的内容。在明确了这样的知识的情况下，实际上是实现了说明书文字记载范围的拓宽，正确地得到了说明书公开的范围，以此为基础实现了对于是否支持的准确判断。

实际上，上述能够得到支持结论的几种情况的分类，只是为了分析需要所

---

❶ 国家知识产权局专利复审委员会. 以案说法：专利复审、无效典型案例指引［M］. 北京：知识产权出版社，2018：286.

进行的分类，在实践中，这几种情况完全可以相互结合或者相互转换。例如，上述 RC 电路作为定时电路的案例，也可以转换为"涉改进、非改进"进行分析。可以论述，定时电路的功能才是改进本身所在，而定时电路的具体形式并非改进本身所在。由此，RC 电路属于"涉改进、非改进"，采用其他形式的电路同样可以达到预期效果，这同样可以分析得出权利要求能够得到说明书支持的结论。

上述这样的分类讨论，只是希望从分析思路的角度，给读者以更为清晰、明确的指引，在实践中，完全可以结合案例情况、论述需要，对这些不同的分析思路加以选择或组合使用。

对于属特定、无规律的分析。

前面对支持问题的分析，大多是从能够支持的角度进行分析的。但实践中，的确存在权利要求不能得到说明书支持的情况，以下即针对这样的情况进行说明。

对比"可变化、属举例"，当说明书所记载的下位技术特征，属于用以达到预期效果的特定手段，即该手段和效果之间存在唯一对应这样的强关联时，又无法从说明书中的记载中或本领域的技术知识中获得上位概括所需的相应规律，那么，此时上位概括的权利要求很有可能是无法得到说明书的支持的。

例如，在第 9525 号无效宣告请求审查决定（ZL93109045.8）中的涉案专利权利要求 1 保护一种 β 异头物富集的核苷的方法。

对于涉案专利权利要求 1 是否能够得到说明书的支持，该决定认为：现有技术中合成 2′ - 脱氧核苷的方法通常是**非立体选择性**的，而该发明中，对"离去基团种类、核碱种类、核碱当量、反应温度、溶剂等"**多个反应条件进行特定选择**。对这些实验条件的**特定**选择，是发明为实现**特定选择性**而做出的**技术改进**。

该决定进一步认为：权利要求的概括能否得到说明书的支持，取决于说明书中对于这些反应条件与反应终产物之间**对应规律**的阐述和证明程度。在说明书**没有揭示**上述**规律**的情况下，从多个宽泛的反应条件中通过实验筛选出能够实现目的的反应条件，**需要付出过度劳动**，由此，权利要求 1 概括不当，得不

到说明书的支持。❶

可以发现，上述决定中特别强调了说明书所记载的下位特征的特定性，进而配合说明书没有记载相关规律，得到了权利要求概括不当的结论。上述分析中，下位特征的特定性需要被证明存在，而不存在规律则只需要说明不存在即可，显然，前者是分析的重点所在。要证明下位特征的特定性，可以从"选择多""与效果、联系紧"两个方向来进行分析。

第一，选择多。

选择多指的是上位概括所对应的下位特征众多。在说明书中仅仅记载了其中的一两种下位的情况下，面对众多的其他下位特征，存在是否能解决问题、达到预期效果的不确定性。此时，说明书中已经记载的下位特征就属于与解决问题、达到效果之间存在特定性关系的特征，上位概括的权利要求由此得不到说明书的支持。换句话说，正是因为上位概括提供的选择多，使得方案采用了某些未记载于说明书中的下位特征时，该方案存在可解决的不确定性问题，这样的上位概括是不恰当的。

例如，第 13841 号无效宣告请求审查决定（ZL94194707.6）中的涉案专利权利要求 1 涉及一种使用微生物生产目的物质的方法，其中限定了所述**微生物属于埃希氏杆菌属或棒状杆菌**。涉案专利说明书实施例仅记载了，导入含转氢酶基因质粒的大肠杆菌**菌株 AJ12929、AJ12872**，验证了采用该方法制备的大肠杆菌**菌株**生产氨基酸的能力。

对于权利要求 1 是否能够得到说明书的支持，该决定认为：本领域技术人员已知，埃希氏杆菌属和棒状杆菌包括**不同的菌种**，每一菌种又有**多种不同的菌株**。不同菌种甚至相同菌种的不同菌株间，均具有**不同的特性**。

面对上位概括所提供的众多下位选择，该决定进一步指出：

涉案专利实施例中使用的几种菌株，是具有把"……产率通过提高……酶的活性而提高"功能的菌株，然而，正如说明书背景技术所述，"该酶的生理活性**几乎未知**"。虽然涉案专利获得了上述功能的菌株，但**并非只要属于埃希氏杆菌属或棒状杆菌**，在采用上述方法进行转化后，均能实现发明预期的技

---

❶ 国家知识产权局专利复审委员会. 以案说法：专利复审、无效典型案例指引［M］. 北京：知识产权出版社，2018：277 – 278.

术效果。权利要求 1 概括的技术方案得不到说明书的支持。❶

可以发现，上述无效决定即是从上位概括所涵盖的下位特征众多入手，分析了不同下位具有不同的特性，并回归到方案中，说明并不是各个下位都能实现预期的技术效果，从而得出权利要求概括不恰当的结论。

第二，与效果、联系紧。

如果说"选择多"是从说明书记载的下位以外的其他下位进行分析，那么，"与效果、联系紧"则是紧扣说明书记载的下位进行的分析。

如果说"选择多"是要说明其他选择不行，以此来证明仅有说明书中的下位"行"，即该下位是已知能实现预期效果的不二之选；那么，"与效果、联系紧"则更加直接，其目的是要通过与效果之间的因果关系的分析，直接证明说明书中的下位是实现预期效果的不变唯一。

例如，第 37170 号复审决定（ZL200780019411.3），涉案专利申请的权利要求 1 保护透皮治疗系统（TTS），其含有**活性物质**、导致该**活性物质不能使用**的**化学剂**和**媒质**。其中限定活性物质和化学剂在空间上彼此分开，所述媒质固定于 TTS 的外覆盖层内部，当从患者皮肤上**除去**所述 TTS 时，该媒质能够以**不取决于剥离方向**的方式，使所述**活性物质**与所述**化学剂**彼此**接触**进行化学反应，从而通过这种接触**破坏该活性物质**。

该复审决定认为，涉案专利申请实现发明目的的关键在于媒质具有上述所限定的功能。说明书记载通过以下方式实现上述功能：首先，媒质为**锋利材料**，以在揭除 TTS 时，能够**不取决于剥离方向**而**刺破**活性物质和化学剂之间的**间隔**；其次，化学剂采用**流动形式**（溶液）以**快速**而充分地**与活性物质接触**；最后，化学剂与活性物质之间存在**吸收性**的纤维层，保证**化学剂**短时间内**定向分布**，**启动**与活性物质间的**反应**，实现揭除时**破坏活性物质**的效果。❷

上述这三个特征，对于媒质**实现**所述**功能缺一不可**。不能证明除了上述特定方式之外的其他方式也能实现媒质的上述功能，达到预期的技术效果。由此，权利要求 1 得不到说明书的支持。

---

❶　国家知识产权局专利复审委员会. 以案说法：专利复审、无效典型案例指引［M］. 北京：知识产权出版社，2018：282.

❷　国家知识产权局专利复审委员会. 以案说法：专利复审、无效典型案例指引［M］. 北京：知识产权出版社，2018：283 - 284.

可以发现，上述复审决定通过技术分析，明确了说明书所记载的下位特征和实现预期效果之间，存在必然的因果关系，实现了对相关下位特征"与效果、联系紧"的判定，进而得出未对该下位特征进行限定的权利要求，上位概括不当的结论。

对于概括的支持，可以类比这样的例子来理解。如果一位大夫告诉你他的药能够对不同但类似的症状都能治，而且对不同的人来说，这同一个药都能起效，那么，这就是一个上位概括的治疗效果。但是这位大夫既不告诉你这个药物能够起到治疗效果的规律所在，又和你说这药可能对百分之六七十的人有效果，那么，就别信这个药能管用，更不能信这位大夫的话，即使他说一个月不见效退款60%也不能相信，可以判断，他就是个骗子。原因是，这个上位概括的治疗效果，得不到支持，其既没有针对不同人、不同症状都能起效的规律，又存在"能解决的不确定性"，这个上位概括的疗效的说法自然不能成立。这样看来，专利业务中所学到的知识，也能被实际生活所用，这也是"应用"的一种体现吧。

第 7 章

有原则、不教条、探真相、辨清楚

7.1 概　述

本章主要分析权利要求书的清楚问题。对于这个问题的分析，主要是从权利要求书在何种情况下是"不清楚"的角度进行的。克服了"不清楚"，权利要求书自然就"清楚"了。

在专利实务中，权利要求书的"不清楚"分为两种情况。一种情况是几乎不存争议的"不清楚"。这对应于《专利审查指南》在有关权利要求书"清楚"部分的相关规定。这种"不清楚"多为表达形式方面的，且由于在《专利审查指南》中有明确的规定，因此发现并克服此种"不清楚"，几乎没有什么难度。

另一种情况则是存有较多争议的"不清楚"。这种"不清楚"多争议于权利要求的文字表达是否真的如撰写者预期那样，明确表达出其所要限定的保护范围。文字表达是有局限性的，这种争议正是由于此种局限性所产生。

在专利撰写实务中，指导老师或者企业的专利审核人员，可能与专利代理师在权利要求是否"清楚"上产生分歧。

指导老师或企业的审核人员可能指出，基于权利要求的文字表达无法明确地确定其保护范围。他们会说，看不懂这个权利要求，或者，从哪里能看出这个权利要求就是我们所要保护的技术方案呢？

一些专利代理师听到这样的反馈后，可能会困惑甚至不服气。他们会认为："我撰写的权利要求所表达的含义已经足够清楚了，完全能够基于此确定出预期的保护范围；你看不懂这个权利要求是因为你没有好好看说明书或者对本领域的技术不熟悉，这个权利要求并没有不清楚的问题；再说了，即使真的存在权利要求不清楚的问题，也可以采用说明书来解释权利要求啊。"

尽管针对个案，不论是哪一方最终妥协，双方都会在是否清楚的问题上达成一致，但权利要求撰写过程中这种"不清楚"问题的争议却是始终存在的，由此成为撰写实务中的热点问题。又因为貌似双方好像都有道理，也使得这个问题成为一个难点问题。

实际上，在撰写过程中对于"不清楚"问题的争议，是对于专利申请文件质量负责任的体现。

专利申请文件不仅是为了获得授权，更为重要的是，要能够经得起后续专利被无效宣告请求的考验，能够在专利侵权诉讼、专利许可中发挥预期的作用。这个时候，前期撰写中对于"不清楚"的争论的作用，就能直接地体现出来。文字表达的局限性所导致的权利要求不清楚，尽管可能在专利实质审查过程中未被审查员所指出，但在专利无效宣告请求过程中，却很有可能被无效宣告请求方发现。他们可能基于权利要求文字表达的局限性或者漏洞，确定对他们有利的权利要求的保护范围，并基于此来针对这个权利要求发起创造性、不支持或者缺少必要技术特征的挑战。而在专利侵权诉讼或者专利许可谈判过程中，侵权方或被许可方则也可能将权利要求的保护范围确定为对其有利的保护范围，当然，这个保护范围并非专利权人之前预期要保护的保护范围。上述这些将保护范围确定为预期之外的保护范围，根源还是在于权利要求撰写过程中存在可能的"不清楚"的瑕疵。而这个瑕疵到底能不能被消除，还有没有机会通过口头讲解、书面陈述等方式将权利要求的保护范围回归到正常预期的保护范围上，存在很多的不确定性。从这个角度来看，在权利要求撰写过程中，尽可能地减少甚至消除文字表达局限性所带来的"不清楚"问题，是十分必要的。这也就是本章讨论"清楚"问题的目的所在。

正如前面所分析的那样，这一章对于"清楚"问题的讨论，更多的是为了在权利要求撰写过程中将"不清楚"的隐患减少甚至消除，为此，本章更多的是以代理师开展撰写工作的视角分析"清楚"或"不清楚"的问题。从这个视角来看，表达形式上的"清楚"和实质含义上的"清楚"都应该是撰写中应加以注意的"清楚"，因此，从体系的角度来说，本章将这两个清楚问题放在一起加以讨论。本章依据《专利审查指南》第二部分第二章第 3.2.2 节的相关规定，将权利要求书的"清楚"分为类型清楚、保护范围清楚、整体清楚三个类型，重点针对保护范围清楚中的实质含义上的"清楚"，加以分析。该分析依据《专利法》第 64 条第 1 款以及相关司法解释所规定的内容，分析思路可总结为"有原则、不教条、探真相、辨清楚"。

7.2　"清楚"问题的分析框架

正如前文所述，本章讨论的"清楚"包括表达形式上的"清楚"和实质含义的"清楚"，对应于《专利法》第 26 条第 4 款和第 64 条第 1 款的内容。

《专利法》第 26 条第 4 款指出：

> 权利要求书应当以说明书为依据，清楚、简要地限定要求专利保护的范围。

这是权利要求书清楚的原则性规定。

《专利法》第 64 条第 1 款指出：

> 发明或者实用新型专利权的保护范围以其权利要求的内容为准，说明书及附图可以用于解释权利要求的内容。

这是确定权利要求保护范围的原则性规定。

对于权利要求书的"清楚"，《专利审查指南》第二部分第二章第 3.2.2 节有更为详细的规定，其指出：

> 权利要求书应当清楚，一是指每一项权利要求应当清楚，二是指构成权利要求书的所有权利要求作为一个整体也应当清楚。

不难理解，上述规定指出，权利要求书的清楚，一方面是一项权利要求的个体清楚，另一方面则是所有权利要求作为一个整体的整体清楚。整体清楚是指权利要求之间的引用关系应当清楚，这通常容易做到，基本不存在难度和争议。实践中，对于权利要求书是否清楚的关注重点都在于权利要求的个体清楚。

关于权利要求的个体清楚，《专利审查指南》第二部分第二章第 3.2.2 节的相关规定如下：

> 首先，每项权利要求的类型应当清楚。权利要求的主题名称应当能够清楚地表明该权利要求的类型是产品权利要求还是方法权利要求。不允许采用模糊不清的主题名称。另一方面，权利要求的主题名称还应当与权利要求的技术内容相适应。

> 其次，每项权利要求所确定保护范围应当清楚。权利要求的保护范围应当根据其所用词语的含义来理解。一般情况下，权利要求中的用词应当理解为相关技术领域通常具有的含义。在特定情况下，如果说明书中指明了某词具有特定的含义，并且使用了该词的权利要求的保护范围由于说明书中对该词的说明而被限定得足够清楚，这种情况也是允许的。但此时也应要求申请人尽可能修改权利要求，使得根据权利要求的表述即可明确其含义。

从总结的角度来看，有关权利要求书的清楚，《专利审查指南》的规定中涉及三种类型，分别是：权利要求的类型清楚、权利要求的保护范围清楚，以及权利要求书的整体清楚。其中，保护范围的清楚当然是重点所在。为此，对于保护范围是否清楚，《专利审查指南》第二部分第二章第3.2.2节还从导致"不清楚"的原因给出了以下若干典型分类。

第一，用语的含义不确定，导致保护范围不清楚。

> 权利要求中不得使用含义不确定的用语，如"厚""薄""强""弱""高温""高压""很宽范围"等，除非这种用语在特定技术领域中具有公认的确切含义，如放大器中的"高频"。

第二，一项权利要求中限定出不同的保护范围，导致保护范围不清楚。

> 权利要求中不得出现"例如""最好是""尤其是""必要时"等类似用语。因为这类用语会在一项权利要求中限定出不同的保护范围，导致保护范围不清楚。当权利要求中出现某一上位概念后面跟一个由上述用语引出的下位概念时，应当要求申请人修改权利要求，允许其在该权利要求中保留其中之一，或将两者分别在两项权利要求中予以限定。

第三，边界模糊，导致保护范围不清楚。

在一般情况下，权利要求中不得使用"约""接近""等""或类似物"等类似的用语，因为这类用语通常会使权利要求的范围不清楚。当权利要求中出现了这类用语时，审查员应当针对具体情况判断使用该用语是否会导致权利要求不清楚，如果不会，则允许。

第四，使用括号可能导致的保护范围不清楚。

除附图标记或者化学式及数学式中使用的括号之外，权利要求中应尽量避免使用括号，以免造成权利要求不清楚。例如"（混凝土）模制砖"。然而，具有通常可接受含义的括号是允许的，例如"（甲基）丙烯酸酯""含有10%~60%（重量）的A"。

由于确定权利要求保护范围所产生的争议大多是由于权利要求所存在的撰写隐患所导致的，因此，著者将确定权利要求保护范围背后所对应的权利要求实质含义是否"清楚"的问题也纳入《专利审查指南》上述规定中的"保护范围清楚"中进行讨论。

7.3　保护范围是否清楚的分析

本节对权利要求保护范围是否清楚的分析，绝大部分是在确定权利要求保护范围的场景下进行的。也就是说，是针对权利要求实质含义是否清楚的讨论。

7.3.1　权利要求解释的原则

确定权利要求的保护范围涉及对权利要求的解释。解释权利要求有三种不同的原则，分别是中心限定原则、周边限定原则，以及对这两种原则加以折中的折中原则。我国以及很多国家都是采用折中原则对权利要求进行解释。因此，如果能够按照折中原则将权利要求解释为撰写时预期限定的保护范围，那么，这样的权利要求不具有实质含义不清楚的问题；相反，如果不能通过这样的解释得到预期限定的保护范围，则通常说明该权利要求存在实质含义不清楚的问题。

由于折中原则是对中心限定原则和周边限定原则的折中，因此，有必要对这三种原则简单加以介绍。

所谓周边限定原则是指：专利权的保护范围完全按照权利要求的文字内容确定，只有当被控侵权行为严格地从文字上重复再现了权利要求中所记载的每一个技术特征时，才被认为落入该权利要求的保护范围之内。若有任何一处不同，侵权指控就不能成立。❶ 采用周边限定原则的优点在于，能够准确地界定权利要求的保护范围，这个范围被权利要求的文字表述所确定，几乎没有伸缩的可能性，但同时这也带来了相应的缺点。如果基于周边限定原则确定权利要求的保护范围，那么就要求在撰写权利要求时，字斟句酌地考虑每个用词，这显然对权利要求的撰写提出了很高的要求，也给专利权人有效行使专利权制造了不小的困难。

中心限定原则在一定程度上与周边限定原则相反，其不再仅仅拘泥于权利要求的文字表达本身确定保护范围，而是认为专利权利要求的文字所表达的范围仅仅是专利权保护的最小范围，可以以权利要求书记载的技术方案为中心，通过说明书及其附图的内容全面理解发明创造的整体构思，将保护范围扩大到周边的一定范围。❷ 中心限定原则解决了周边限定原则所引发的缺陷，但其所带来的问题也是明显的。基于中心限定原则确定权利要求的保护范围，不确定性过强，这种保护范围的不确定性使得公众难以准确把握权利要求的保护范围，使得专利文件的公示作用难以达成。

折中原则是对周边限定原则和中心限定原则的折中。采用折中原则，既不会仅仅局限于权利要求的文字表达本身来确定保护范围，也不会像中心限定原则那样基于权利要求的文字表达对保护范围作不好控制的扩大，而是以权利要求的文字表达为基准，参考专利（申请）文件的整体内容，以本领域技术人员的视角确定权利要求的保护范围。折中原则由于克服了周边限定原则和中心限定原则的明显缺陷，因此，被我国和其他很多国家所采用。

以折中原则解释权利要求，从而基于解释结果判断权利要求是否存在实质含义不清楚的问题，总体上可以遵循有原则、不教条的精神进行。

---

❶ 尹新天. 专利权的保护 [M]. 2 版. 北京：知识产权出版社，2005：63.
❷ 尹新天. 关于发明和实用新型专利的保护范围 [J]. 知识产权，2001（5）：2.

7.3.2　有原则、不教条

7.3.2.1　不教条

先来分析一下"不教条"，这个比较简单。

顾名思义，所谓的"不教条"指的是，在确定权利要求的保护范围时，不能仅仅严格按照权利要求的文字记载，以机械的、教条的方式仅作咬文嚼字式的解释，这种解释方式不符合《专利法》第 64 条第 1 款的规定，以这种解释方式所得到的偏离预期的保护范围的解释结果，也不足以说明权利要求存在实质含义不清楚的问题。

例如，在第 20220 号无效宣告请求审查决定（ZL03103421.7）中，涉案专利的权利要求 1 要求保护一种缝纫机，其中限定：

"所述**驱动凸轮部件**和切线连接部件及压脚抬起连接部件"。

请求人认为：该权利要求 1 中使用了"**所述驱动凸轮部件**""**第一凸轮**""**第二凸轮**""**凸轮机构**"等**多个不同**的技术术语，因此，"**所述驱动凸轮部件**"**指向**不清楚。

该决定认为：由涉案专利说明书第 2 页第 9 ~ 11 行的记载内容可知，"**凸轮机构**"由"**第一凸轮**"和"**第二凸轮**"**构成**；而且，在说明书中"**凸轮机构**"同样采用了"**凸轮部件**"的**描述**；由于本领域技术人员可以确定涉案专利的"**凸轮机构**"为被驱动的部件，因此，**尽管权利要求 1 中使用了**"**所述驱动凸轮部件**""**第一凸轮**""**第二凸轮**""**凸轮机构**"等**多个不同的技术术语，但是**，根据权利要求 1 中多个术语的**逻辑关系**、**说明书**中的上述记载以及附图的相应**描述**，可以**毫无疑义地确定权利要求 1 中的**"**所述驱动凸轮部件**"**是指由**"**第一凸轮**"**与**"**第二凸轮**"**构成的**"**凸轮机构**"。❶

从该案例可以发现，请求人正是基于权利要求 1 的文字表述本身指出了该权利要求存在不清楚的问题。但如果仅仅基于文字表达本身，而对说明书所记载的内容视而不见，也不考虑本领域技术人员的认知能力，那么，由此所确定

---

❶ 国家知识产权局专利复审委员会. 以案说法：专利复审、无效典型案例指引［M］. 北京：知识产权出版社，2018：254.

的"不清楚"恐怕只是教条分析的产物。

该决定做到了"不教条"，通过分析说明书并利用本领域技术人员的认知，澄清了第一凸轮、第二凸轮和凸轮机构的关系，确认了凸轮机构和凸轮部件，以及驱动凸轮部件之间仅仅存在表述上的区别而实质含义相同，由此澄清了请求人所指出的"不清楚"的问题。

当然，尽管权利要求"不清楚"的问题被最终澄清，但仍然应该认识到，该权利要求存在不清楚的隐患。这一隐患甚至属于表达形式上的不清楚。即在该案的权利要求 1 中，对于同一事物采用了"凸轮机构""凸轮部件""驱动凸轮部件"三种不同的用词，这种用词的不统一完全应该在权利要求撰写过程中加以避免。

特别需要注意的是，不能因为该案例最终的结论是解决了"不清楚"的问题，就认为该案例中所体现的表述不严谨的问题可以被不加重视，更不应认为权利要求不清楚也没什么大不了，完全可以借助说明书解决这个问题。要知道，只有在权利要求存在"不清楚"瑕疵的时候，才需要借助于说明书解释权利要求。为何要让这种瑕疵存在呢，为何要寄希望于"亡羊补牢"式的解释呢？应当在权利要求撰写的过程中，尽可能地减少或消灭不清楚的问题才是正道。毕竟，不是所有的案件，都能采用说明书解释的方式澄清不清楚的问题，这在后续案例的分析中有很多的体现。

从这个角度来说，在撰写权利要求时，专利代理师应当做到**文字本身尽可能地严谨**。撰写时，倒是**不妨以适度教条**的方式，即**纯粹仅看权利要求文字本身，审视**一下权利要求的**表述**是否存在被错误解读的可能，如果有，则可以相应地修改权利要求的文字表达，以此来破坏以教条方式错误解释权利要求的可能性。

7.3.2.2 有原则

采用说明书解释权利要求的保护范围，当然不是没有限制地随意解释，应当遵循一定的原则进行。这个原则简单来说就是《专利法》第 64 条第 1 款中所说的"发明或者实用新型专利权的保护范围以其权利要求的内容为准"，也就是说，这种解释不能超出权利要求的内容。具体而言，这个原则是：采用说明书对权利要求进行的解释，不能将仅记载在说明书中的特征引入权利要求中。背离了这个原则，就不是对权利要求解释，而是对权利要求的修改了。

这个原则对于权利要求撰写的意义在于，不要寄希望于利用说明书进行解释，把权利要求中没有的特征活生生地解释出来，如果原本预期在权利要求中体现某个特征，那么本着"想写什么就写什么"的简单道理，把它写出来就好了。不要总想着权利要求能够被解释，就把该写出来的特征在权利要求中隐藏起来或作模糊处理。

例如，在第 26381 号无效宣告请求审查决定（ZL201320554852.6）中，涉案专利的权利要求 1 请求保护一种包括外环、中间凸环、内凸环等部件的吸盘罩。

该案的争议点之一在于，权利要求 1 中的"**外环**"，是否应当根据说明书描述的**技术效果**以及**具体实施例**，被解释为"**顶压在弹性胶体背部**的环状部"。

在涉案专利的说明书发明内容和实施例部分，均披露了**外环、内凸环**和中间凸环均**顶压**于弹性胶体背部的情形。即说明书中记载了上述期望被解释的内容。同时，涉案专利要解决的问题是"吸盘压力不够大"的技术问题，该技术问题对应的解决手段是"**顶压**"。由此，专利权人认为，基于该技术问题以及说明书实施例的记载，可以将权利要求 1 中的"外环"理解为"顶压于弹性胶体背部的外环"。

该决定认为：虽然说明书发明内容和实施例部分均披露了外环、内凸环和中间凸环顶压于弹性胶体背部的情形，但是，权利要求 1 的名称为"**吸盘罩**"，其中**并未**对**外环**与**独立于吸盘罩**的**弹性胶体**的**位置关系**进行限定。说明书中也**未明确排除**环状部**未顶压**在弹性胶体背部的结构。❶

因此，**不能**以解决"吸盘压力不够大"这一**技术问题的名义**，将权利要求中的"外环"理解为"顶压于弹性胶体背部的外环"。具有**没有顶压于弹性胶体背部的外环的吸盘罩**，**同样落入权利要求 1 的保护范围中**。

从该案例可以发现，对于并不存在于权利要求 1 中的特征，即外环"顶压

---

❶　国家知识产权局专利复审委员会. 以案说法：专利复审、无效典型案例指引［M］. 北京：知识产权出版社，2018：256.

于弹性胶体背部"，不能以利用说明书解释的方式而被引入权利要求中。即使能够基于逻辑主线的分析，确认该特征的确应该出现在权利要求 1 中，但其结论也只能是应该出现而没有体现。"有就是有，没有就是没有。"这个道理很简单，在权利要求的撰写过程中，应该加以注意。

7.3.3 歧义的消除

上文讲的是原则，下面则分别进行实质含义不清楚的具体分析。

"歧义"是权利要求撰写过程中经常提及的一个词。在撰写权利要求时，要尽可能地避免歧义，避免权利要求的保护范围被错误地解读。但由于文字表达的多样性和局限性，貌似"歧义"问题不是那么容易被完全地解决。那么，"歧义"的表现是什么，何时能够通过解释来消除"歧义"，在撰写权利要求时对于"歧义"的态度如何，这些是著者接下来要分析的内容。

7.3.3.1 歧义的表现

一般来说，歧义的表现为，相对于文字表达原本预期所要表达的含义来说，该文字表达还具有其他含义，这个其他含义由于并非预期要表达的含义，由此构成正确含义的歧义。

例如，在第 35532 号无效宣告请求审查决定（ZL201380070219.2）中，涉案专利的发明名称为"压电微型泵"。在涉案专利的权利要求 4 中，其进一步限定的附加技术特征为："所述第一阀体（15）还包括位于安装部（151）与开闭部（152）之间且分别与所述安装部（151）和开闭部（152）相连的**腰部**。"

对于"腰部"的含义，请求人认为："腰部"是指阀体安装部和开闭部之间的**连接部分**。专利权人则认为：腰部是指外形上**中部比两端细**的部分。

可以发现，双方对于"腰部"的含义产生了分歧。

涉案专利的说明书附图 2 给出了权利要求 4 所限定的阀体的结构，其中，151、152 和 153 分别对应安装部、开闭部和腰部，如图 3 所示。

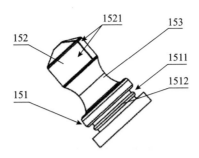

图3 专利 ZL201380070219.2 附图

从双方的观点来看，将"腰部"解读为哪一个含义，好像都符合一般文义的理解，由此，该案中出现了所谓的"歧义"问题。该决定对该"歧义"问题的意见为：

> 首先，从特征本身的字面释义出发，"腰部"一词，**既有**"指某物的中部或中间部分"，例如"半山腰"的释义，**又有**"指比两头窄或细的中部"的释义。**单从字面释义本身不能**当然地将该特征**唯一理解**为专利权人主张的含义。

可以这样理解，该决定首先明确了"腰部"的确存在含义上的不同，即前文所提及的"歧义"。接下来就是判断是否能够通过解释解决这个问题了。该决定继续指出：

> 其次，结合权利要求的上下文来看，权利要求4明确限定了"还包括位于安装部（151）与开闭部（152）之间且分别与所述安装部（151）和开闭部（152）相连的**腰部**。"而作为**权利要求4的从属权利要求5和6**，进一步**限定**了"所述腰部的壁厚小于所述开闭部的壁厚"和"所述腰部的**外轮廓**为从……的两端**逐渐向中间凹陷的凹弧状**"。因此，对本领域技术人员而言，**权利要求4的合理范围**应是强调在安装部和开闭部还包括一段作为**中间部位**的腰部，即并非开闭部与安装部直接连接，而**不是强调**腰部的**形状**。相应的腰部的**形状在从属权利要求5和6中**才进一步限定并以合理的方式为本领域技术人员所理解。

可以发现，该决定从权利要求之间的引用关系出发，基于对多个权利要求相互关系的整体理解，从本领域技术人员的视角确定出权利要求4中的"腰部"的含义合理范围。这里采用的是其他权利要求而非说明书完成解释工作，这样的解释方式同样是可行的。当然，该决定也结合涉案专利的说明书完成了解释工作，其指出：

> 最后，说明书中关于该阀体腰部有如下几处描述：
>
> 所述阀体还包括……**相连**的腰部，
>
> **而且**，所述腰部的**壁厚小于**所述开闭部的壁厚，增加腰部且腰部壁厚小于所述开闭部的壁厚，**不仅**可以便于开闭部的打开和闭合，**而且**具有缓冲吸能作用……
>
> **而且**，所述腰部设计为**凹弧状**，**不仅**降低了开闭部打开和闭合的阻力，**还**有利于提高低压阀体的疲劳强度。

结合上述几处描述可知，涉案专利的说明书也是在结构和效果上，对该腰部采用**递进关系进行了描述**。即**首先**是用于**连接**阀体的安装部和开闭部；而**凹弧状**是对其结构的**进一步限定**。

可以发现，该决定在利用说明书进行解释时，仍然依据的是对于"腰部"的不同描述之间的递进关系，这与上述依据不同权利要求引用关系进行解释的思路类似。

结合上述解释，该决定最终认为：在权利要求**没有具体的限定**的情况下，应将权利要求4的"腰部"**仅理解**为"连接开闭部和安装部的中间部位"。

该决定最终认可了请求人的观点，还原了权利要求4的保护范围真相。实际上，从"事后诸葛亮"的角度来看，估计此案的撰写者原本在权利要求4中所想表达的"腰部"的含义就是该决定最终所认定的含义。❶

对于歧义的表现，有一个问题需要进行补充，就是要注意区分歧义和上位概念。二者虽然都是一个文字表述对应于多个含义，但实质并不相同。

歧义所对应的多个含义，是其本身的多个含义。通俗来说，就是对某个文字表达可以解释为这个含义也可以理解为那个含义，这两个含义都是这个文字表达本身的含义。例如上述案例的"腰部"。

---

❶ 国家知识产权局专利局复审和无效审理部. 以案说法：专利复审、无效典型案例汇编（2018—2021年）[M]. 北京：知识产权出版社，2022：262－263.

上位概念虽然也对应多个含义，但该多个含义并非上位概念本身的多个含义，而是上位概念所包括的不同下位概念各自的含义。例如，餐具这一上位概念，尽管可以被理解为筷子，也可以被理解为刀叉，但这两个下位概念并非餐具本身的不同含义，餐具这一上位概念本身仍然是清楚的。

对歧义和上位概念加以区分的意义在于，不能将上述案例中的"腰部"理解为上位概念，从而认为其并不存在歧义的问题。"腰部"并不是"某物的中部或中间部分"与"比两头窄或细的中部"的上位概念，而是对这二者的模糊表达，这种模糊表达导致了歧义问题的出现。

7.3.3.2　通过解释来消除歧义

文字表达的局限性是很难被克服的，还好，我们还有对权利要求进行解释这一方式。如果能够借助"解释"，将所谓的存在歧义的文字表达确定为我们预期想表达的含义，那么，歧义问题也就被解决了，权利要求也就得以清楚了。需要注意的是，此时所依靠的是对权利要求的解释而不是引入特征的修改。

例如，在第30705号无效宣告请求审查决定（ZL00817905.0）中，涉案专利的权利要求1请求保护一种用于注入器的注射器，其中限定：**无论**所述注射器相对于所述注入器的**定向如何**，所述注射器均借助向后的轴向移动连接于所述注入器。

请求人认为：上述限定包括了注射器相对于注入器的"**定向**"和"**非定向**"两种情形。由此，"定向"属于权利要求1所保护方案的一个下位。

简单来说，请求人基于权利要求1的文字表达，将"无论定向如何"解读为可以定向也可以非定向这样的含义。貌似这样的解读好像也有道理。

该决定认为：按照**一般文义解释**，权利要求1中的"无论A相对于B的定向如何"所表达的含义是：不苛求A相对于B的定向方向，而不是表示A相对于B可以是"定向"或者"非定向"的。

该决定首先基于文字的一般含义进行解释，得出了与请求人不同的解释结论。但这并不能从根本上解决问题，因为请求人所解释的结果，貌似按照一般文义解释的方法解释也未尝不可。

由此，该决定结合涉案专利说明书的内容进行进一步的说明，其指出：

此外，说明书中的记载也验证了这一点，如说明书中记载"不必考虑注射器和/或注入器柱塞的特定方向"以及"不需要特别的方式定向注射器"。说明书还提供了**数十个实施例以释明如何在无需定向**的情况下，做到将注射器接入注入器中。

可以发现，该决定采用了说明书所记载的内容来说明、验证其一般文义解释结果的正确性。此时，说明书对权利要求的解释作用就被发挥了。

由此，该决定最后认为：

> 权利要求 1 由"**无论**所述注射器相对于所述注入器的**定向如何**"所限定的方案，应是"**无需**特别定向"所构成的方案，"定向"并不是权利要求 1 的下位方案。❶

在该案例中，由于文字表达的局限性使得权利要求中的文字表述被解读为撰写者预期之外的含义。这种可能性当然应该在权利要求撰写的过程中，尽可能地被发现并予以避免，但完全避免是不现实的。为此，需要在说明书中对相关的技术特征进行充分、清晰的描述，以使得在需要其解释权利要求时，说明书能够发挥其本应具备的解释能力，从而解决权利要求的文字表达被误读的问题。

7.3.3.3 能被解释但应注意避免的歧义

如果说权利要求中的一些文字表达的歧义是难以预料的，在撰写过程中难以被避免的话，那么，另一些文字表达所导致的歧义则属于完全可以在撰写过程中被发现且被避免的。这样的歧义主要是由于撰写过程中的不严谨、疏忽大意所导致的。

例如，在第 28581 号无效宣告请求审查决定（ZL201020693709.1）中，涉案专利的权利要求 1 请求保护一种毛边机，其中限定：

> 网篮摆动装置与网篮旋转装置通过同一传动机构驱动，带动网篮在**旋转**的**同时摆动**。

---

❶ 国家知识产权局专利复审委员会. 以案说法：专利复审、无效典型案例指引 [M]. 北京：知识产权出版社，2018：251.

仅从文字表达上来看，上述限定中，网篮的运动方式是一边旋转一边摆动，因为有"同时"存在嘛。但实际上，该限定所要表达的含义却并不是这样的。

该决定认为：

> 从**字面上看**，网篮的动作方式似乎为"**在旋转的同时摆动**"，即"**一边旋转一边摆动**"。

但结合涉案专利说明书记载的内容可知：

> 在……网篮**摆动的同时**，会带动……从齿轮摆动，造成从齿轮和主齿轮不断摆动**啮合**，在此情况下，**如果**……主齿轮**旋转**，会造成相互啮合的主齿轮和从齿轮**发生干涉**，使得主齿轮和从齿轮**不能正常工作**，甚至导致齿轮**损坏**。这意味着，如果按照**字面含义理解**，毛边机将**无法正常**工作，技术上**显然不成立**。

可以发现，该决定通过对说明书中的技术内容加以技术上的分析，基于技术上的矛盾，给出了上述字面含义理解显然不成立的结论，从而实现了对于上述字面含义理解的推翻。但这对于正确确定权利要求的保护范围是不够的，为此，该决定继续指出：

> **本领域技术人员**根据其掌握的机械传动常识可知：网篮的正常动作方式应当是摆动到一定位置**后**进行旋转。

此处，该决定结合本领域技术人员的知识，对权利要求的文字表述进行了符合本领域技术人员认知的解读，从而在推翻错误解读的基础上进一步给出了正确的解释，澄清了权利要求的保护范围。❶

回顾这个案例可以发现，这个案例中引发"不清楚"问题的核心在于"同时"一词的使用过于随意。想必撰写者在撰写时并没有将"同时"理解为"同步""一起""同一时刻"这样的含义，而是意图以"同时"来表达"和"的意思，即撰写者预期表达的含义既有摆动也有旋转，而这两个动作虽然均存

---

❶ 国家知识产权局专利复审委员会. 以案说法：专利复审、无效典型案例指引［M］. 北京：知识产权出版社，2018：257.

在，但不是一起进行的。对于"同时"这个表达，基于一般文义的理解，的确有"同一时刻"的含义，而这个含义是更容易被普遍接受的含义。在此情况下，撰写者应当在撰写时注意这一问题，审慎选择用词，对于这样的容易被发现且更容易被解读为预期之外含义的表达进行修改，避免在后续确定权利要求保护范围时，由于这样的不严谨或者随意的表达，导致大费周章地对权利要求进行解释。

7.3.3.4　撰写中对待歧义的态度

前面讲了那么多"歧义"的问题，撰写中对于歧义问题应是什么态度呢？这个态度可以分成两个方面。

一方面，对于撰写时可以较为容易发现的歧义，尤其是那些按照常规理解很容易被错误解读为其他含义的文字表达，还是应该尽可能地在撰写权利要求的过程中加以避免，以便尽可能地为后续确定权利要求的保护范围消除不必要的隐患。例如上文所分析案例中的"同时"。

另一方面，撰写中对于"歧义"的问题也不应过分苛责。一些所谓的"歧义"是明显基于对方利益所进行的曲解，这种曲解无法预期、不易成立，且能够通过对权利要求加以解释来消除。如果在权利要求的撰写过程中花费很多时间和精力考虑这种不确定性强的歧义，未免出现咬文嚼字式的钻牛角尖，得不偿失。更为重要的是，如果在权利要求撰写过程中，对于歧义问题过于苛责，那么难免会基于苛责的标准在权利要求中增加更多的限定以避免被曲解。这虽然会使权利要求看起来更为清楚，但可能产生权利要求被不必要地限缩保护范围的风险。这同样是舍本逐末的方法，并不可取。较为可取的方法是，在说明书中记载清楚方案的实现方式和发明构思，以此作为未雨绸缪的提前准备，形成针对无法预期的歧义问题的有效屏障。

7.3.4　隐含的澄清

前面提到了文字表达上的模糊化处理所导致的歧义问题，"隐含"则和模糊化处理存在异曲同工之处。在撰写实务中，专利代理师面对案件审核过程中被指出的不清楚问题，有时候会说，权利要求的文字表达中隐含了某些含义，基于这种隐含，权利要求并没有不清楚的问题。但实际上，真正能够靠隐含解决权利要求不清楚的问题，仅属少数情况。

7.3.4.1　确属隐含

确属隐含的情况有，但是特定的少数情况。

（1）避免重复而采用的隐含

这种情况指的是，权利要求中的某个特征未能以文字表达的方式体现，但实际上在该权利要求的其他部分已经体现出来了，只不过，对于所讨论的特征而言，其貌似隐含了内容而已。

从完整的观察权利要求的视角来看，这种隐含其实严格来说并不是"隐含"，基于对权利要求从整体上加以解释，自然能够将此种隐含予以澄清。

例如，在第 35297 号无效宣告请求审查决定（ZL201520396790.X）中，涉及名称为"板材上下料装置及手机玻璃加工中心"的实用新型专利。根据说明书的记载，涉案专利针对取放料时间长、生产效率低的缺陷，通过转动杆和转动块**一次 180 度的转动**，在加工台上实现了待加工板材和已加工板材的**快速换料**。

请求人认为：

涉案专利权利要求 1 所限定的方案中，**缺少转动杆"转动角度 180 度"**的必要技术特征。另外，证据 1 公开了搬运机械手绕支轴**转动 90 度**，在权利要求 1 中没有限定"**转动角度 180 度**"的情况下，权利要求 1 **不具有创造性**。

那么，涉案专利权利要求 1，**是否隐含了"转动杆转动角度 180 度"**这一内容呢？

该决定认为：

涉案专利权利要求 1 不仅记载了转动杆和转动块的技术特征，**还记载了**"用于承载转动机构在板材排列方向和上下方向运动的第一驱动机构"，以及"位于板材排列方向上设有用于对板材做进一步处理的**加工台**"。

本领域技术人员基于涉案专利权利要求 1 中具体限定的转动杆、转动块、**取放部**、加工台等位置及连接关系的技术特征，可以清楚地理解到：所述上下料装置通过**转动块前后两侧**的**取放部取放**板材。因而，所述**转动**

杆及其关联安装的**转动块**的**转动角度，应该为**能够实现所述**转动块**通过上述**两侧**的**取放部**在**加工台**进行已加工、待加工板材**取放换料**作业**所需的转动角度。**

即基于权利要求 1 限定的板材上下料装置的组成部件，以及**组成部件**之间的结构、**位置关系**的技术特征，结合权利要求上下文的**共同限定**，可以清楚地确定权利要求 1 涵盖的正是一种转动杆和转动块可以**转动 180度**，从而实现在加工台上便捷、高效地进行取放换料作业的技术方案。权利要求 1 **并不缺少**转动杆转动角度 180 度的必要技术特征，**不能**将转动角度**理解为任意角度。**证据 1 中的转动 90 度的工作方式，未公开涉案专利的相应特征。

从上述案例可以发现，尽管权利要求 1 中没有明确体现"转动 180 度"，但这一内容实际上已经通过该权利要求 1 中的其他特征共同限定出来了。因此，从表象上来看，该权利要求 1 隐含了转动 180 度的内容，但实质上，该内容已经在权利要求 1 的其他部分中能够被得以体现。通过对权利要求整体加以解释，能够完成所谓隐含内容的澄清。❶

（2）无须特别强调所使用的隐含

无须特别强调所使用的隐含，一种指的是无须特别强调否定性的内容所采用的隐含，另一种则是指基于本领域技术人员的知识所采用的隐含。

第一，关于对否定性内容的隐含。

权利要求中不能存在否定性的特征，因为，否定性的特征会导致权利要求的不清楚。因此，对于那些否定性的特征、内容，在某种程度上是只能以隐含的方式体现在权利要求中的，而对于这样的隐含的澄清，往往需要借助逻辑主线进行。

例如，在第 35080 号无效宣告请求审查决定（ZL201320636995.1）中，涉及名称为"注射器自动上料机和注射器包装生产线"的实用新型专利。

请求人认为：

---

❶ 国家知识产权局专利局复审和无效审理部. 以案说法：专利复审、无效典型案例汇编（2018—2021 年）[M]. 北京：知识产权出版社，2022：274 –275.

权利要求 1 中的"上下和横向移动装置"应理解为所述装置**可**进行上下和横向移动。而证据 1 中的驱动装置**也**包括**上下**和**横向**运动，只是在此基础上**还多了**个**转向**运动，因此，涉案专利的上下和横向移动装置被证据 1 公开。

专利权人认为：

涉案专利的"上下和横向移动装置"**仅**作上下和横向移动，**不包括旋转**运动，不同于证据 1。

该决定认为：

对权利要求技术术语的**理解**应当依据**说明书**的**整体描述**，对其所作出的**解释**，应当与发明创造的**发明目的相符**。根据说明书背景技术的记载，涉案专利要解决的技术问题是：柔性装料和传输结构较为复杂。涉案专利为此省略了**回转气缸**，将……驱动装置替换为柔带和柔带驱动装置。

至此，该决定通过借助于涉案专利的逻辑主线，澄清了涉案专利中并没有"回转气缸"，初步确认了运动不包括"回转"所对应的"旋转"运动。

该决定结合说明书实施例记载的内容，对上述初步结论进行了验证，其指出：

在说明书中进一步记载了，上下和横向移动装置包括吸盘水平驱动装置和吸盘上下驱动装置，分别驱动吸盘进行**水平移动和上下移动**。

在经过上述验证后，该决定得出结论：

可见，基于对说明书的整体理解，"上下和横向移动装置"仅做上下和横向移动，并不包括旋转运动。因此，对权利要求 1 中的"上下和横向移动装置"的理解，也应当符合发明目的，即该装置**不包括旋转运动**。而证据 1 中的吸盘由水平驱动装置、**回转气缸**以及……被从生产线的侧旁移动到生产线的型腔上，属于涉案专利**明显排除的方案**。由此，证据 1 **并未公开**涉案专利的相应技术特征。

在上述案例中，"不包括旋转运动"即是否定性的内容，这种内容通常不应出现在权利要求中，在说明书逻辑主线清晰且有对应实施例记载的情况下，

可以借助对权利要求的解释澄清对该否定性内容的隐含，这种隐含并不会导致权利要求的不清楚。❶

第二，关于相关技术领域表达习惯所形成的隐含。

一些文字表达在所述技术领域中，往往具有特定的含义，由此，不能仅仅基于文字表达本身来理解其所要表达的含义，而是应当以本领域技术人员的视角，基于其所掌握的技术常识，确定该文字表达在所属技术领域的含义。

例如，在第 27263 号无效宣告请求审查决定（ZL201220314651.4）中，涉案专利权利要求 1 要求保护一种燃气表断电保护电路。该权利要求 1 的前序部分有这样的限定：

第一二极管（D1）的负极与燃气表的 MCU 连接；

在该权利要求 1 的特征部分进一步限定如下：

第一二极管（D1）的负极**经截断电路**与第一电容（C1）正极**连接**，第一电容（C1）**经接地**的**放电电路**与所述 MCU **连接**。

请求人认为：

有关 D1 和 MCU 的连接关系，上述**前序**部分的限定和**特征**部分的限定存在**矛盾**，因此，权利要求 1 中的 D1 和 MCU 的**连接关系不清楚**。

不难发现，请求人基于权利要求 1 的文字表达本身，将前序部分中 D1 和 MCU 的连接解读为二者的直接连接，而对于特征部分的连接，则也是基于文字表达本身，将其解读为二者经过 C1 而间接连接，由此指出 D1 和 MCU 的连接关系存在矛盾之处，权利要求 1 存在不清楚的问题。

该决定认为：

在电子电路领域，"**连接**"一词表示元件与元件、器件与器件之间进行电气连接和电信号传递，**并不意味着**必须"**直接连接**"而在电路上**不能存在**其他的**中间器件**。因此，前序部分的"连接"一词，并不意味着 D1 和 MCU 之间必须"直接连接"，其和特征部分的特征**并不矛盾**，并且，权利要求 1 中的方案**与说明书**及说明书附图公开的**具体实施方式**一

❶ 国家知识产权局专利局复审和无效审理部. 以案说法：专利复审、无效典型案例汇编（2018—2021 年）［M］. 北京：知识产权出版社，2022：260 – 261.

致，因此，权利要求 1 的保护范围是清楚的。

可以发现，该决定恰恰是从涉案专利所属的电子电路领域出发，以该技术领域的常规表达习惯解读"连接"一词的含义，避免了教条地仅基于文字含义的语文解读，实现了在技术领域场景下对文字表达含义所隐含的内容的澄清，正确确定了权利要求的保护范围。❶

需要注意的是，尽管前面给出了可以澄清隐含内容的几种情况，但是，能够将隐含内容予以澄清从而使得权利要求满足清楚要求的情况，仅属少数，甚至可能仅局限于上述所列出的特定的少数。在撰写权利要求的过程中，最好还是不要总抱着在权利要求中可以隐含相关内容的想法，应将那些本应写出的内容写出来，尤其是对于涉及本发明改进的发明点而言，更是如此。当然，考虑到权利要求表述的简洁性，对那些与发明点无关的现有技术的特征，予以较为概括的描述甚至是隐含一些内容，貌似也是可以的。

7.3.4.2　并非隐含

这里主要讨论上位概念能否实现隐含的问题。

先说结论，一般来说，上位概念是不能实现对下位概念的隐含的。即不能基于上位概念的文字表达，认为其隐含了与之对应的下位概念，并以该下位概念来确定权利要求的保护范围。原因之前已经讲过：如果这种隐含成立的话，那么，对这样的隐含的澄清，实际上就是将该上位概念所在的权利要求中未曾记载的下位概念的特征引入其中，这种引入新的技术特征所进行的权利要求的解释，违反了权利要求的解释原则，不符合《专利法》第 64 条第 1 款中"保护范围以其权利要求的内容为准"的要求。

然而，实践中，一些代理师可能刻意地在权利要求中采用所谓的上位概念来隐含原本要表达的真实含义，而将该真实含义的解释任务，转嫁给从属权利要求、说明书所记载的下位概念，甚至转嫁给本发明的发明构思来完成。通过以下案例可以发现，这样的"解释"通常行不通，以这样的思路撰写的"隐含"内容的权利要求，基本上是不清楚的。这样的权利要求仅仅是表面范围

---

❶ 国家知识产权局专利复审委员会. 以案说法：专利复审、无效典型案例指引 [M]. 北京：知识产权出版社，2018：267.

大，实则是一个"不清楚"的权利要求，其体现的大范围仅仅是一个纸老虎，一捅就破。

由此，如下所介绍的"隐含"，都是一个带引号的假隐含。

（1）不能基于说明书记载的下位概念解释上位概念的"隐含"

这个问题所对应的案例，在前面已经分析过。

在第 26381 号无效宣告请求审查决定（201320554852.6）中，涉案专利权利要求 1 保护一种包括外环、中间凸环、内凸环等部件的吸盘罩。对于该权利要求中的"**外环**"，是否应当根据说明书描述的**技术效果**以及**具体实施例**，解释为"**顶压在弹性胶体背部**的环状部"。该决定认为：

> 虽然说明书发明内容和实施例部分均披露了外环、内凸环和中间凸环均顶压于弹性胶体背部的情形，但是，权利要求 1 的名称为"**吸盘罩**"，其中**并未**对**外环**与**独立于吸盘罩**的**弹性胶体**的**位置关系**进行限定，**不能**将权利要求中的"外环"理解为"顶压于弹性胶体背部的外环"。

在该案例中，可以将"外环"理解为属于一个上位概念，而所谓的"顶压于弹性胶体背部的外环"则属于该上位概念所包括的下位概念。尽管在说明书中记载了该下位概念，但也不能认为权利要求中的"外环"这一上位概念由此隐含了该下位概念。实际上，"外环"和"顶压于弹性胶体背部的外环"属于具有上下位关系的两个不同特征，这种"不同"决定了"外环"并未也不可能隐含"顶压于弹性胶体背部的外环"这样的含义。❶

（2）不能基于从属权利要求进一步限定的下位概念解释上位概念的"隐含"

在实践中，可能有这样的情景，某位审核老师问代理师，独立权利要求的某个特征是什么意思，这位代理师一通解释。尽管解释得挺清楚，但是审核老师说，"你解释出来的内容在这个独立权利要求里面没写啊，这个权利要求不清楚。"该代理师可能觉得很冤，他会想："我解释出来的内容明明就写在从属权利要求了啊，你看看从属权利要求不就解释清楚独立权利要求了吗。"该代理师的这种想法通常是不对的，尤其是对于被解释的内容属于上位概念，解

---

❶ 国家知识产权局专利复审委员会. 以案说法：专利复审、无效典型案例指引［M］. 北京：知识产权出版社，2018：256.

释的内容属于下位概念的情况。

例如，第 52619 号无效宣告请求审查决定（ZL20122062485.0）说明了这个问题。该决定涉及名称为"一种悬挂式水下推流器"的实用新型专利。

请求人认为：权利要求 1 中的"悬挂式固定杆"被证据 1 中的固定杆公开。

专利权人认为：权利要求 1 中的"悬挂式固定杆"是指其下端部与水池底部连接，且上端是**可以活动**的连接结构。由此，证据 1 并未公开该特征。

可以发现，专利权人强调了悬挂式固定杆上端是可以活动的连接结构，而证据 1 中的固定杆并非如此，由此认为权利要求 1 中的悬挂式固定杆未被证据 1 公开。当然，在权利要求 1 中对"可以活动的连接结构"并未加以文字记载，权利人实际上是想通过对权利要求 1 加以解释，得出这一内容。当然，这一内容是有处可寻的，其出现在从属权利要求 2 和 3 中。这与此处所要讨论的以从属权利要求的内容来解释独立权利要求，在场景上就契合了。

该决定认为：

> 首先，权利要求 1 中的"悬挂式固定杆"，并未具体限定其是固定连接还是活动连接。其次，涉案专利说明书实施例中，实现悬挂式固定杆可活动连接的技术特征……仅体现在从属权利要求 2、3 中，并未限定在权利要求 1 中。最后，当固定杆设置为悬挂式时，同样能够解决本实用新型所要解决的问题。由此，权利要求 1 中的"悬挂式固定杆"，应被理解为其通常含义，只要悬挂起来即可。

该决定没有赞同专利权人对权利要求 1 的解释，其首先基于"并未具体限定"明确了"悬挂式固定杆"属于上位概念；其次基于从属权利要求对独立权利要求的引用，一方面明确了"悬挂式固定"和"悬挂式固定杆可活动链接"之间属于上下位关系，另一方面对"悬挂式固定杆可活动链接"这一下位概念未记载在权利要求 1 中再次加以强调；最后基于方案的发明构思，该决定对"悬挂式固定"的确不包括"可活动连接"这一隐含内容加以验证，最终得出了对于"悬挂式固定杆"不能采用下位概念加以理解的结论。❶

---

❶　国家知识产权局专利复审和无效审理部. 以案说法：专利复审、无效典型案例汇编（2018—2021 年）［M］. 北京：知识产权出版社，2022：258 –259.

从这个案例中可以清晰地发现，采用从属权利要求中限定的下位概念解释与其所对应的上位概念的含义，作所谓的隐含的澄清，是行不通的。

（3）不能基于发明构思解释上位概念"隐含"了下位概念

实践中可能还会出现这样的情形，代理师在解释独立权利要求所限定的方案时，会基于说明书中所记载的逻辑主线进行。他会强调，虽然独立权利要求中并未对相关技术特征以文字的方式进行明确限定，但该技术特征是解决本发明所要解决的问题所必须采用的手段，独立权利要求中仅是对该技术特征进行隐含了而已，结合本发明的逻辑主线，完全可以将这个隐含的内容解读出来，这种隐含完全可以借助对专利申请文件的整体理解而予以澄清。这个观点也是有问题的。简单来说，如果这个观点成立，那么估计所有的缺少必要技术特征的审查意见都不复存在了。以下结合具体案例进行分析。

在第 26515 号无效宣告请求审查决定（ZL201020010229.0）中，涉案专利的权利要求 1 保护一种表面光整加工自动线，其中限定了"所述**双滚筒光饰机与振动光饰机同时存在**"。

专利权人认为：权利要求 1 中的"双滚筒光饰机与振动光饰机同时存在"的含义是：分别对较大和较小零件**同时**进行表面光整**处理**。

当然，专利权人解读的"同时处理"这一含义，在权利要求 1 中并没有文字记载。要注意的是，在该案中，"同时处理"对应于双滚筒光饰机与振动光饰机的**并联连接**。或者可以这样理解，当这两个光饰机并联连接时，才能实现这两个光饰机对不同零件的同时处理，而如果它们是串联连接，则只能实现依次处理。

该决定认为：

根据说明书的记载，涉案专利中，要解决"分别对较大和较小零件**同时**进行表面光整**处理**"这一技术问题，**必须**将双滚筒光饰机与振动光饰机**并联连接**，使两者分别对较大和较小零件进行处理。然而，权利要求 1 仅限定"所述**双滚筒光饰机**与**振动光饰机同时存在**"，并**未限定并联排布**方式。由于同时存在并不等同于并联排布，串联排布也是一种具体的同时存在方式；而若采用串联排布方式则**不足以解决上述技术问题**。因此，**认为权利要求 1 的技术方案"可对较大和较小零件同时进行处理"**，是将**权利要求** 1 中的"同时存在"**限缩理解**为"并联连接",这实质上是**不恰当地引**入仅在说明书中记载的"并联连接"的技术特征。

从该决定的内容可以发现,该决定从方案的逻辑主线出发,确认了"并联连接"属于解决问题的必要技术特征,但该决定没有基于此将权利要求 1 解读为存在该必要技术特征的方案,而是明确了"同时存在"和"并联连接"之间的上下位关系,基于此否定了以下位概念解释上位概念的解释思路,将这种解释定性为"不恰当的引入技术特征"。❶ 从这个案例可以得出,在撰写独立权利要求时,应当使独立权利要求的内容能够贴合逻辑主线,即独立权利要求中包括解决本发明所要解决问题的各个必要技术特征;不应该反过来,把独立权利要求写得残缺不全,然后寄希望于用逻辑主线把它解释清楚。不论是明显的缺少必要技术特征,还是隐蔽的缺少必要技术特征,都应加以注意。

总结来说,隐含能够得以成立,需要的是被解释的对象和解释的结果之间是一个等于关系。存在这种等于关系,才能借助于对权利要求的解释,将隐含于文字表达中的内容澄清出来。而对于上位概念而言,其与相应的下位概念之间并非属于等于关系,而是前者包含后者的不等于的关系。这种不等于的关系决定了上位概念不可能隐含相应的下位概念内容。在隐含不成立的情况下,无论是借助谁来解释,都不能把权利要求中实际并未隐含的内容解释出来,即使强行进行解释,也是不符合权利要求解释原则的解释,而是引入新的特征的修改。

至此,实质含义的"清楚"问题已经基本讨论完毕,其中主要涉及歧义的消除和隐含的澄清。下面对表达形式的"清楚"问题进行讨论。

7.3.5　表达形式的"清楚"问题

7.3.5.1　笔　误

由于权利要求的撰写是由人完成的,是人撰写就难免犯错误,因此权利要求中可能出现笔误。

笔误最好不要出现,但出现了笔误不是不可挽回,如果能够针对笔误的文

---

❶　国家知识产权局专利复审委员会. 以案说法:专利复审、无效典型案例指引 [M]. 北京:知识产权出版社,2018:255.

字表达，唯一地确定真实的含义，那么，可以实现对笔误的纠正，确定权利要求原本要保护的保护范围。其中，笔误的定性和唯一性的确定是关键所在。

例如，在第 12816 号无效宣告请求审查决定（ZL200520058768.0）中，涉案专利的权利要求 1 保护一种压砖机用布料设备，其包括：

> 分别与各个供料仓**相连接**，并可**输送**各个**供料仓**到规定位置的控料输送带。

请求人认为：

> 从字面来看，**权利要求 1** 中的**供料仓**与控料**输送带相连接**，控料输送带可**输送**各个**供料仓**到规定位置。但根据**说明书**的描述可知，控料输送带与供料仓并**未连接**，并且，输送带仅**输送**供料仓中的**色料**（而非供料仓）到规定位置。因此，**权利要求 1** 限定的输送带与供料仓连接的**方案**，是所属技术领域技术人员**无法实施的方案**。

对于上述内容可以稍加解读。涉案专利的权利要求 1 的文字表达表明，输送带和各个供料仓连接，而且，输送带用来输送供料仓到规定位置。这个文字表达所体现的意思，已经有些奇怪了，怎么可能是输送带直接连接到供料仓上，并且输送供料仓呢？进一步对比涉案专利的说明书，则发现其记载的并不是这样的方案。涉案专利说明书所记载的方案，输送带没有与供料仓连接，输送带所输送的也仅是供料仓中的色料而非供料仓本身。这个方案貌似是更为合理的方案。

上述矛盾意味着权利要求可能存在撰写上的笔误，那么，这个笔误能否被消除呢？

该决定认为：

> 所属技术领域的技术人员**能够知晓**说明书和权利要求的记载存在**矛盾**。

从这点来看，该决定认可了请求人所指出的矛盾之处，但该决定恰恰也是基于这个矛盾，作为后续确认笔误、纠正笔误的缘起。仅有矛盾，貌似只是一个导火索，其既能导向笔误的纠正，也能导向权利要求不支持等其他问题，为此，需要将这个缘起明确为是笔误纠正的缘起。

由此，该决定继续指出：

> 在申请文件记载的整体信息的基础上，所属领域技术人员**能够认识到**，控料输送带**不应当**与供料仓**连接**而随着供料仓一起前进。

通俗来说，该决定的上述内容，将所谓的矛盾定性为明显错误，而正是因为错误的明显性，才使得其可以作为笔误纠正的真正缘起。这里，关键的要素在于所属领域技术人员能够认识到。实际上，即使稍有技术常识的人恐怕都能知道，输送带是不应与供料仓直接连接并随之一起前进的，这明显违背一般的技术常识。这种矛盾（错误）的明显性，使得可以将权利要求的相关文字表达被确认属于笔误，而不是用以限定另一保护范围的文字表达。在确认了笔误的性质后，才有可能进行正确含义的解读，也就是笔误的纠正。由此，该决定整体指出：

> 在申请文件记载的整体信息的基础上，所属领域技术人员**能够认识到**，控料输送带**不应当**与供料仓**连接**而随着供料仓一起前进，**而是**应当布置在供料仓**下面**，同时"输送带辊动将供料仓中的**色料带出**"。

该决定基于之前给出的笔误定性，结合申请文件说明书的记载，给出了对权利要求所保护方案的正解。该决定最后指出：

> 因此，所属领域技术人员基于其掌握的知识，能够识别出权利要求1的表述存在**错误**，并且能够根据说明书和附图得到**唯一**、 **合理**的信息。在此情况下，权利要求1的上述表述应当被理解为：分别与各个供料仓**相邻**，并可输送各个供料仓中的**色料**到规定位置的控料输送带。

此处，该决定不仅强调了纠正笔误所基于的信息应当"唯一、合理"，而且某种程度上给出了笔误的产生原因，即在该案中，由于拼写疏忽，将"相邻"错误地写成了"相连接"，可能是在撰写"供料仓的色料"时，漏写了"色料"。如果能给出这样的笔误产生的原因，那么对于确认笔误并予以纠正，显然是更有帮助的。❶

---

❶ 国家知识产权局专利复审委员会. 以案说法：专利复审、无效典型案例指引［M］. 北京：知识产权出版社，2018：257.

7.3.5.2 特定术语问题

权利要求在表达形式上出现"清楚"与否的争议，还可能是由于其文字表达所想体现的含义并非该文字表达的通常含义。这对应于《专利审查指南》第二部分第二章第3.2.2节的规定：

> 权利要求的保护范围应当根据其所用词语的含义来理解。一般情况下，权利要求中的用词应当理解为相关技术领域通常具有的含义。在特定情况下，如果说明书中指明了某词具有特定的含义，并且使用了该词的权利要求的保护范围由于说明书中对该词的说明而被限定得足够清楚，这种情况也是允许的。但此时也应要求申请人尽可能修改权利要求，使得根据权利要求的表述即可明确其含义。

当然，基于《专利审查指南》的如上规定，如果在说明书中对于权利要求中的相关词语作出了特别的定义，那么，这是能解决权利要求不清楚的问题的，但是要注意，说明书中的相关内容的性质应是定义，而非举例。

（1）属于定义

如果权利要求的文字表达所想体现的特定含义，在说明中以定义的形式进行了描述，或者说明书所描述的该特定含义本质上属于定义而非下位举例，那么，可以借助说明书中的特定含义描述澄清权利要求的不清楚问题。当然，如果条件允许，最好针对权利要求的该文字表达进行修改，采用说明书中的特定含义解决该文字表达所带来的不清楚问题。

例如，在第40682号复审决定（ZL200710154555.1）中，涉及一种补偿曲轴信号内的干扰的方法。该专利申请的权利要求中有"**实际**阶段""**理想**阶段"两个用词。❶

基于这两个用词，恐怕只能明确一个阶段是实际的阶段，另一个阶段是理想的阶段，至于这两个阶段到底是什么样的阶段，恐怕仅仅基于"实际""理想"的通常含义是无法得出的。换个角度来说，"实际阶段""理想阶段"即

---

❶ 国家知识产权局专利复审委员会. 以案说法：专利复审、无效典型案例指引［M］. 北京：知识产权出版社，2018：260.

使能够基于其通常含义将其理解为实际的阶段和理想的阶段，这也没有表达出该文字原本预期要表达的含义，这种文字表达在其所体现含义上的未达预期，也可以说是一种不清楚的结果。当然，如果在说明书中对于上述不清楚的文字表达有特别的定义，那么，不清楚的问题则可以被解决，该案即是此种情况。

该复审决定认为：涉案专利**说明书**第 4 页第 6 ~ 7 行以及第 18 ~ 19 行明确指明："**实际**阶段通过监视曲轴以及因而转子经过参考角度而转动的时间来确定"，"**理想**阶段为曲轴将在其内转动给定角度而不会遭受任何干扰的阶段"。可见，**说明书**中**明确**指明了两者具有的**特定含义**。结合所述**特定含义**，所属领域技术人员**能够准确理解**权利要求保护的技术方案，权利要求的**保护范围**因说明书中对于上述两个用词的明确说明，也被**限定得足够清楚**。

可见，该决定基于说明书中对于"实际阶段""理想阶段"均给出了特定含义的说明，对权利要求中的这两个用词进行解释，从而得出权利要求清楚的结论。不难发现，"实际阶段""理想阶段"与说明书中所明确指出的特定含义之间，是一个定义的关系。即二者是一个相等的关系。这种相等关系的存在，才能使得以说明书中的内容解释权利要求的文字表达。在某种程度上，"实际阶段""理想阶段"可能只是一个代称，其用来代指说明书所指出的特定含义。当然，在权利要求中采用这种代称不太合适，其会带来权利要求不清楚的问题，需要采用说明书解释的方式作"亡羊补牢"式的弥补。需要特别注意的是，如果说明书中的相关内容和权利要求的文字表达之间不是如上的定义关系，而是以举例形式出现的上下位关系，那么，采用说明书中的内容解释权利要求以解决其不清楚的问题，往往就行不通了。

（2）属于举例

在撰写说明书时，为了避免保护范围被不必要的限缩，代理师往往很喜欢使用"可以是"这样的表述。其意在说明"可以是"后面的内容仅仅是举例而已，并不用来限制权利要求的保护范围。这样的写法通常是奏效的，但要分清对象。如果对于上位概念进行下位实现的举例，自然采用"可以是"比较妥当或者应当，但如果是想对权利要求中的某个文字表达作定义式的解释说明，而非下位实现的举例，那么，"可以是"就是不妥当甚至是有害的。

例如，在第 18982 号无效宣告请求审查决定（ZL03112744.4）中，涉案专利权利要求 1 保护一种钢砂的生产工艺，其中包括多个用词，例如外形具有

棱角的轴承钢料、**破碎**。

专利权人主张：

> 应根据涉案专利说明书的记载，将权利要求 1 中的"外形具有**棱角**的轴承钢料"理解为："**块料**或**板料**"，将"**破碎**"理解为："使用**颚式破碎机**或**颚式破碎机**的粗碎级（而且是轧碎），而后用辐式破碎机**细碎级**"。

不难发现，在该案中，专利权人主张采用说明书解释权利要求。尤其对于"破碎"这一表达而言，专利权人想采用说明书中所记载的特定含义进行解释。

该决定认为：

> 涉案专利**说明书**中**虽然**出现了"轴承钢料**可以是**一种块料也可以是一种板料"，以及，"对于……边角废料**可以先**采用……破碎机将其**轧碎成小块，而后**……**细碎**成钢砂"，但这些表述均采用"**可以是**"的示例方式，对应的是**下位概念**或**具体实施方式**，并非对于技术名词的明确**定义**。由此，**不能依据说明书对权要中的相应用词作限缩性的理解**。

从该决定的观点可以发现，其对于说明书中的相关内容明确并非属于定义，而得出这一结论的重要依据就在于，说明书中相关内容的表述均采用了"可以是"这一示例方式所对应的表达。在说明书中相关内容属于下位概念或者具体实施方式的情况下，自然就不能用它们解释权利要求，因为，这实际上是以下位特征替换上位特征的修改，而非利用定义含义对文字表达的解释。❶

当然，在该案中，"可以是"仅仅是一个明显的线索而已，即使没有采用"可以是"的表达方式，从技术特征之间的实质含义进行分析，估计也不难得出说明书中的内容属于下位举例的结论。例如，"轴承钢料"与"**块料**或**板料**"之间就具有明显的上下位关系。在撰写实践中应该注意的是，如果的确是想在说明书中对权利要求的相关文字表达作定义式的解释，那么，至少不要采用"可以是""例如是"这样的举例式的表述方式，这既与定义解释这一原本要完成的目标相悖，又会对后续采用说明书中的特定含义的描述解释权利要

---

❶ 国家知识产权局专利复审委员会. 以案说法：专利复审、无效典型案例指引 [M]. 北京：知识产权出版社，2018：260 – 261.

求的文字表达造成不必要的麻烦。简言之，"可以是"虽然好，但是也应结合实际情况、实际需求辩证地使用，不应一股脑地在说明书中均采用"可以是"这一表述方式。

7.3.5.3 其他典型

表达形式上的不清楚还包括《专利审查指南》给出的几种典型情况，分别是程度词可能导致的不清楚、边界不清所导致的不清楚、限定多个保护范围所导致的不清楚以及使用括号可能导致的不清楚。这些"不清楚"的类型，基本上不是实质含义的不清楚，而是由于在表达形式上的不谨慎、不规范所导致的不清楚。

（1）程度词可能导致的不清楚

程度词多表现为形容程度的形容词。由于对程度的形容无法准确地量化，因此权利要求中采用程度词通常会导致出现"不清楚"的问题，但这也不绝对，要视程度词表达含义的属性来定。

第一种，程度词表达的是绝对的程度。

绝对的程度在这里是一个自造词，它的含义是，程度词所想表达的含义的确就是程度，且这个程度并不是一个相对于其他参照对象的程度，由此把这样的程度称为绝对的程度。

当程度词被用来表达绝对的程度时，权利要求会由此出现不清楚的问题。

例如，在第 23742 号无效宣告请求审查决定（ZL200420091540.7）中，涉案专利权利要求 1 保护一种防电磁污染服，其中限定：所述服装在面料里，设有由**导磁率高**而无剩磁的金属细丝。

很容易发现，该权利要求 1 中所采用的导磁率高的表达中，使用了"高"这样的程度词，而针对这个"高"又不存在相应的参照物准确地限定何谓"高"，由此，对于达到何种标准就属于"高"，该权利要求没有进行清晰的限定，由此导致权利要求出现不清楚的问题。

针对权利要求 1 中**"导磁率高"**是否属于**含义不确定**的技术术语，该决定认为：

> 如果权利要求中包括**含义不确定**的词语，且结合**说明书**、所属领域的

公知常识以及相关的**现有技术**，**仍不能确定**该词语的**具体含义**，则应认为该权利要求的保护范围**不清楚**。

这个案例未免太简单了吧，实则并非如此。著者采用这个案例，当然一方面是要对程度词导致的不清楚进行举例，另一方面，则是要对之前所讲的内容进行回顾。我们先来看一下该决定对该权利要求如何"不清楚"的具体分析，该决定指出：

> 所属领域公知，**导磁率**有**绝对**导磁率和**相对**导磁率之分，根据具体条件的不同，还涉及**起始导磁率**、**最大导磁率**等概念。涉案专利的说明书中，**既没有**介绍是**绝对**导磁率还是**相对**导磁率，**也没有记载导磁率高的具体范围**。由此，难以确定导磁率高的具体含义，权利要求1的保护范围不清楚。

可以发现，该决定的上述内容只对"高"这一程度词进行了一笔带过的说明（可能是由于"高"在"不清楚"上的表现过于明显了），而是大篇幅地针对导磁率进行了分析。其指出导磁率有不同类型，而权利要求1中的导磁率这一表述并未明确是哪个类型的导磁率，这导致了导磁率高的具体含义无法被明确。❶ 这里有一个问题，是否可以把"导磁率"理解为不同类型导磁率的上位概念呢？毕竟，不论是哪种类型的导磁率，都叫导磁率。这么说来，作为上位概念的"导磁率"实际上是从范围上包括了多个属于下位概念的不同类型的导磁率，并不存在难以确定属于是哪一个导磁率的问题，"导磁率"所导致的"不清楚"问题是否就被解决了呢？

答案是否定的，原因之前其实已经讲过了，当然也包括对于什么是上位概念的认识，请读者自行复习和思考吧。

第二种，程度词表达的是相对的程度。

不能教条地、一刀切地仅基于表象进行判断，前文已经提及过。实际上，这是一个贯穿于专利各项实务问题的基本原则，在"程度词"是否导致不清楚的问题上，同样如此。实践中，不能一看到程度词就认为权利要求存在不清楚的问题，因为，严格来说，不清楚最终的落脚点并不在用词而是权利要求的

---

❶ 国家知识产权局专利复审委员会. 以案说法：专利复审、无效典型案例指引［M］. 北京：知识产权出版社，2018：268.

保护范围。如果权利要求中表象上出现程度词，但权利要求的保护范围却不会由此出现不清楚的问题，那么，程度词自然也是可以被使用的，这种情况多对应于程度词表达的相对程度而非绝对程度的含义。

简单举例来说，当采用"高电平"这一表述时，尽管也出现了"高"这一程度词，但此时的"高"是一个相对于"低电平"的"低"的高，而非描述高矮程度的高。因此，在具有明确参照物"低电平"的情况下，"高电平"是一个相对程度的表述，甚至严格来说根本就不是有关程度的表述，其并不存在不清楚的问题。

（2）边界不清所导致的不清楚

实际上，权利要求保护范围的不清楚都可以被称为边界不清所导致的不清楚，因为权利要求的作用在于在所要保护的方案和现有技术方案之间，画定清晰边界。此处的边界不清是一个狭义的边界不清，特指权利要求在表达形式上采用了"约""接近""等""或类似物"这样的模棱两可的表述形式，这种表述形式使得在确定权利要求的保护范围时，所画的边界线可能只是一个模糊的边界线，这种模糊导致无法实现准确地确定权利要求的保护范围。比如，当权利要求采用了"约"这一表述的时候，到底"约"到哪里，哪里不算"约"了；采用了"接近"这一表述的时候，到底接近到什么程度算接近，什么程度不算接近，这些都是模糊的概念，无法被准确地确定，由此使得权利要求保护范围的边界到底画到哪里，变成了一个只可意会不可言传的问题。

但情况不都是如此，要知道，在确定权利要求的保护范围时，是由所属领域技术人员完成的。如果对于上述例如"约""大致"这样的表述，所属领域技术人员能够根据本领域的认知，明确确定相应的保护范围，那么，即使在权利要求中出现了上述模糊的文字表达形式，权利要求仍然是清楚的。

例如，在第29834号无效宣告请求审查决定（ZL200620057997.5）中，涉案专利的权利要求1保护一种防止漏油的直流无刷风扇，其中限定：

轴套上端设有**内径较转轴外径略大**的供转轴插入轴套的**穿透孔**……

可以发现，在该权利要求1中，对于尺寸关系采用了"略"这一表达形式。"略"和"约"、"大致"的情况是类似的，都是一种模棱两可的表达，那么，这一表达形式，是否会导致权利要求不清楚呢？

该决定认为：

> 涉案专利在轴套内装有轴承和转轴，轴套上端穿透孔的内径，首先必须保证轴承和转轴能够**插装到位**，并且能够**相互配合**。所属领域技术人员基于权利要求 1 的描述，以及所具备的知识和能力，能够理解并确定：**转轴和穿透孔**的**配合关系**，以及 "略大" 所要表明的**尺寸关系**。因此，此处的 "略大" **不会**导致权利要求 1 保护范围**不清楚**。

从该决定的观点可以看出，并不是所有的 "略" "约" "大致" 都会导致权利要求的不清楚。当权利要求采用这样的表述时，权利要求是否清楚，重点还是要从所属领域技术人员的视角来加以分析。❶ 在该决定的上述内容中，恰恰就是引入了所属领域的技术人员，结合其所具备的知识和能力，明确了其可以理解并确定 "略大" 所要表明的尺寸关系。但问题是，这个尺寸关系到底是一个什么样的尺寸关系呢？这个尺寸关系还真是只可意会不可言传。严谨来说，就是在所属领域的技术人员中，大家都可以意会的尺寸关系，但是无法加以准确界定并用文字表达出来的尺寸关系。正因为这个尺寸关系在所属领域中可意会，才使得那个看似不准确的文字表达的含义可以被准确地确定。换句话说，正因为相关内容具有只可意会不可言传的属性，才使得在权利要求中迫不得已采用了例如 "约" "略" "大致" 这样看似模糊的表达方式，但因为它们所要表达的含义在所属领域中已经被意会，最终落在权利要求保护范围的确定上，这样的表达并不会导致权利要求保护范围的不清楚。

（3）限定多个保护范围所导致的不清楚

这个问题在《专利审查指南》中已经有明确的规定。

出现在一个权利要求中同时限定多个保护范围，一种情况是在该权利要求中既有上位概念的限定，又有针对该上位概念的下位概念的限定，此时，上位概念和与之对应的下位概念分别限定了两个不同的保护范围。当然，一个范围大、一个范围小，这带来的问题是，权利要求的保护范围到底是大的保护范围呢还是小的保护范围呢？这种对保护范围的无法抉择导致了权利要求的不清

---

❶ 国家知识产权局专利复审委员会. 以案说法：专利复审、无效典型案例指引 [M]. 北京：知识产权出版社，2018：269.

楚。从表达形式上来说，如果权利要求中的一个上位概念的特征后面采用了"例如""最好是""尤其是"这样的表述，那么基于这种表述形式即可确定该权利要求限定了上位概念和下位概念所对应的两个不同的保护范围。当然，即使未采用这样的表述形式，从实质上来说，权利要求针对同一对象同时采用了上位概念和与之对应的下位概念进行限定，那么，同样会导致权利要求的不清楚。

一个权利要求中限定了不同的保护范围的另一种体现则是，权利要求中限定了不同情况下的不同方案。例如，权利要求中采用了"必要时"这样的条件假设式的表述，这实际上就是限定了满足条件时和不满足条件时这两种情况下的两个不同方案。从文字表达的含义来看，权利要求中"必要时"后续的特征，仅是满足必要条件这一情况下所应具备的特征，那么，当然存在非必要时，在满足这个条件时，"必要时"后面所限定的特征也就不复存在了，这使得该权利要求实际上限定出了"必要时"和"非必要时"两种情况下所对应的两个方案，形成了两个保护范围，从而导致该权利要求不清楚。当然，"例如""最好是""尤其是"这样的表述，实际上也能体现出该权利要求限定了不同情况下的不同方案，只不过，这几个表述更多的是表达前后内容之间属于上下位关系而已。

《专利审查指南》对上述问题已经规定得足够清晰，但限定多个保护范围的情况不仅局限于《专利审查指南》所给出的示例。以下是对另一种限定多个保护范围导致权利要求不清楚的案例进行说明。

第 113756 号复审决定（ZL201410319236.1）涉及的专利申请的权利要求1 要求保护一种高强度叶片的制造方法，其中限定：所述叶片的材质，以重量百分含量由以下组分构成：

Al：26% ~32%，Ni：2.53% ~4.21%……Ni：0.08% ~0.15%……

不难发现，在该权利要求 1 中，对于 Ni 的含量，进行了两次不同的数值范围的限定，就是因为这两个不同的数值范围的限定引发了对该权利要求 1 是否清楚的争议。

对于是否存在不清楚的问题，复审请求人认为：

上述两个数值范围所限定的技术方案，均可分别解决技术问题。同时，所属领域技术人员看到存在**两个 Ni 含量时**，必然会想到两者要么是

"和"要么是"或"的关系。按照**常规做法**，当采用"**和**"的关系时，**通常不会**在权利要求**中写两遍**，而是会将两者直接相加。因此，利用**排除法，可以确定**此处的两者之间应当**是"或"**的关系。

可以发现，复审请求人首先基于方案的逻辑主线进行了解读，初步确定了两个数值范围之间是"或"的关系的可行性。之后，结合常规做法，以排除法的方式明确了两个数值范围之间是"或"的关系。复审请求人的观点不能说没有道理。但如果能够在撰写权利要求的时候，避免想当然、减少疏忽大意，也就不会出现这样勉为其难解释的情况了。以"事后诸葛亮"的视角来推测，估计是该权利要求的撰写者，在撰写时想当然地认为出现两个 Ni 含量时，二者之间的关系自然就是"或"，自然，相应地顿号也就能体现出是"或"而非"和"。或者，撰写者可能根本没有想到，会针对两个 Ni 含量到底是什么关系加以质疑。这种想当然、疏忽大意要不得，这个案例的复审决定意见就是最好的例证。

该决定认为：

权利要求 1 中对于 Ni 元素限定了两个含量，所属领域技术人员**不清楚**两个 Ni 元素**含量之间的关系，也不清楚**在叶片材质的整体百分含量中 Ni 元素组分的**具体含量是多少**。

可以发现，尽管复审请求人基于"常规做法"进行了解释，并采用排除法排除了"和"的可能性，但这些努力都没有奏效。该决定显然没有采纳复审请求人的观点，仍然坚持认为不能明确两个含量之间的关系，进而认为权利要求不清楚。那么，这里到底限定了哪两个保护范围呢？可以这样理解，一个保护范围是"和"的关系所限定的保护范围，即方案中 Ni 的含量是前后两个数值范围的求和；而另一个保护范围则是由"或"的关系所限定的保护范围，即以列举的方式，限定了两个方案，由这两个方案完成概括限定了一个保护范围。至于复审请求人所解释的"常规做法"以及所采用的"排除法"，想必只是撰写权利要求时的方法，是撰写层面的认知，不是所属领域技术人员所掌握的知识和能力，估计由此不能获得复审审查员的认可。这也能说明，基于撰写上的习惯来消除撰写的失误，不是一个可行的办法。再说，真正的撰写习惯也不应是不严谨的习惯，而应是一个严谨、准确的撰写习惯。当然，复审请求人的观点没有被接受，还有一个很重要的原因，专利申请文件的说明书中没有能够支持复审请求人观点的内容。该决定对此指出：

> 即使**参考说明书**中关于叶片材质组分的**表述方式**，也**无法确定**权利要求 1 中的取值**究竟是哪个含量范围**。因此，权利要求 1 中的两个 Ni 元素含量的表述，导致权利要求 1 的保护范围**不清楚**。

可以推测得知，该案的说明书中对于 Ni 含量的描述，很有可能采用的是与权利要求相同的表述方式，即两个数值范围之间仅仅是以顿号分隔，没有明确二者到底是"和"还是"或"的关系。这种与权利要求相同的表述方式，造成了想解释权利要求，却无法在说明书中找到对应的依据。❶ 这可以说明，对于某个技术方案，如果采用完全相同的表述，在权利要求中写一遍、发明内容中写一遍、在具体实施方式中再写一遍，危害有多大，当然，也能反过来说明，说明书到底应该如何撰写。

对于括号所可能引发的权利要求不清楚的问题，《专利审查指南》已经有正反两个方面清晰的规定了，此处就不再重复说明了。

7.3.5.4　特别提示

这个特别提示所涉及的问题很简单，但是对应的情况还是挺普遍的，那就是权利要求中采用"第一""第二"这样的表述的问题。

很多时候，代理师为了不对权利要求的保护范围进行不必要的限定，会采用"第一""第二"这样的词语作为动作、设备、部件的定语。有些时候，这样的表述方式能够起到清楚限定保护范围且避免不必要地限缩保护范围的作用，但如果滥用"第一""第二"，则有可能造成权利要求的不清楚。

例如，在第 36991 号无效宣告请求审查决定（ZL201310334568.2）中，涉及名称为"用于对无线装置的位置进行定位的系统"的发明专利。

涉案专利的从属权利要求 3 为：

> 3. 如权利要求 1 所述的系统，其进一步包括：

---

❶ 国家知识产权局专利复审委员会. 以案说法：专利复审、无效典型案例指引 [M]. 北京：知识产权出版社，2018：273 – 274.

用于从所述第一基站、**第二基站**和**第三基站**中的至少一者，接收第一定位、**第二定位**和**第三定位**中的至少一者的装置。

涉案专利的权利要求 1 中包括第一基站，但其限定的特征中没有第二基站和第三基站。

请求人认为：

权利要求 3 中的**第二基站**、**第三基站**含义**不清楚**，不清楚为**协作基**站，还是非协作基站，或是**其中之一为协作**基站而另一个为非协作基站。另外，**第二定位**和**第三定位**的具体**含义不清楚**。分别接收这些定位，是用于**估测大致定位**，还是**改良定位估测**也不清楚。

该决定认为：

从属权利要求 3 引用权利要求 1，**权利要求 1 除第一基站和非协作基**站外，没有记载其他类型基站，也**没有任何关于第二基站**和**第三基站**的**限定**。同时，**说明书中也没有任何涉及第二基站**和**第三基站**的**记载**。本领域技术人员**无法得知第二基站和第三基站的**具体含义，进而，也**无法得知第二定位和第三定位**具体用于进行**何种估测**。由此，权利要求 3 不清楚。

笼统来说，该决定认为权利要求 3 中所采用的"第一""第二""第三"导致了权利要求的不清楚。当然，造成这种不清楚的原因不仅在于权利要求没有清晰地限定第二、第三基站到底是什么，而且在于说明书中也没有对其进行相关的解释。[1] 换个角度来看，是不是在说明书中进行了解释，就能把权利要求的不清楚问题解决了呢？这种目标可能可以达到，但即使真的能够达到这一目标，也不意味着该案的权利要求 3 的撰写就不存在问题。应该认识到，这一目标的达成，是在权利要求已经存在不清楚问题的前提下，采用说明书加以解释来解决这一问题。不清楚的问题的存在本身就是一个隐患，在撰写权利要求时，应当考虑的是如何消除这个隐患，而不是以能事后补救为借口，放任这种隐患的存在。

---

[1] 国家知识产权局专利局复审和无效审理部. 以案说法：专利复审、无效典型案例汇编（2018—2021 年）[M]. 北京：知识产权出版社，2022：284 – 285.

第**8**章

哪有预料不到的"技术效果"，
只有"预料不到"的技术效果

好了，终于快写完了。

如果你看到这里还没有觉得累，那就出现了预料不到的效果。这一章，恰恰就是要讨论专利创造性判断中需考虑的预料不到的技术效果。

预料不到的技术效果，是创造性判断中需要考虑的因素。这一因素在电学、机械领域专利（申请）的创造性判断中涉及较少，更多的是用在化学、生物领域专利（申请）的创造性判断中。这与化学、生物领域的技术特点有关。写这句话的意思在于，如果你是电学、机械领域的专利代理师，这一章的内容不看也罢。

8.1 "效果"仅是表象，"预料不到"才是核心

8.1.1 《专利审查指南》对"预料不到的技术效果"的定义

在《专利审查指南》第二部分第四章第 5.3 节提到了预料不到的技术效果，具体规定如下：

> 发明取得了预料不到的技术效果，是指发明同现有技术相比，其技术效果产生"**质**"的变化，具有**新的性能**；或者产生"**量**"的变化，超出人们预期的想象。这种"质"的或者"量"的变化，对所属技术领域的技术人员来说，事先**无法预测**或者**推理**出来。

这可以被认为是《专利审查指南》对"预料不到的技术效果"的定义。

8.1.2 对"预料不到的技术效果"定义的解读

8.1.2.1 "效果"的类型仅是分类依据

对于这个定义要注意的是，不要仅仅把目光投向"效果"所对应的"质变"和"量变"上，简单地认为只要有这两个方面的变化就能构成"预料不到的技术效果"。实际上，质变和量变这样的效果改变，仅仅是外在表象而已，它们仅仅是预料不到的技术效果的分类依据，而一般的技术效果同样可以按照质变和量变进行分类，由此，它们并不是预料不到的技术效果这一特殊技术效果的成立要件。

8.1.2.2 "预料不到"才是核心、才是成立条件

预料不到的技术效果中的核心是"预料不到"，它才是预料不到的技术效果的成立要件。这从上述对"预料不到的技术效果"的定义中可以清晰地发现。

在上述定义中，针对"质"的变化，紧跟着就说明"具有新的性能"，由于"新"意味着之前并不存在，自然对应预料不到。针对"量"的变化，则紧接着就直白地说明要"超出人们预期的想象"，这自然也对应"预料不到"。在该定义的最后，针对质变和量变进行总结时，则再次强调这两种变化"事先**无法预测**或者**推理**出来"，这还是对应"预料不到"。从这样的多次强调中可以发现，在"预料不到的技术效果"中，"质变""量变"仅是表现形式、仅作为载体而存在，而"预料不到"才是真正的核心、本质。

8.1.2.3 仅是程度更高的技术效果并非"预料不到的技术效果"

上述分析的意义在于，不能仅仅依据技术方案产生了程度较高的"质变"或"量变"的效果，就得出该方案具有预料不到的技术效果，这实际上是对"预料不到"这一核心要素的漠视，由此所确定的所谓的预料不到的技术效果，由于并不满足上述定义中"预料不到"这一核心、本质的要求，因此很有可能并不是真正意义的预料不到的技术效果，充其量只是一个加强版的显著

的进步而已。而仅以加强版的显著的进步,是不能得出发明具备创造性的结论的。

8.2 不能将"预料不到的技术效果"作为仅是程度更高的技术效果加以使用

8.2.1 不能以"预料不到的技术效果"作为加强版的"显著的进步"得出具有突出的实质性特点

8.2.1.1 结合《专利审查指南》第二部分第四章第5.3节规定内容的分析

《专利审查指南》第二部分第四章第5.3节的规定,不只有上述对于"预料不到的技术效果"的定义,还有如何在创造性判断中使用"预料不到的技术效果"的相关规定,其指出:

> 当发明产生了预料不到的技术效果时,**一方面说明发明具有显著的进步**,**同时**也反映出发明的技术方案是非显而易见的,具有突出的实质性特点,该发明具备创造性。

(1)可能的解读

结合《专利审查指南》规定的上述内容,对于"预料不到的技术效果"在创造性判断中的使用方法,可能出现如下的解读。

《专利审查指南》中提到,"当发明产生了预料不到的技术效果时,**一方面说明发明具有显著的进步**",这表明"预料不到的技术效果"是"显著的进步"的一种特定表现形式,是更高程度的技术效果,而后续的"**同时**也反映出发明的技术方案是非显而易见的,具有突出的实质性特点",则体现出可以从作为"显著的进步"的特定表现形式的"预料不到的技术效果",**推导**得出方案是具有突出的实质性特点的。

由上述可能的解读,产生了一种不再使用"三步法"即可完成创造性判断的新的判断方法。

这个新判断方法的思路是这样的：按照类似于显著的进步的证明方式，确定出本发明方案具有较之于一般的有益效果程度更高的技术效果，从而得出方案具有作为"显著的进步"的特例的"预料不到的技术效果"，进而，以这样的程度更高的显著的进步，推导得出本发明方案具有突出的实质性特点，从而最终得出本发明方案具有创造性。这样的新的判断方法完全没有用到"三步法"，也不需要对技术特征进行分析，只需要证明本发明方案的技术效果的有益程度更高，貌似更为简单高效。

（2）可能的解读并不成立

实际上，结合《专利审查指南》的上述规定，并不能解读出上述新的判断方法，这可以从三个方面进行说明。

首先，预料不到的技术效果并非程度更高的显著的进步，这在对于"预料不到的技术效果"的定义的分析中，已经进行了说明。上述可能的解读基础恰恰在于将预料不到的技术效果视为程度更高的显著的进步，在该基础不成立的情况下，自然该解读不能成立。

其次，从标题的角度讲，"当发明产生了预料不到的技术效果时，**一方面说明发明具有显著的进步，同时**也反映出发明的技术方案是非显而易见的，具有突出的实质性特点，该发明具备创造性"这一内容，更为根本的归属于"判断发明创造性时需考虑的**其他因素**"。顾名思义，"预料不到的技术效果"仅仅是创造性判断时所考虑的"因素"，而非完整的判断方法。上述解读却基于"因素"得出新的判断方法，由此是不妥当的。

最后，从上述规定的语义角度分析，对于《专利审查指南》第二部分第四章第5.3节提到的"当发明产生了预料不到的技术效果时，**一方面说明发明具有显著的进步，同时**也反映出发明的技术方案是非显而易见的，具有突出的实质性特点，该发明具备创造性"这一内容，按照常规中文习惯应被解读为："预料不到的技术效果"对于突出的实质性特点以及显著的进步这两个结论的成立来说，都能起到有效证明的作用。简言之，"预料不到的技术效果"不是单独指向"显著的进步"，而是对于"突出的实质性特点"和"显著的进步"这两个并列的对象，都能起到促使其成立的效果。上述"可能的解读"中将预料不到的技术效果单独指向"显著的进步"，也是不妥当的。

由此，作为创造性判断中所特殊考虑的因素而存在的"预料不到的技术效果"，实际上并非程度更高的显著的进步，更不能基于这样的程度更高的显著的进步得出具有突出的实质性特点的结论。

8.2.1.2　结合《专利审查指南》第二部分第四章第 6.3 节规定内容的分析

当然，上述以程度更高的显著的进步作为预料不到的技术效果，进而以这样的显著的进步推导得出具有突出的实质性特点，可能存在另一依据。该依据是《专利审查指南》第二部分第四章第 6.3 节的如下规定：

> 按照本章第 5.3 节中所述，如果发明与现有技术相比具有**预料不到的技术效果**，则**不必再怀疑**其技术方案是否具有**突出的实质性特点**，可以确定发明具备创造性。

这一规定内容貌似是更为直接、明确的依据，这一规定内容可能被如此解读：在发明相对于现有技术产生了程度更高的显著的进步（预料不到的技术效果）时，则该发明的技术方案必然（不必再怀疑）具有突出的实质性特点。

不难发现，这一可能的解读仍然是延续了将"预料不到的技术效果"视为程度更高的显著的进步这一认识。这一认识不能成立在前文中已经进行的分析。更为重要的是，上述解读的结果，实际上是在突出的实质性特点和显著的进步之间建立了因果关系，这种因果关系也是不能成立的。

尽管在创造性判断的实务中，更多的是关注突出的实质性特点，而对于显著的进步往往只作少量的分析，但这仅仅是这两个要素对于创造性判断的影响程度的高低之分，并非在这两者之间存在因果关系。

《专利审查指南》中并没有明确地规定从突出的实质性特点可以得到显著的进步这样的因果关系。实际上，突出的实质性特点和显著的进步是创造性判断都要考虑的因素，二者之间是并列关系。基于二者之间是并列关系，且不存在从突出的实质性特点可以得出具有显著的进步这一方向的因果关系，显然，从显著的进步（即使是特例的显著的进步）得出具有突出的实质性特点这一反向的因果关系，自然也就不可能成立。由此，上述提及的可能的解读结果并不正确。

当然，《专利审查指南》第二部分第四章第 6.3 节规定的内容是一个整体，其还有如下的内容：

> 但是，应当注意的是，如果通过本章第 3.2 节中所述的方法，可以判断出发明的技术方案对本领域的技术人员来说是**非显而易见**的，且能够产生**有益的技术效果**，则发明具有突出的实质性特点和显著的进步，具备创造性，此种情况下**不应强调**发明是否具有**预料不到的技术效果**。

完整地看《专利审查指南》**第二部分第四章第 6.3 节**的内容可以发现：其在着重强调**不强求所有的创造性都具备"预料不到的技术效果"**，其根本目的并不是在规定显著的进步和突出的实质性特点之间的因果关系。

对于"如果发明与现有技术相比具有**预料不到的技术效果**，则**不必再怀疑**其技术方案是否具有**突出的实质性特点**"这一内容，如下的解读可能是更为可行的。

"预料不到的技术效果"，是**在突出的实质性特点的评价体系中**需考虑的因素，如果在突出的实质性特点的判断中，能够对"预料不到的技术效果"进行确认，那么，不必再对是否具有突出的实质性特点进行怀疑。进一步的，具体到突出的实质性特点的"三步法"判断中，上述规定中提到的"不必再怀疑"是指，如果能够利用"三步法"的第二步和第三步确定出区别特征在本发明中所能达到的效果是预料不到的技术效果，甚至可以不必再细致地进行第三步的常规判断，即可得出具有突出的实质性特点的结论。

8.2.2 "预料不到的技术效果"中的效果程度不能作为独立判断依据完成创造性的判断

与将"预料不到的技术效果"作为加强版的显著的进步这一观点相区别的，有观点可能指出：

预料不到的技术效果并非显著的进步的加强版，其是作为独立的一个判断依据而存在的。其一旦成立，则一方面说明发明具有突出的实质性特点，另一方面说明发明具有显著的进步。如此，在特定的技术领域，即使没有采用"三步法"进行判断，只要能够确认方案具有预料不到的技术效果，同样可以确定出方案具有突出的实质性特点进而确定方案具备创造性。

这实际上是《专利审查指南》针对特定技术领域所给出的进行突出的实

质性特点判断的另一判断体系,该判断体系可以替代"三步法"这一判断体系。该判断体系的优势在于只需进行效果的判断,而无须进行技术特征的分析。

这一观点所解读的判断方法同样存在瑕疵,这恰恰是其所认为的优势所在。

首先,上述新的判断方法的核心在于不进行特征的分析,而只是进行效果程度的判断,如此才具有所谓的"优势"。但仅仅分析效果,充其量只能分析得到效果的程度更强,这势必又重新回到"预料不到的技术效果"是加强版的显著的进步的老路上,从而出现前文分析过的判断错误。

其次,上述新的判断方法,强调其优势在于只进行效果的程度判断而无须进行特征的分析,这可能造成将创造性的判断和新颖性判断相混淆。从某种程度来说,创造性问题是新颖性问题的进一步延伸,是在承认具备新颖性的前提下,进一步针对所存在的区别特征进行的判断。仅将技术方案与最接近的现有技术进行效果上的比较,哪怕是进行是否具备程度更高的效果上的比较,也只是在新颖性判断中进行技术效果层面的比较,这样的判断结论充其量只能完成新颖性的判断,原本要完成的创造性的判断任务无法被完成。

再次,从实际操作的角度来讲,如果按照上述判断方法,仅仅进行效果的程度判断,实际面临的问题是无法对效果的程度是否达到"预料不到"的标准进行准确的证明。直白的说,有益效果高到什么程度就是预料不到了,这个程度是完全无法界定的。这使得上述仅依靠效果不依靠特征而使用"预料不到的技术效果"证明具备创造性,成为一个一厢情愿的判断方法、一个在使用有效性上属于玄学的判断方法。大篇幅的仅分析效果的程度而不进行特征的分析,甚至可能被认为属于创造性判断中对于"预料不到的技术效果"的滥用。

最后,如果按照上述方法进行创造性判断时,仅进行效果的判断而不进行特征的分析,则创造性的判断容易变成仅对**事后声称的**、**可变的结果**的评价。这可能造成专利申请人为了获得授权,在申请日后牵强地解释出所谓的"预料不到的技术效果",而这样的技术效果并非其在申请日前的发明构思所对应的技术效果。以这样的"预料不到的技术效果"为依据确定具备创造性,一方面无法完成对于申请日前发明人提出的发明构思进行评价的判断目标，也会使得创造性判断的结论不客观、不稳定。

由此，至少能够得出这样的结论：只进行效果的程度判断而不进行特征的分析，从而确定具有预料不到的技术效果进而得出具有突出的实质性特点，并非能够替代"三步法"完成突出的实质性特点判断的新的判断方法。

当然，"预料不到的技术效果"属于创造性判断时需考虑的其他**因素**，作为一个因素，其也不足以构成一个完整的判断方法，如此也就谈不到其和"三步法"是并列关系，更谈不到其能够在特定情况下替代"三步法"来完成突出的实质性特点的判断。实际上，"预料不到的技术效果"和"三步法"之间，是一个局部和整体、特殊和一般的关系。

8.3 用"三步法"分析"预料不到的技术效果"

在只分析效果的程度不分析特征行不通的情况下，要采用"预料不到的技术效果"进行创造性的判断，貌似只有兼顾效果和特征这一条路了，而突出的实质性特点判断中所采用的"三步法"，恰恰是同时考虑了这两个对象的判断方法。由此可以初步得出这样的结论，"预料不到的技术效果"是在采用"三步法"进行突出的实质性特点判断中需要考虑的特殊要素，其在"三步法"的体系中能够被较为有效地证明和使用。

8.3.1 "预料不到的技术效果"在"突出的实质性特点"的判断中考虑更为有效

严格来说，预料不到的技术效果是能够在突出的实质性特点和显著的进步这两个判断中都可能发挥效用的特殊因素。这从《专利审查指南》第二部分第四章第5.3节的如下内容可以得到验证：

当发明产生了预料不到的技术效果时，**一方面说明发明具有显著的进步，同时**也反映出发明的技术方案是非显而易见的，具有突出的实质性特点，该发明具备创造性。

基于前文的分析，上述内容体现出预料不到的技术效果对于显著的进步以及突出的实质性特点的确定，都能发挥作用。但是，对于"预料不到的技术效果"这一特殊因素的证明以及利用其在创造性判断中发挥特殊作用，却主要出现在突出的实质性特点的判断过程中。

如前文所述，仅仅确定技术效果的程度更高，难以确切地证明技术效果属于预料不到的技术效果。此外，基于存在常规的技术效果，也能得出具有显著的进步的结论。因此，预料不到的技术效果在显著的进步的判断中，并不能发挥其作为特殊因素所应起到的特殊作用。

而突出的实质性特点的判断，兼顾了特征以及特征的效果进行分析，以此来完成是否具有技术启示的判断，通过这样的技术启示层面的分析，能够更为有效地对"预料不到的技术效果"中的"预料不到"这一核心要素进行分析和证明。从发挥特殊作用的角度讲，在突出的实质性特点的判断中，"预料不到的技术效果"属于可以便捷证明不具有技术启示的特殊情况，且可以借助其在一定程度上避免以"事后诸葛亮"的判断方式错误判断得出存在技术启示，由此能够发挥其特殊的作用。

从《专利审查指南》的相关规定中，也可以解读出"预料不到的技术效果"在突出的实质性特点的判断中发挥作用的结论。《专利审查指南》第二部分第四章第 6.3 节规定：

> 按照本章第 5.3 节中所述，如果发明与现有技术相比具有**预料不到的技术效果**，则**不必再怀疑**其技术方案是否具有**突出的实质性特点**，可以确定发明具备创造性。

如前文已经解读的那样，这一规定的内容可以被解读为：在突出的实质性特点的判断中，一旦能够确定存在预料不到的技术效果，则不必再怀疑方案是否具有突出的实质性特点。

8.3.2 "预料不到的技术效果"是"三步法"中可以考虑的因素

将"预料不到的技术效果"应用于"三步法"的判断中，可以有如下的理由。

首先，从"预料不到的技术效果"的定义来看，其核心在于"预料不到"，表现则是"技术效果"。"预料不到"是更高程度的非显而易见，"技术效果"则对应于区别特征在本发明中所能达到的效果，也就是发明实际解决的技术问题。这二者的结合恰恰对应于"三步法"第三步中"从最接近的现有技术和发明实际解决的技术问题出发，判断要求保护的发明对本领域技术人员来说是否显而易见"。这种相契合的对应，使得预料不到的技术效果具备在"三步法"的判断体系中被使用的可行性。

其次，在"三步法"的判断体系中，既要进行区别特征的分析，也要结合区别特征在发明中所能达到的效果确定发明实际解决的技术问题，在这种结合特征的分析中证明是否存在预料不到的技术效果，使得证明过程有据可依、证明结论更具说服力。预料不到的技术效果能够被有效地证明，才能够在创造性判断中发挥作用。

再次，在"三步法"的判断体系中，先确定区别特征，而后结合区别特征确定发明实际解决的技术问题，再以区别特征以及发明实际解决的技术问题为判断对象，完成是否显而易见的判断。对发明实际解决的技术问题及对应的区别特征进行判断，实际上所完成的是对本发明的发明构思的判断，是对发明人是否作出了技术贡献的判断。而预料不到的技术效果的核心在于"预料不到"，这种预料不到是由于发明人提出发明时的发明构思所产生的。"三步法"所实现的对于发明构思的判断，与"预料不到的技术效果"在判断核心上一致，这也使得预料不到的技术效果应是"三步法"判断体系中可以考虑的要素。

最后，预料不到的技术效果实际上是在"三步法"的判断中，针对特定技术领域、特定情况，起到了特别提醒的作用。结合化学、生物领域的特殊性，将预料不到的技术效果作为需考虑的因素，实际上是提醒在进行第二步的判断时，要将区别特征在本发明中所能达到的**特定效果，准确、完整地确定**出来，不能忽视该特定效果，更不能忽视本发明特定效果的特殊性。

当然，也可以将"预料不到的技术效果"认为是防止"事后诸葛亮"式判断的特别提醒。"预料不到的技术效果"重在判断预料不到，这实际上是在提醒在"三步法"的第三步的判断中，要从现有技术出发对本发明进行是否预料不到的判断，不应忽视此种"预料不到"的可能存在，错误地从本发明出发去推导得出现有技术也能达到本发明的特定效果。这种特别的提醒，对于化学、生物领域的专利而言，往往也是特别重要的。

8.3.3 "预料不到的技术效果"作为考虑因素如何应用于"三步法"中

将"预料不到的技术效果"作为需考虑的因素应用于"三步法"中,具体体现在"三步法"的第二步和第三步中。

在"三步法"的第二步中,当确定了发明相对于最接近的现有技术的区别特征后,应当特别考虑"预料不到的技术效果"中的"效果",严格按照"三步法"中第二步的规定,分析区别特征在本发明中所能达到的效果,依据该效果确定发明实际解决的技术问题。相反,既然"预料不到的技术效果"是需要考虑的因素,那么就不能对其视而不见,相应的,在第二步中就不能只看区别特征、不看区别特征所能达到的效果;或者只看区别特征本身的效果,而对于区别特征在本发明这一特定环境下所能达到的特定效果视而不见。这些实际上都是忽视"预料不到的技术效果"这一创造性判断中需要考虑的因素的体现。

在"三步法"的第三步中,严格按照第三步的规定分析,再加上额外的考虑是否"预料不到",就能用好"预料不到的技术效果"这一需要考虑的因素了。

严格按照第三步的规定意味着,在第三步中不能对第二步中所确定的区别特征所能达到的特定效果视而不见,错误地只分析区别特征是否被公开就简单地认为现有技术中存在技术启示;还意味着不能对第二步中所确定的特定效果在本发明中的特殊性视而不见,在现有技术没有明确提及能够达到该特定效果的情况下,错误地从本发明推导现有技术的特征也能达到该特定效果。忽视效果以及忽视效果在本发明中的特殊性,自然不能谈及考虑了"预料不到的技术效果"这一需考虑的因素。

额外考虑是否"预料不到",则是指在本发明的特定效果和现有技术的效果存在差异时,借助于针对具体技术特征的分析,配合例如化学、生物等技术的技术原理,确定此种差异的产生是否达到预料不到的程度。这是使用"预料不到的技术效果"这一因素进行创造性判断的关键,也可以认为在"三步法"的第三步中,为化学、生物等特定技术领域的方案在是否显而易见的判断上,所提供的额外的、有针对性的判断方法。

以下案例即可说明"预料不到的技术效果"如何在"三步法"中被加以使用。

该发明涉及一种陶瓷材料，其在申请文件的背景技术中提及，现有技术的陶瓷材料 A **性能**不好。该发明通过在现有技术的陶瓷材料中**掺杂元素** X，改进了 A **性能**。该申请说明书整体都在强调掺杂 X 对 A 性能的改善（包括实验数据），但实验数据**还表明**，掺杂 X 后，陶瓷材料的 B **性能也提高了**。

审查意见认为：权利要求 1 所保护的技术方案与对比文件 1 的区别仅在于采用了一定量的 X 进行掺杂改性，由此，该发明实际解决的问题是：如何改进陶瓷材料的 A 性能。而对比文件 2 中公开了掺杂 X 能改善 A 性能，由此权利要求 1 相对于现有技术不具有突出的实质性特点，进而不具备创造性。❶

申请人的意见陈述可以是这样的：该发明相对于对比文件 1 的区别特征是掺杂 X，基于申请文件的记载，这一区别特征的引入，使得该发明在改善陶瓷材料 A 性能的**同时**，也改善了 B 性能。由此，该发明实际解决的技术问题是同时改善 A 性能和 B 性能，并非审查意见中所指出的改善 A 性能。针对这一实际解决的技术问题，对比文件 2 中仅公开了通过掺杂 X **改善 A 性能**，但**未给出改善 B 性能**的技术启示，掺杂 X 这一区别特征在对比文件 2 中所起的作用与其在本发明中所起的作用并不相同，该发明由此产生了**同时**改善 A 性能和 B 性能这一**预料不到的技术效果**。因此，该发明相对于现有技术具有非显而易见性，具有突出的实质性特点，进而具备创造性。

申请人上述有关"预料不到的技术效果"的陈述，可以认为是在"三步法"中使用预料不到的技术效果的具体体现，这表现为：上述意见陈述中在进行"三步法"的第二步分析时，基于掺杂 X 在该发明中所能达到的同时改善 A 性能和 B 性能的效果，正确确定了该发明实际解决的技术问题是同时改善 A 性能和 B 性能，而并非审查意见所认为的改善 A 性能。这实际上是在确定本发明实际解决的技术问题的过程中，正确分析了该发明区别特征在该发明中所能达到的技术效果，将其作为后续分析"预料不到的技术效果"的分析对象。

在"三步法"的第三步分析中，上述意见陈述则是沿着之前所确定的同时改善 A 性能和 B 性能这一实际解决的技术问题，分析掺杂 X 这一区别特征

---

❶ 代玲莉. 预料不到的技术效果在发明创造性评判中的关联性考量［J］. 科技与法律，2016（4）：706.

在该发明中所起的作用和在对比文件 2 中所起的作用并不相同，从而意图说明该发明中掺杂 X 产生了新的性能这样的质变，由此得出该发明产生了预料不到的技术效果，具有突出的实质性特点。

可以注意到，上述意见陈述在"三步法"的判断框架下利用了预料不到的技术效果进行分析，由此说明预料不到的技术效果完全可以在"三步法"中被加以使用。

还可以注意到，上述意见陈述，正是因为发现了审查意见在使用"三步法"时的瑕疵（具体而言，是使用第二步确定发明实际解决的技术问题时忽略了对于 B 性能的改进），由此才能够在"三步法"的第三步中，以"同时改善 A 性能和 B 性能"这一该发明实际达到的技术效果为分析目标，得出该发明相对于现有技术存在预料不到的技术效果的结论。由此，在"三步法"中考虑预料不到的技术效果，有助于发现预料不到的技术效果的存在。而在第三步的分析中，上述意见陈述基于区别特征在对比文件 2 中所起的作用和在该发明中所起的作用不同，得出该发明产生了预料不到的技术效果。由此可见，"三步法"的使用，也有助于对预料不到的技术效果加以证明。

甚至可以注意到，上述意见陈述尽管最终落脚在"预料不到的技术效果"，但核心内容在于对审查意见使用"三步法"的不妥之处进行纠正。这也说明，"三步法"作为突出的实质性特点判断时所采用的通常方法，具有普遍的适应性，预料不到的技术效果作为其他需考虑的因素，仅是这一通常方法被更为准确使用时的有效补充，而非对这一通常方法的替代方法。

当然，上述意见陈述仅是基于"同时改善 A 性能和 B 性能"这一新的性能就得出了该发明产生了预料不到的技术效果的结论，该结论并非必然成立，原因在于其对"预料不到的技术效果"中核心的"预料不到"的分析，还存在一些针对具体情况进行分析的欠缺。后续会针对该案例，弥补上这一分析的欠缺，完成完整的"预料不到"的分析。

8.3.4　在"三步法"中考虑预料不到的技术效果能够避免相关争议的出现

谈到争议，主要是判断结论不同所引发的争议。

这通常表现为，单独的而非在"三步法"中使用预料不到的技术效果进行创造性的判断，能得出具备创造性的判断结论。但是，针对相同的方案及现有技术，采用"三步法"进行创造性的判断，却得出不具备创造性的判断结论。这样的相反的判断结论形成了矛盾。

出于自身利益的考虑，当面对这样的矛盾时，申请人或代理师会强调"三步法"并非创造性判断的唯一方法，进而指出考虑预料不到的技术效果进行创造性的判断，属于替代"三步法"的独立判断方法，当出现判断结论不同时，应以利用预料不到的技术效果进行创造性判断所得出的判断结论为准。

例如，对于上述陶瓷材料的案例，就可能存在上述的争议。

代理师可能并非如上文那样进行意见陈述，其可能在"三步法"的框架外，以预料不到的技术效果作为单独的判断方法进行如下陈述：

该发明在改善 A 性能的**同时**，也改善了 B 性能。而对比文件 2 通过掺杂 X **改善 A 性能**，但**未改善 B 性能**。现有技术中**改善 A 性能**的**手段很多**，如还可以掺杂 Y 等众多元素，但这些手段**并非都能够**改善 B 性能。因此，同时改善 A 性能和 B 性能是该发明所具有的**预料不到的技术效果**。按照《专利审查指南》的规定，"如果发明与现有技术相比具有**预料不到的技术效果**，则**不必再怀疑**其技术方案是否具有**突出的实质性特点**，可以确定发明具备创造性"。因此，该发明在具有预料不到的技术效果的情况下，自然具备创造性。❶

不难发现，上述意见陈述没有在"三步法"的体系内进行判断，而是通过证明该发明具有预料不到的技术效果这一独立的判断方法完成创造性的判断。但这样的判断没有针对审查员采用"三步法"所进行的判断进行针对性的反驳。即使考虑到该发明掺杂 X 能同时改善 A 性能和 B 性能这一事实，审查员可能仍然对不同判断方法得出不同判断结论，产生如下的困惑：

如果按照"三步法"来分析，考虑**现有技术可预期的技术效果**，那么，能够显而易见得到该发明的方案，该发明不具有创造性。但是，该发明的确具有"同时改善 A 和 B 性能"这一预料不到的技术效果，这又能说明其具有创造性。❷ 到底应该以哪个判断结论为准呢？

实际上，这样的困惑是一个伪命题，产生这样困惑的原因并不在于两个不同的判断方法会得出不同的判断结论，而在于对于"三步法"的使用不严谨导

---

❶❷ 代玲莉. 预料不到的技术效果在发明创造性评判中的关联性考量［J］. 科技与法律，2016
（4）：706.

致出现了错误的判断结论。这就涉及什么叫**"现有技术可预期的技术效果"**。

推测来看，所谓的**"现有技术可预期的技术效果"**在上述案例中可能是这样的：对比文件 2 虽然仅公开了掺杂 X 能改善 A 性能，但是，对于对比文件 2 这一现有技术而言，掺杂 X 以改善 B 性能是可以实现的，改善 B 性能由此完全是可以被预期的。由此，该发明掺杂 X 同时改善 A 性能和 B 性能，是对比文件 2 可预期的技术效果，对比文件 2 因此给出了解决该发明实际解决的技术问题的技术启示。

这不就是典型的"事后诸葛亮"的判断吗？

"三步法"中哪里有现有技术可预期的技术效果！从上述推测可见，所谓的现有技术可预期的技术效果，实际上是把该发明所能达到的技术效果作为一个已知而非未知的对象，判断现有技术的技术特征是否也能够实现这一已知的技术效果。严格来说，这是技术到效果的可行性分析，并不是一个效果存在与否的启示分析。这样的分析，实际上是以看到该发明的方案及其所能达到的效果后，反推现有技术在技术能力上是否也能达到这样的效果，是"事后诸葛亮"的表现。这样的分析，抹杀了该发明采用区别特征达到特定效果的创新性，所进行的是技术可行性的判断而非对于改进是否未知的判断。纠正了这一错误的判断方式，自然也就能够依据"三步法"得出正确的判断结论了。

正确的判断方式应该是：

在"三步法"第三步的判断中，针对该发明掺杂 X 这一区别特征在该发明中所起到的同时改善 A 性能和 B 性能的作用，分析对比文件 2 中是否也公开了该区别特征及其在该发明中所起的作用。经过对比可以发现，对比文件 2 中虽然公开了掺杂 X 这一区别特征本身，但其所起到的作用仅是改善 A 性能，并未公开掺杂 X 同时改善 A 性能和 B 性能的作用。因此，对比文件 2 没有给出相应的技术启示，本领域技术人员针对该发明实际解决的技术问题（同时改善 A 性能和 B 性能），难以通过结合对比文件 1 和对比文件 2 显而易见地得到该发明的技术方案。

在上述判断中，是以该发明中区别特征及其在该发明中所能达到的效果首先假定为未知的可能的创新构思，然后结合现有技术是否公开了这样的创新构思（包括区别特征以及区别特征所起的作用），确定该创新构思是否的确属于未知而非已知。这样的判断，是以首先假定发明人从无到有提出创新构思为前提，而后进行创新构思是否已在现有技术中存在的判断；而非首先将发明人提出的创新构思视为既有成果，反向分析现有技术是否也能实现该成果。在某种程度上，后者进行的不是创造性的判断，而是针对已经存在的方案的反向工程验证。

通过上述分析可以发现，在"三步法"中错误地以"事后诸葛亮"的方式进行是否存在启示的判断，是造成"三步法"判断结论与考虑预料不到的技术效果所得出的判断结论不一致的原因。判断结论的不一致，并非不同的判断方法所导致的，而是由于某一种判断方法使用不准确所产生的。利用"三步法"所进行的创造性判断和考虑预料不到的技术效果所进行的创造性判断，不是两个可能产生不同判断结论的各自独立的判断方法，讨论这两种判断方法的关系、这两种判断方法在判断结论上的冲突，实际上是一个伪命题。

8.3.5 "三步法"无须被替代也不应被替代

当然，在基于"三步法"进行创造性判断和考虑预料不到的技术效果进行创造性判断之间产生争议的原因还在于，《专利审查指南》貌似规定了考虑预料不到的技术效果的判断相比基于"三步法"所进行的判断，地位更高，这一规定的出处在《专利审查指南》第二部分第四章第6.3节的内容：

> 按照本章第5.3节中所述，如果发明与现有技术相比具有**预料不到的技术效果**，则**不必再怀疑**其技术方案是否具有**突出的实质性特点**，可以确定发明具备创造性。

这里的"不必再怀疑"，可能被理解为：预料不到的技术效果具有比"三步法"更高的判断地位，这种地位使得在二者出现判断结论上的冲突时，应当以考虑预料不到的技术效果的判断结论为准。

这样的理解不够准确，可能失之偏颇。

需要注意的是，该规定中并没有提及"三步法"，其"不必再怀疑"的仅是"具有突出的实质性特点"，而非"三步法"的判断。由此，不能认为上述规定描述了考虑预料不到的技术效果的创造性判断与采用"三步法"的创造性判断之间的关系。

当然，"三步法"是进行突出的实质性特点判断的通常方法，但上述规定没有在"三步法"和预料不到的技术效果之间，给出判断结论孰高孰低之分。

严格来说，上述规定只是强调了"具有预料不到的技术效果"时，不必再怀疑具有突出的实质性特点，但没有指出在二者的判断结论存在冲突时，就应以"具有预料不到的技术效果"的判断结论为准。可以这样理解，上述规定中的"不必再怀疑"，只是在强调"具有预料不到的技术效果"的特殊性，这种特殊性使得在采用"三步法"进行突出的实质性特点的判断中，一旦确认了存在这样的特殊因素，则可以省略后续的判断步骤，直接得出具有突出的实质性特点的判断结论。简言之，可以对上述规定这样理解：预料不到的技术效果是突出的实质性特点判断中的"显眼包"，当采用"三步法"这一通常方法进行突出的实质性特点的判断时，一旦发现这一"显眼包"，则不必对于是否具有突出的实质性特点继续加以怀疑，可以把这一"显眼包"的发现作为一个快捷键，直接一键触发得出具有突出的实质性特点进而具有创造性的结论。

　　上述分析很有可能仍然不被接受，但预料不到的技术效果的判断地位难道就能高于"三步法"的判断地位吗？《专利审查指南》的上述规定难道是以预料不到的技术效果这一特殊因素来撼动"三步法"的核心判断地位吗？可能并非如此。实际上，"三步法"在创造性判断中的核心地位，无须动摇也不可动摇。这可以从以下几个方面进行说明。

　　第一，创造性判断的目标是发明人是否在现有技术的基础上作出了技术贡献，这种技术贡献对应于发明人所提出的发明构思。在"三步法"的判断中，既确定了本发明相对于最接近的现有技术的区别特征，还结合该区别特征在本发明中所达到的效果确定了本发明实际解决的技术问题，从而明确了问题及其对应的解决手段这一整体判断对象，这一整体判断对象恰恰对应于一个方案的发明构思，"三步法"中第三步针对该整体判断对象所进行的判断，完成了对于发明构思的判断，实现了创造性判断的判断目标。从这个角度来说，"三步法"能够贴近于创造性判断的本质需求完成判断。而如果仅仅是以预料不到的技术效果这一对象完成判断，在只强调效果的情况下，判断目标中仅有"问题"而没有解决手段，不能实现对于完整的发明构思的判断。从这个角度来说，不应以单独的预料不到的技术效果的判断，撼动"三步法"判断的核心地位。

　　第二，创造性判断应当满足整体判断的原则，也就是说，不能仅分析特征而不考虑方案中所涉及的领域、效果等其他因素。这可能正是强调可以单独使用预料不到的技术效果完成创造性判断的观点的重要依据之一。但要注意的是，所谓的整体原则，并不是指"效果"也应被考虑，进而其可以作为唯一的判断因素完成判断，而是指"效果""手段""领域"等因素应该被作为一个整体而被整体性地考虑。单独地仅考虑"效果"，以效果作为独立的判断依据完成创造性判断，恰恰是不满足创造性整体判断原则的体现。而在"三步法"的判断中，既在第一步确定最接近的现有技术时考虑了技术领域，又在第二步、第三步中实现了对技术手段和技术效果的分析，实现了创造性判断的整体判断原则。从这个角度来说，也不应以单独的预料不到的技术效果的判断，撼动"三步法"判断的核心地位。

第三，"三步法"的判断体系已经**成熟**，且能够兼顾"**整体**"、完成**核心判断**，当前还没有发现**其他判断方法**具有上述**特点**。即使存在其他方法，当这样的判断方法和"三步法"的判断相冲突时，自然应以成熟的、触及本质判断的"三步法"的判断为准。当然，最好不要轻易地解读出区别于"三步法"的新的判断方法。这样的判断方法上的**创新**或不统一，使得判断结论本就不确定的创造性判断，由于**判断方法**上的可变性、灵活性，而增加了判断结论的**不确定性**，这显然与创造性判断的客观化追求是不一致的。从这个角度来说，"三步法"的核心判断地位无须被替代。

第四，应当承认，化学、生物领域的技术有其特殊性，但同时也要注意，针对这些领域出现创造性判断的争议或者困难，多数是由于没有用好、用准"三步法"所导致的，而非由于"三步法"本身不适应这些技术领域的特点而导致的。"三步法"作为一个普适的方法，如果能够对其中的第二步、第三步进行准确的把握，是同样能够完成绝大多数的这些领域方案的创造性判断的。当然，预料不到的技术效果，可以作为锦上添花的考虑因素，针对这些领域的技术方案的创造性判断，实现更为准确、便捷的判断。从这个角度来说，"三步法"的核心判断地位同样无须被替代。

结合上述的各项分析可以得出，预料不到的技术效果，是"三步法"判断中其他需要考虑的因素，而不是替代"三步法"完成创造性判断的判断依据。另外，预料不到的技术效果应用于"三步法"中，需要注意该效果应是由区别特征在本发明中所产生的，而该效果是否达到"预料不到"的程度，也与对区别特征的分析密切相关。这些，著者在下文中会进行介绍。

8.4　"预料不到的技术效果"重在"预料不到"

正如前面所分析的那样，"预料不到的技术效果"中，"效果"仅是载体、仅是表象，而"预料不到"才是本质、才是核心内涵。由此，确定是否具有预料不到的技术效果，核心工作在于是否满足预料不到的判断上，这涉及对本领域技术人员"预期"分析。这样的"预期"分析，包括质变和量变两种类型，不论哪种类型，一旦能够确认这种变化对于本领域技术人员而言"不可预期"，那么，则能够证明存在预料不到的技术效果。当然，从证明难度的角度来说，质变由于对应的是产生新的性能，因此，证明难度通常较低；而量变则涉及程度的变化，由于没有明确的量化标准，因此证明难度往往较大。

从字面来看，"不可预期"和"容易想到"是相反的，从这个角度来说，在"三步法"的第三步中进行"不可预期"的判断，恰恰可以有效防止或者有效反驳对于"容易想到"的不当使用。由于一些化学、生物领域的专利申请往往技术改进较小，为了避免这种改进幅度较小的技术改进及其所达到的技术效果在"三步法"的第三步中被认为"容易想到"的，"预料不到的技术效果"的分析，更严格的说，有关"预料不到"的分析，就十分必要了。这样看来，"预料不到的技术效果"为化学、生物领域技术方案在采用"三步法"进行创造性的判断，提供了符合这一技术领域特点的必要提醒，注意这一必要提醒，能够避免以随意的、不严谨的甚至"事后诸葛亮"的判断方式得出错误的判断结论。

8.4.1　量变是否不可预期的判断

虽然是要讨论量变的不可预期，但在大多数情况下，量变的不可预期不是由量变本身所能确定的，量变本身在不可预期的判断中往往仅是一个摆设、线索而已，技术启示的有无才是不可预期的判断关键所在。

谈到不可预期，就涉及一个对比的问题。如果量变超过了可预期的基准线，那么，该量变就是不可预期的，其属于预料不到的技术效果，反之，如果未超过，则其不属于预料不到的技术效果。

但是显然，上述基准线是不能被确切定义的，也不是固定的，其是以本领域技术人员的视角，基于个案中现有技术中提供的技术启示的有无、强弱，而上下浮动的。这种上下浮动直接影响了预料不到的技术效果能否被确定存在。

基准线上下浮动的影响因素可以包括区别特征本身是否公知、对比文件本身所给出的规律、技术发展趋势以及技术实现的可能性等。著者将结合这些影响因素，配合具体案例来说明可预期的基准线如何浮动以及对预料不到的技术效果的判断的影响。

8.4.1.1 没有技术启示、有量变即可

通常来说，如果现有技术没有提供相应的技术启示，那么，可预期的基准线将非常之低甚至为 0，这个时候只要本发明相对于现有技术产生了量变即可确认该量变属于预料不到的技术效果。实质上，这种情况下所确定的具有预料不到的技术效果，并不是量变起到了作用，而是没有技术启示起到了作用，即使不借助于预料不到的技术效果，仅基于没有技术启示同样可以确定出方案具有突出的实质性特点。

例如，在专利申请号为 ZL88106540.4 的第 1602 号复审决定中，该专利申请涉及防治稻田杂草的**除草剂**，其权利要求 1 保护该除草剂的组合物，该组合物包括式 1 **化合物**与**苄嘧磺隆**的**混合物**，并限定了二者的比例关系。在该专利申请的说明书中记载了权利要求 1 组合物的实际使用活性**均**高于该组合物的**预期活性**的 12% 以上。

对比文件 1 公开了权利要求 1 组合物的 2 种活性成分，即**苄嘧磺隆以及式1 化合物**所具有的稻田除草活性及一般用量，但**没有组合使用的教导**。

复审决定认为：由于现有技术中**没有**关于将式 1 化合物与苄嘧磺隆**组合使用**，以及由此会产生**协同增效作用**的**教导**，因此，权利要求 1 所保护的方案具有创造性。❶

在该案中，由于作为现有技术的对比文件 1 **没有给出相应的技术启示**，因此该发明的技术**效果通常也就是难以预料**的。该案中虽然也涉及了实际使用活

---

❶ 马文霞，何炜，李新芝，等."预料不到的技术效果"在创造性判断中的考量［J］. 中国发明与专利，2013（2）：74.

性高于预期活性的 12% 以上这一数量变化，但不难发现，该复审决定并未针对该数量变化的程度是否达到预料不到进行分析，而是聚焦在现有技术中没有给出"组合使用"这样的技术内容，从而得出现有技术没有给出相应的技术启示这一结论。由于现有技术没有提供针对该发明特定手段的相应技术启示，自然也就不存在本领域技术人员可以预期的技术基础，因此该发明所采用的特定手段所达到的效果自然也就成为预料不到的技术效果了。

可以这样说，正是因为现有技术中并不存在相应的技术启示，使得本领域技术人员对于采用该发明的技术手段达到相应的技术效果完全没有相应的预期，这样的没有预期使得可预期的基准线的高度降为 0，以这样的基准线衡量本发明所产生的效果，自然能够得出该发明具有预料不到的技术效果的结论。

8.4.1.2 存在技术启示、有量变也没用

与现有技术没有提供技术启示相反，如果现有技术中提供了相应的技术启示，那么，可预期的基准线将非常之高，甚至达到了通常难以超越的程度。此时，即使存在量变，哪怕是成倍的量变，该量变也很难超过可预期的基准线，由于难以证明"不可预期"，往往也就不能得出本发明具有预料不到的技术效果的结论。

这种现有技术中存在的技术启示，不仅可以表现为对比文件中有明确的技术内容的记载，而且可以由公知常识、技术发展趋势、对比文件自身所给出的规律给出。从"可预期"的基准线的角度来说，这些因素所给出的技术启示越明显，则该基准线就越高，得出本发明具有预料不到的技术效果的难度就越大，甚至可能大到存在量变也没用的地步。

（1）公知常识所产生的技术启示使得可预期的基准线被抬高

例如，在第 15409 号无效宣告请求审查决定（ZL200510000429.1）中，涉案专利涉及"治疗乳腺增生性疾病的药物组合物及其制备方法"。涉案专利权利要求和证据 1 相比，核心区别在于：该专利将证据 1 的**片剂**，改为**颗粒剂**；并且，该专利的**制备方法**的权利要求中，**省略**了证据 1 中的"**减压干燥**"工艺。从效果来分析，该专利的药物有效率相比于现有技术提高了 6%。对于这"6%"是否属于预料不到的技术效果，该决定指出：

该发明的**颗粒剂**的制法和剂型的改变，都是现有的**常规方法和常规剂型**转变方式。考虑产业特点，本领域技术人员**有动机进行此种改变**，并通过常规试验**测得其有效性提高**的效果。另外，本领域技术人员知晓**干燥步骤中的高温**等因素，会**造成**该专利药物中**活性成分的损失**，而且中国药典中的常规**颗粒剂制法**之一本身就**不含减压干燥**步骤，因此，**省略减压干燥**步骤所导致的**最终效果改变**，是本领域技术人员**可以预期的**。由此，该专利的药物有效率**提高6%**，不属于预料不到的技术效果。❶

不难发现，该决定对于提高"6%"这一数量的变化，根本没有进行变化程度是否超出预期的讨论，而是分析了该发明的两处区别均属"常规"（类似于公知），从而得出了区别所导致的效果改变也是可以预期的结论。这种由公知常识所带来的技术启示，使得可预期的基线被很大地抬高，抬高到了在该案中甚至没有必要对提高6%这一数量变化进行讨论的地步。这就是"存在技术启示、有量变也没用"的具体体现。

（2）技术发展趋势使得可预期的基准线被抬高

当然，针对上面的案例，有观点可能认为提高6%这一数量变化还是变化程度太小了，如果变化程度更大一些，那么很有可能就证明存在预料不到的技术效果了。如下案例即可说明这样的观点是不正确的。

该案例涉及第44674号复审决定，涉案专利申请为ZL200580018909.9，发明名称为"抗肿瘤效果增强剂"。

为简化起见，对涉案专利的技术内容进行简化，简化后，涉案专利申请的权利要求和现有技术的区别为：**涉案专利申请**是化合物A和**奥沙利铂**的组合物，而**现有技术**则是A和**顺铂**的组合物。

复审请求人补交了试验证据，该试验证据表明：该发明中的化合物A和奥沙利铂的组合与对比文件1的化合物A和顺铂的组合相比，对肿瘤细胞的抑制率**预计差异**为6.7%，而**实际差异**为13.3%。复审申请人意图通过上述**数值对比**，证明该发明的组合物产生了**协同效果**，并据此说明该发明产生了预料不到的技术效果。

---

❶ 马文霞. "预料不到的技术效果"在创造性判断中的考量［EB/OL］. ［2025-04-20］. https：//mp. weixin. qq. com/s/zeWgR_L8qzz_Fm8-r48VFw.

可以看出，该案中实际差异相较于预计差异而言，有将近2倍的差别，这个效果的2倍幅度的提高很明显高于上一案例中"提高6%"的幅度变化，那么，是否就足以认定产生了预料不到的技术效果呢？答案是否定的。

该复审决定认为：现有技术中**已知**，对比文件1中所采用的顺铂和该发明中所采用的奥沙利铂，**同属于**金属铂**类**抗肿瘤药物，作用**机理类似**。顺铂是第**1代**产品，而奥沙利铂是第**3代**产品。**后者可以增强化合物 A** 的抗肿瘤**效果**，对于某些耐铂的肿瘤细胞亦有作用，且**副作用**比顺铂小。该案中，由于奥沙利铂替代顺铂属于技术的**更新换代**，由此，本领域技术人员**能够预期**此种替代能够获得**更好的效果，有动机**选择效果更好的奥沙利铂。❶

从上述复审决定可以发现，尽管该发明产生了接近2倍于现有技术的效果，但由于该发明所属技术领域的技术方案趋势已经给出了该发明所进行的改进的相应启示，因此该改进所能达到的技术效果也成为可预期的技术效果。实际上，这是以所属领域的技术发展趋势所提供的技术启示而使得可预期的基准线被抬高，从而使得尽管看似较大的效果上的变化，也成为可预期范畴内的变化。也就是说，虽然该发明和现有技术在效果方面存在差异，但由于该发明**方案**的可预见程度较**高**，产生优越**效果**的**可预见性**也较高，**仅**基于相同性能上**量**的**明显提高**，难以认为产生了**超出预期水平**的技术效果。

实际上，本领域的技术发展趋势也可以被认为是公知常识的一种，由此，基于技术发展趋势所给出的技术启示，也可以被认为属于公知常识所提供的技术启示。

（3）对比文件自身所反映的规律使得可预期的基准线被抬高

除了对比文件自身明确记载的内容，对比文件中记载的内容所体现的规律，也可以作为技术启示而存在。当存在这样的技术启示时，自然也会使得可预期的基准线由此被抬高，确定存在预料不到的技术效果的难度相应地被加大。

例如，在某无效宣告请求案中，涉案专利涉及化合物 A 作为**酪氨酸酶抑制剂**的制药用途。作为现有技术的证据1公开了与涉案专利的化合物 A **结构近**

---

❶ 马文霞. "预料不到的技术效果"在创造性判断中的考量［EB/OL］.［2025 - 04 - 20］. https：//mp. weixin. qq. com/s/zeWgR_L8qzz_Fm8 - r48VFw.

似的通式化合物（化合物 B）作为酪氨酸酶抑制剂的制药用途。化合物 A 和化合物 B 相比，**区别仅在于化合物 A 的 R3 位置的取代基为甲基**，而化合物 B 相应位置的取代基为乙基。

请求人认为：**甲基和乙基同为**短链、直链烷基。在同一取代位置将取代基**从乙基改变为甲基**属于**常规化合物构造方式**，是本领域技术人员容易想到的**常规选择**，由此，涉案专利不具有创造性。

专利权人意图通过该发明具有预料不到的技术效果证明该发明具有创造性。为了证明涉案专利的技术效果优于证据 1，专利权人**补交**了试验数据，采用与说明书**相同的试验步骤**测定了化合物 B 的 IC_{50} 值，表明化合物 B 的浓度达到 $5\mu M$ 时，仍然没有达到 50% 的抑制率，即其该值**大于 $5\mu M$**。而在涉案专利说明书中，对**化合物 A** 抑制小鼠黑素瘤细胞着色的效果进行了试验，试验结果显示，化合物 A 的着色抑制 IC_{50} 值为 $2.1\mu M$。

由于 IC_{50} 值低意味着化合物的起效浓度低，效果相对较好，而 IC_{50} 值高意味着化合物的起效浓度高，效果相对较差。因此，专利权人指出，从**现有技术**的 IC_{50} 值**大于 $5\mu M$** 到**该发明**的 $2.1\mu M$，该发明产生了预料不到的技术效果，该发明因此具有创造性。❶

需要注意的是，在证据 1 中，除了**化合物 B**，**证据 1 还**公开了多个与涉案专利结构近似、具有酪氨酸酶抑制活性的**化合物 C ~ H**。证据 1 的实施例中也对**这些化合物**的 IC_{50} 值进行了**测定**。测定结果表明，化合物 B ~ H 的酪氨酸酶抑制活性 IC_{50} 值的范围在 $2.1 ~ 23.1\mu M$，其中，化合物 B 的 IC_{50} 值为 $13.2\mu M$（证据 1 和涉案专利评价技术效果的试验设计并不相同，涉案专利是**小鼠黑素瘤细胞着色抑制率**试验，证据 1 是**酪氨酸酶活性抑制**试验）。证据 1 所公开的**化合物之间的活性差异**最大可达约 **11 倍**，化合物 B 属于活性**居中**的化合物，证据 1 中有 3 个化合物的抑制活性是化合物 B 的 $4 ~ 6$ 倍。而从证据 1 的化合物 B ~ H 的结构可以看出，**取代基的较小变化**就会引起**活性的成倍**变化。

从上述分析可见，证据 1 虽然没有直接以文字记载相应的规律，但证据 1 所记载的内容中实质上体现了"**取代基的较小变化**就会引起**活性的成倍**变化"

---

❶ 董丽雯. 浅析预料不到的技术效果中"量"的变化 [EB/OL]. [2025 – 04 – 20]. https：//mp. weixin. qq. com/s/XCbUfMYViK9Xnl – SqnbUYA.

这一规律。这一规律的存在,构成了对该发明达到相应技术效果的技术启示,使得获得该效果的可预期的基准线被抬高。正是基于这样的理由,相关分析意见指出:

> 本领域技术人员基于证据1,会认为**结构相近**的化合物的**酪氨酸酶抑制活性**为化合物 B 的**数倍**,是**可以预期**的。在此基础上,由于**酪氨酸酶抑制活性**和**黑色素抑制活性**(本发明)密切**相关**,因此其**黑色素抑制活性**超过化合物 B 数倍,也是**可以预期**的。❶

当然,这个案例再次体现出,针对量变是否属于预料不到的技术效果的分析,量变的程度并不是决定性的因素,在该案例中,尽管存在效果上的成倍的差异,但因为此种效果的差异是可预期的,同样不能认定该发明具有预料不到的技术效果。

(4)技术上的不确定性使得可预期的基准线被降低

可预期的基准线除了会由于技术启示的存在而被抬高,当然还有被降低的可能。例如,技术实现的难度,或者准确来说,该发明所进行的技术改造在技术可行性上的不确定性,将使得以该种改造产生相应的技术效果的可预期性被降低。在此情况下,甚至是较为普通的量的变化,也可以属于预料不到的技术效果。

例如,某专利申请涉及一种制备方法,其和对比文件 1 的区别为:第一,用作反应的反应物,该专利申请的技术方案中,R 是 $C_1 \sim C_6$ **的烷基**,而对比文件 1 是 H;第二,该专利申请的技术方案中的反应溶剂为**离子液体**,而对比文件 1 为**甲苯**。

针对该专利申请所要保护的技术方案是否具有创造性,审查员认为:专利申请所要保护的技术方案的**目标产物的结构**与**对比文件** 2 的目标产物**相似**,反应**点位**相同,氢化试剂和催化剂也相同。由此,本领域技术人员很**容易想到**在对比文件 1 的基础上,**利用** $C_1 \sim C_6$ **的烷基替代** H,从而制备该专利申请的化合物。而且,对比文件 2 公开了**离子液体**可用于有机反应,本领域技术人员很容

---

❶ 董丽雯. 浅析预料不到的技术效果中"量"的变化 [EB/OL]. [2025 - 04 - 20]. https:// mp. weixin. qq. com/s/XCbUfMYViK9Xnl - SqnbUYA.

易想到用离子液体替代甲苯。基于上述理由，该专利申请所要保护的技术方案，不具有创造性。

针对审查员的上述观点，代理师撰写的意见陈述中强调了如下观点：《专利审查指南》指出：化学是一门实验科学，其发明的实施以及技术效果往往难于预期。

代理师的这一陈述，是很多化学领域案件的审查意见答复中常见的陈述内容。但如果仅陈述此点，不结合具体案件的情况进行分析，这一陈述很难奏效。只有结合案件本身的技术情况加以分析说明，才能使得上述陈述真正发挥作用。在该案例中，代理师在意见陈述中就进行了如下的分析说明：

一般羟基（—OH）的**极性**较烷氧基（—OR）的极性**大**，羟基（—OH）对苯环的**活化作用**因此可能**更大**。如果利用烷氧基（—OR）**替代**对比文件 2 的羟基（—OH），即利用 $C_1 \sim C_6$ **的烷基替代** H，该**活化作用**可能会**减弱**。因此，进行上述替代后**能不能进行反应**，以及反应的技术效果（例如纯度、产率、反应时间等），是**很难预测的**。该发明的**试验结果**也**证实**了上述观点。❶

可以发现，上述意见陈述从化学的通常原理出发，分析了该发明方案所进行的替代存在技术层面的不确定性，由此说明了进行此种替代以及由这样的替代所产生的技术效果，可预期性差。这样，产生本发明技术效果的可预期基准线被降低，即使通过较为常规的试验结果，也能说明本发明的技术效果超过了本领域技术人员的预期，该技术效果属于预料不到的技术效果。需要说明的是，此处虽然最终的结论是技术效果超出预期，但超出预期的根本原因或根本内容在于技术特征，将这样的超出预期称为技术实现上的不可预期，可能更为贴切一些。

回顾上述案例，不知大家是否有这样的困惑。上面这些案例都是单独针对效果是否不可预期进行的分析，没有采用"三步法"，这与之前所的在"三步法"中分析预料不到的技术效果是否不相符呢？当然不是。实际上，上述这些案例对于预料不到的技术效果的分析，是可以在"三步法"中进行的，也恰恰是因为在"三步法"的判断中进行，才使得上述分析能够得出准确的

---

❶ 吴鹏章. 从意料不到的技术效果争辩发明的创造性［EB/OL］.［2025 – 04 – 20］. http：//uni-talenlaw. com/zhouxun2/zhouxun458/ltbl. htm.

结论。

回顾本节所提供的各个案例可以发现，不论哪个案例，都是首先确定出本发明和最接近的现有技术的区别特征之后，以该区别特征在本发明中所达到的技术效果为分析对象，分析其是否属于预料不到的技术效果。确定区别特征以及区别特征在本发明中所能达到的效果，显然是"三步法"判断体系中第二步的内容，而判断技术效果是否属于预料不到，则属于"三步法"中的第三步，由此，上述各案例中的分析仍然是在"三步法"的判断体系中进行的。例如，在"防治稻田杂草的除草剂"案例中，首先确定了"式 1 化合物与苄嘧磺隆**组合使用**"这一区别特征，而后确定该区别特征在本发明中所能达到的技术效果并针对该技术效果进行预料不到的分析。再如，在"治疗乳腺增生性疾病的药物组合物及其制备方法"案例中，同样是首先确定了剂型改变以及工艺方面的区别特征，而后针对这些区别特征在本发明中所达到的效果进行分析。针对"抗肿瘤效果增强剂"案例、"化合物 A 作为酪氨酸酶抑制剂的制药用途"案例以及"一种制备方法"案例，同样采用的是上述分析步骤和思路。值得注意的是，这些案例中所分析的有益效果均是基于"三步法"的判断体系所得出的区别特征在本发明中所达到的技术效果，而非仅基于本发明申请文件的记载所确定的本发明声称的某一技术效果，这也说明，预料不到的技术效果的判断并非独立的判断方法，而是一个"三步法"判断体系中需要考虑的因素。

当然，有关是否"预料不到"的分析，才是上述案例分析思路中的关键所在，而这也是在"三步法"的判断体系中完成的，也正是因为在"三步法"的判断体系中，才使得这样的分析有理有据，令人信服。

在"三步法"的第三步中，针对是否显而易见的判断，《专利审查指南》给出几种示例情况。而上述案例中针对预料不到的分析，恰恰能够对应于这几种情况。

例如，在"除草剂"案例中，得出技术效果属于预料不到的关键在于，现有技术中没有关于将式 1 化合物与苄嘧磺隆**组合使用**，以及由此会产生**协同增效作用**的**教导**。由于上述"组合使用"是本发明相对于对比文件 1（最接近的现有技术）的区别特征，而该区别特征既不属于公知常识；也非与最接近的现有技术相关的技术手段（对比文件 1 其他部分也未披露该区别特征）；更不是另一份对比文件中披露的相关技术手段（该案例中并没有引入对比文件 2 等进行分析），因此，从"三步法"第三步的判断来说，即可基于上述分析结果得出现有技术不存在技术启示的结论。正是基于这样的不存在技术启示，才使得实际使用活性均高于预期活性的 12% 以上，得以成为预料不到的技术效果。这恰恰是以"三步法"第三步的分析证明效果的预料不到的体现，缺少了上述基于第三步的分析，想必这样的"预料不到"的结论，将很难令人信服。

再如，在"治疗乳腺增生性疾病的药物组合物及其制备方法"案例中，正是因为剂型的改变以及省略减压干燥工艺均被分析认为属于常规改变或常规方法，由此才使得药物有效率提高 6% 被认定为可以预期的。这实际上对应于"三步法"第三步中的区别特征属于公知常识。正是基于区别特征属于公知常识，才使得现有技术中存在技术启示，进而由于该技术启示的存在使得区别特征所产生的技术效果可以预期。可以发现，该案例同样是以"三步法"第三步的判断内容作为实质性的依据，完成的本发明技术效果并非预料不到的判断。类似的，在"抗肿瘤效果增强剂"案例中，所参考的"奥沙利铂替代顺铂属于技术的**更新换代**"这一内容，同样可以归类于公知常识性质的内容。该案例也恰恰是基于这一公知常识性质的内容，得出了区别特征所产生的效果并非不可预期的判断结论。

在"化合物 A 作为酪氨酸酶抑制剂的制药用途"案例中，得出效果并非预料不到的核心原因在于，证据 1 所公开的多个化合物给出了相应的规律性内容，而这一规律性内容恰恰对应于区别特征及其在本发明中所起的作用。这实际上对应于"三步法"第三步判断中"区别特征为最接近的现有技术相关的技术手段"这一判断示例。由此，这一案例中恰恰也是基于"三步法"第三步的判断思路，形成针对是否预料不到的核心判断依据。

在上述"一种制备方法"案例中，其并非针对区别特征本身在现有技术中存在技术启示进行分析，而是从改进动机的角度进行的分析。分析中所提到的"进行上述替代后**能不能进行反应**"，可以被理解为对于存在改进动机的负面判断结论。也正是因为存在这样的负面判断结论，才使得由"替代"等区别特征所产生的技术效果被认定为很难预测。从这个角度来说，这一案例也是以"三步法"第三步的判断内容作为核心依据，实现的效果属于预料不到的判断。

总结来说,上述各个案例的分析都能体现出,量变的变化程度在预料不到的技术效果的判断中,并不是决定性的因素,甚至都不被加以考虑,量变是否构成预料不到的技术效果,核心在于是否存在技术启示,而是否存在技术启示的判断,当然要依靠"三步法"第三步的判断标准、判断方式来完成。对于量变是否属于预料不到的技术效果的判断,不能把眼光放在"量"这一表象上,而是应聚焦于量变产生的背后原因,重点分析现有技术中是否提供了量变所对应的区别特征的技术启示,以此来完成针对量变的由表及里的本质分析。

8.4.1.3 有无技术启示不确定、量变形式的质变才有用

实践中存在这样的情况,本发明尽管存在相对于现有技术的区别特征,但该区别特征相对于现有技术的改动幅度比较小,甚至可能是从现有技术的大范围所选择的某个特定手段。此时,对于现有技术是否提供了显而易见得到本发明的技术启示,往往存在争议。认为现有技术给出了技术启示的观点会认为,本发明中改动幅度较小的区别特征,结合现有技术公开的内容很容易想到;而相反的观点则会认为,这样的容易想到的结论是纯主观的,是在看到本发明后以"事后诸葛亮"的方式得出的,即使本发明的改进幅度较小,现有技术也没有针对该改进提供技术启示。这样的争议使得现有技术是否存在技术启示具有不确定性,在此情况下,要得出本发明所产生的量变属于预料不到的技术效果,往往需要借助于对规律的突破这一质变加以证明。当然,对规律的突破外在的直接表现是数量上的变化,这可以称为以量变形式表现的质变。如果能够证明存在这种量变形式表现的质变,那么,一方面可以说明本发明产生了预料不到的技术效果,另一方面,也是结合"规律"这一客观要素,实现了对于"容易想到"这一主观判断的反驳,实现了对于"事后诸葛亮"式判断的有效纠正。这也体现出预料不到的技术效果在化学、生物这样的特殊技术领域的专利的创造性判断中,用以预防"事后诸葛亮"式判断的特殊作用。

例如,某专利申请涉及制备硫代氯甲酸的方法,其是**选择**发明。该"选择"体现在,该发明相对于现有技术的**区别特征**,采用了**较小**的催化剂用量摩尔百分比 0.02% ~ 0.2%,该区别特征取得的效果是:**提高产率** 11.6% ~ 35.7%。

该发明的最接近的现有技术为:催化剂的用量摩尔百分比为 2% ~ 13%。

对比该发明发现，现有技术的催化剂用量**较多**。

可以发现，该发明相对于最接近的现有技术来说，只是在催化剂的"用量摩尔百分比"上进行了改变，这样的改变幅度较小，现有技术针对该改变是否提供了技术启示存在争议。在采用"三步法"的第三步进行判断时，可能出现这样的判断结论：该发明仅是调整了催化剂的用量比，这种用量比的调整及该调整所产生的效果，对于本领域技术人员来说是容易想到的，该发明因此不具有创造性。反对者则可能指出，该发明尽管仅改变了催化剂的用量比，但没有证据证明这样的改变是容易想到的，特别是，该发明通过这样的调整产生了提高产率的效果，更加能够说明这样的改变并非容易想到的。可以发现，双方的争议焦点在于是否"容易想到"上，而仅仅争议容易与否，会变成双方都没有依据的口舌之争，无法得出一个客观的、令双方都能信服的结论。

这个时候，预料不到的技术效果在创造性判断中所起到的特殊提醒作用就能发挥作用了，这个特殊提醒作用体现为，要考虑该发明产生效果的"预料不到"与否，如果基于该发明的区别特征得到效果是预料不到的，自然不能得出该发明的改进及其所达到的效果是"容易想到"的结论。"预料不到"和"容易想到"是一对反义词，证明了前者自然能够否定后者。

但是，貌似从效果在量上的变化，也不能得出"预料不到"方面令人信服的答案啊。例如，在该案例中，如果仅从该发明产率提高的幅度分析该发明的效果的预料不到，显然是不够的。这样的分析自然会引发质疑：凭什么提高11.6%～35.7%就是预料不到，而提高10%或别的百分比就不是预料不到呢？这样的质疑针对的是基于数量变化程度高低的判断，是主观的而非客观的。

这个质疑是对的。那么，该怎么办呢？

在技术启示上存在争议的情况下，对于"预料不到"与否的分析，可以放在针对是否突破规律的分析上，这可以使得该分析尽可能地客观和准确。

规律具有客观性和普遍性的特点，而对于规律的突破又属于符合或不符合规律这样的是非判断，这些都使得针对是否突破规律的分析客观且准确。上述案例，恰恰从突破规律的角度进行了分析，分析中指出：

> 最接近的现有技术的催化剂用量摩尔百分比为2%～13%，高于该发明的催化剂用量比。更为重要的是，该现有技术还指出：催化剂用量摩尔

百分比**从2%**起，**产率**开始**提高**。所属技术领域的技术人员对现有技术的**普遍认识**是：为**提高产率**，**总是**采用**提高**催化剂用**量比**的办法。现有技术**没有**给出**降低**催化剂用量比**也能**大幅度**提升**产率的启示。由此，该发明以降低催化剂用量比的方式所达到的提升产率的效果，属于预料不到的技术效果，该发明由此具有创造性。

可以发现，上述分析中，核心观点在于该发明提升产率的思路，突破了所属技术领域的技术人员对于现有规律的认知，这种"突破"使得效果成为预料不到。显然，在上述分析中，现有规律有据可循，"突破"又是结合该发明和现有规律的对比得出的，这些都是客观的分析，这样的分析有据可依、说服力强。

针对这个案例，要补充说明的一点是，这个案例貌似是在单独分析预料不到的技术效果并得出该发明具有创造性的结论，但其所进行的分析仍然是在"三步法"的体系中的。具体而言，该分析恰恰是在"三步法"第三步的分析中，反驳了第三步分析中"容易想到"的分析结论、纠正了"事后诸葛亮"式的判断方式，并在一定程度上提前堵住了区别特征属于公知常识的判断可能。其所分析得出的"预料不到"，实际上消除了相关争议所导致的技术启示的不确定性，实现了非显而易见方面的客观、准确的判断。

上述案例所体现的该发明改进所呈现的规律和现有规律相反，是较为强烈、明显的对现有规律的突破，但是，对于现有规律的突破不仅仅局限于这一种情况。在数量级上的差异，也可以用以证明对现有规律的突破。

例如，第43911号复审决定（ZL200580010831.6）认为：涉案发明要求保护的特定嘧啶三酮化合物与环糊精结合的**稳定常数**，比最接近的现有技术中公开的**所有**嘧啶三酮化合物与环糊精结合的**稳定常数，均高2个数量级**。而且，该最接近的现有技术中给出的关于嘧啶三酮取代基结构与稳定常数的**关系**的教导，与该发明**相反**。由此，该发明产生了预料不到的技术效果。❶

分析上述决定可以发现，该决定是将现有技术中所公开的**所有**实施例作为比较对象，以此分析的现有技术的稳定常数实际上代表了现有技术中所呈现的

---

❶ 马文霞，何炜，李新芝，等."预料不到的技术效果"在创造性判断中的考量［J］. 中国发明与专利，2013（2）：81.

现有规律。以此为基础，再将该发明的稳定常数和现有规律所对应的稳定常数进行对比，在二者出现数量级上的差异时，则能够说明该发明突破了现有规律，"预料不到"这一核心要素由此得以被证明。对于上述决定，还需要特别注意的是，其还给出了现有技术的教导和本发明相反的分析结论，这一分析结论对于"预料不到"的得出当然有重要的助力作用。

这里延伸出两个问题。

如果该发明仅是针对现有技术的个例而非多个或所有例子所呈现的规律出现了数量级的变化，那么，这样的个例数量级的量变是否也足以说明本发明具有预料不到的技术效果？进一步的，在没有例如上述起到助力作用的其他分析结论的情况下，个例比较所得出的数量级的量变是否也能被认为属于预料不到的技术效果？

这两个问题的结论恐怕是不能完全确定的。这里尝试分析一下可能的情况。

数量级的差异相比于倍数的差异来说，量变幅度显然更大。因此，仅以数量级的差异作为依据，相比其他的数量差异来说，证明其属于预料不到的技术效果的可能性更大一些。数量级的"级"本身可能也有规律的属性，在"级"上进行突破，可能也能说明出现了规律性的突破。但不可否认的是，这样的突破仍然不如规律相反明显，其是否导致了"预料不到"，仍然存在一定程度的不确定性。此时，如果能够引入现有技术在数量级上的共性，也就是现有技术多个实施例都具有相同数量级的效果，那么，这样的"共性"所体现的规律，将有助于进一步说明本发明在数量级上的效果变化，是一个突破了现有规律的效果变化。进一步的，如果还能够找到除了数量级变化的其他能够体现"预料不到"的证明因素，例如上述案例中的"现有技术中给出的关于嘧啶三酮取代基结构与稳定常数的**关系**的教导与本发明**相反**"这样的内容，那么，则更有助于确定地得出"预料不到"的结论。

总结来说，效果在数量上的变化，即使是数量级层面的变化，在被用来证明预料不到的技术效果时，往往需要借助其他规律性的要素或者其他用以证明不存在技术启示的要素，共同配合来完成"预料不到"的证明。这是由数量变化反映了变化程度，而变化程度又在预料不到的判断上存在模糊性所决定的。换个角度来说，在一些情况下，即使是数量级的变化可能也不能被认为存在预料不到的技术效果,而在另一些情况下,即使是仅发生了百分之几的看似较小的数量变化,也可以被认为存在预料不到的技术效果。这些需要结合个案进行分析,而分析的依据在于个案所对应的技术规律。

8.4.2 质变是否不可预期的判断

质变的不可预期的判断相比于量变的不可预期的判断来说,要简单得多,但也并非简单到仅基于本发明产生新的性能就可以完成判断的地步,原因在于,这样的新的性能只是对应产生了"质"的变化,而这样的"质"的变化还需满足"对所属技术领域的技术人员来说,事先**无法预测**或者**推理**出来",才能确定其属于预料不到的技术效果。即针对质变,同样需要进行不可预期的判断,而这样的判断可以借助于逻辑和需求这两个考虑因素来进行。

8.4.2.1 基于逻辑分析质变是否不可预期

《专利审查指南》规定中所提到的"预测或者推理"蕴含着逻辑,可以基于逻辑的分析,模拟可能的预测或者推理,从而完成对"不可预期"的判断。

(1)利用性能和区别特征之间的因果关系进行是否不可预期的分析

对于"质变"来说,基于逻辑所进行的是否不可预期的判断可以关注,所谓的新的性能是否与区别特征之间存在已知的因果逻辑关系,如果存在,那么这一所谓的新的性能将由于这样的已知的因果逻辑关系的存在,而成为可以预测或推理出的性能,其并不满足"预料不到"的要求,该质变并不属于预料不到的技术效果。

例如,某专利申请的权利要求 1 请求保护一种丙烯酸酯聚合物的制备方法,其通过在高于现有技术的温度下进行反应,达到了效果 A 和 B。其中,效果 A 是提高单体转化率,效果 B 是缩短反应时间。

现有技术公开了高于现有技术温度下进行反应可以提高单体转化率。审查意见结合该现有技术所给出的技术启示,认为权利要求 1 所保护的技术方案不具有创造性。

申请人在意见陈述中坚称,**效果 B** 属于**预料不到**的技术效果,基于此认为权利要求 1 所保护的技术方案具有创造性。

分析申请人的意见可以发现,申请人认为现有技术仅公开了提高单体转化率的技术效果，没有公开缩短反应时间的技术效果，申请人据此认为该发明相对于现有技术产生了**缩短反应时间**这样的新的效果，对应于《**专利审查指南**》所规定的新性能这样的质变，由此认为该质变属于预料不到的技术效果。

对于申请人的上述意见，需要注意的是，现有技术中存在"**等温等效**"这一**基本原理**。该基本原理揭示了这样的因果关系：**提高反应温度**，通常导致**反应速度加快、反应时间缩短**。也就是说，在提高反应温度这一技术手段与缩短反应时间这一技术效果之间，存在已知的因果逻辑关系。正是因为存在这样的逻辑关系，使得本领域技术人员能够通过**合乎逻辑**的分析、**推理**，从提高反应温度这一区别特征必然得到缩短反应时间这一技术效果。由于这样的必然性的存在，也就使得效果 B 这一质变并非不可预期，因此其不应属于申请人所认为的预料不到的技术效果。❶

（2）利用新老性能之间是否存在对应关系进行是否不可预期的分析

采用"逻辑"对质变进行是否不可预期的分析还可以关注，所谓的新性能和现有技术的性能之间是否具有对应关系，如果存在这样的对应关系，那么就可以利用"对应"所体现的逻辑关系，从现有性能预测或推理出本发明的新性能，该新性能并非不可预期的预料不到的技术效果。

例如，第 3849 号复审决定（ZL97196776.8）所涉及的专利申请中，权利要求 1 中所要保护的化合物与对比文件 1 的化合物，都具有某主结构，二者的区别在于：该专利申请 R^6 位置的取代基与对比文件 1 存在不同。

对比文件 1 基于从大鼠脑中分离的**蛋白激酶** C 进行的试验，从机理方面对于**抗癌活性**给出了启示。而该申请权利要求 1 的化合物，针对具体的**两种实体癌**具有优异的治疗或控制**活性**。

为了证明该专利申请具有创造性，复审请求人提供试验证据，证明该专利申请化合物及其结构类似的化合物，对**大鼠脑蛋白激酶** C 的抑制 IC_{50} 值，与其**对乳癌细胞系**的体外抑制 IC_{50} 值之间，**没有**表现出**一致性**，两者之间**不是必然的关系**。

该证据表明，对本领域技术人员而言，获悉某化合物的**蛋白激酶** C 抑制活

❶ 王恒，刘枫. 浅析创造性审查中多个技术效果与技术启示的判断 [J]. 中国发明与专利，2018，（增刊 1）：116 – 118.

性，尚**不能**显而易见地判断出该化合物以及结构相近的化合物，能够对于具体的**实体癌（例如乳腺癌）**有**治疗效果**。由此可以得出，该专利申请权利要求 1 所保护的方案产生的上述活性，是在对比文件 1 的基础上**预料不到**的技术效果。❶

可以发现，尽管该专利申请产生了针对具体的实体癌有治疗效果的新性能，但确认该新性能是否不可预期，则还需判断现有技术公开的性能和本发明所产生的性能之间是否存在对应关系。复审请求人恰恰提供了相应的证据证明新老性能之间不具有一致性，消除了利用二者之间的对应关系从老性能预测得出新性能的可能，使得新性能的不可预期得以被证明。

8.4.2.2 基于需求分析质变是否有必要被考虑

一般来说，对于有无动机进行预测或者推理的分析，会将效果作为目标，关注预测或者推理的可能性。但也应该注意到，实际中可能并无需求获得这样的效果。如果对于产生这样的技术效果实际上并无需求，那么，所谓的新的质变或者量变也就由此成为一个在预料不到的技术效果中无须被考虑的因素，进而，在其无须被考虑的情况下，自然也就不能以存在这样的质量或量变而认为存在预料不到的技术效果。这可以说是从不可预期的判断对象（技术效果），就从根本上消除了不可预期判断的必要性，使得该技术效果构成预料不到的技术效果成为不可能。

需求对应于技术问题，因此，基于需求进行的质变是否需要在预料不到的技术效果中被考虑的分析，更多是结合技术问题进行的。

让我们回到本章之前讨论的"陶瓷材料"案例。在该案例中，该发明权利要求 1 所要保护的方案，通过在现有技术的陶瓷材料中**掺杂元素** X，改进了 **A 性能**。该申请说明书整体都在强调掺杂 X 对 A 性能的改善（包括实验数据），但实验数据**还表明**，掺杂 X 后，陶瓷材料的 B **性能也提高了**。权利要求 1 所保护的技术方案与对比文件 1 的区别仅在于采用了一定量的 X 进行掺杂改性，而对比文件 2 中公开了掺杂 X 能改善 A 性能。

---

❶ 马文霞."预料不到的技术效果"在创造性判断中的考量［EB/OL］.［2025 - 04 - 20］. https://mp.weixin.qq.com/s/zeWgR_L8qzz_Fm8 - r48VFw.

之前在分析这个案例时曾经提到，基于"同时改善 A 性能和 B 性能"这一新性能得出该发明产生了预料不到的技术效果的分析结论不一定必然成立，原因就在于针对该新性能缺少是否"预料不到"的分析。此处不妨结合几种不同情况，从"需求"的视角对"预料不到"进行分析。

第一种可能的情况是，该发明的陶瓷材料应用在某特定领域，该领域**只关注 A 性能**，而对 B 性能**并无任何要求**。这使得 B 性能的改善成为该特定领域中无须考虑、无须关注的问题。这种"无须"使得同时改善 B 性能这一技术效果，成为无须考虑的技术效果。换个角度来说，本领域技术人员结合该特定领域的情况，根本没有必要对改善 B 性能这一效果加以考虑。在考虑的必要性都不存在的情况下，自然也就不能以该效果为对象进行是否预料不到的分析。由此，同时改善 B 性能，并不能构成预料不到的技术效果。❶

第二种可能的情况是，该发明的陶瓷材料所应用的另一特定领域，对 A 性能和 B 性能**都有要求**，但是，现有技术中**体现的 B 性能，已经满足**了该特定领域对 B 性能的**现实**要求，现有技术的主要问题在于 A 性能的不足。此时，改善 A 性能就是该另一特定领域中突出要解决的技术问题，而改善 B 性能则成为相对次要的技术问题。这种"次要"体现为，对 B 性能进行进一步的改善，并不是该另一特定领域中的迫切需求，甚至可能是并无需求。这也使得同时改善 B 性能成为一个在该另一特定领域中并无需求达到的技术效果。此时，改善 B 性能这样的技术效果同样会由于"无需求"而被排除于本发明技术效果的分析对象之外，也就没有必要针对这样的技术效果，再进行是否能够预测或者推理进而是否属于预料不到的技术效果的判断了。在该另一特定领域中获得改善 B 性能的技术效果，通常可能被认为属于基于该发明的技术方案所额外获得的奖励，其不能被认定为属于预料不到的技术效果。❷

当然，对于"陶瓷材料"这一案例，还可以从逻辑的角度完成改善 B 性能这一质变是否不可预期的分析。假设在该陶瓷材料所属的技术领域存在这样的公知的原理：掺杂 X 这一技术手段和改善 B 性能这一技术效果之间存在因果关系，那么，该因果关系会使得本领域技术人员通过逻辑分析和推理就能够

❶❷ 代玲莉. 预料不到的技术效果在发明创造性评判中的关联性考量［J］. 科技与法律，2016（4）：706.

预知改善 B 性能这一效果，这将使得同时改善 B 性能无法属于预料不到的技术效果。

至此，通过以上小节的分析，完成了对于"可否预期"这一预料不到的技术效果中的核心判断要素的分析。当然，在预料不到的技术效果的判断中，还涉及效果是否在专利申请文件中有记载、对比实验的设计、用于进行效果比较时定性数据与定量数据的关系以及效果提升难度的证明等问题，篇幅所限，这里就不展开讨论了。

8.5　预料不到的技术效果应是由区别特征所产生的

有一个问题是要着重在此指出的，那就是预料不到的技术效果和区别特征的关系的问题，也就是说，预料不到的技术效果是不是必须由区别特征所产生。讨论这一问题可以回溯本章的一开始。

本章一开始主要讨论了预料不到的技术效果和"三步法"的关系。讨论这一关系主要是有观点认为，可以独立地采用预料不到的技术效果，在无须借助于"三步法"的情况下，完成发明是否具有创造性的判断。表面上看，这样的不使用"三步法"所进行的判断，好像是为了省事，但实际上并非如此。提出这个观点的人也有他的理由和苦衷，其给出了如下说法。

化学是一门实验科学，其发明的实施以及技术效果往往难以预期，正因为如此，使得很难就区别特征在本发明中所达到的效果进行清楚的说明，在此情况下，也就不能将本发明整体方案所达到的效果归因于引入区别技术特征，也就不能利用该效果在"三步法"中确定本发明实际解决的技术问题并进行后续的是否显而易见的分析。由此，只能摆脱"三步法"的束缚，从本发明整体方案的角度确定该方案所达到的技术效果，并以该技术效果为分析对象完成是否属于预料不到的技术效果的分析。

以上的说法可能并不能成立，该说法中所提到的困难，完全可以通过对《专利审查指南》中有关"三步法"的相关规定的准确把握而解决的。

一方面应当注意，所谓的区别特征在要求保护的发明中所能达到的技术效果，并不是指该区别特征本身所能达到的技术效果，而是其在要求保护的发明这一整体方案中所能达到的技术效果。这就决定了，当讨论这样的技术效果时，一方面当然要考虑区别特征本身，另一方面，该区别特征和本发明中其他特征之间的相互联系，也是应当考虑的因素。在考虑了后者的情况下，即使无法借助于明确的原理从区别特征本身推导得出相应的技术效果，也不妨碍基于区别特征本身以及区别特征和方案中其他特征的关系确定得出正确的技术效果，此时，化学领域的"实施以及技术效果往往难于预期"就不再是障碍而是桥梁了。恰恰可以基于化学领域的这一特殊性，免除对于上述区别特征和效果间关系的证明义务，因为即使想证明可能也无法证明。这个证明义务可以转而采用对比的方式来实现。即，将存在区别特征的方案和不存在区别特征的方案在效果上进行对比，在产生了新效果的情况下，则可以说明该效果是由方案中引入区别特征所导致的，而这样的效果往往就是技术方案整体（区别特征和各个特征相互联系后）所达到的效果。

这样说来，如果能够准确把握"三步法"中相关规定的内容，并不妨碍基于区别特征去确定技术效果，并对该效果进行是否属于预料不到的技术效果的分析。而且，也只有基于区别特征在本发明中所达到的效果，才能作为预料不到的技术效果的分析目标。设想一下，如果本发明和现有技术对比得出任意技术效果的改进都能作为是否属于预料不到的技术效果的分析对象，那么，这种任意将使得判断结论出现很大的不确定性。而这种任意，也可能使得将那些原本并非发明构思中所涉及的技术效果，被认定为属于预料不到的技术效果。这会出现如下的结果：仅仅基于申请人事后声明的效果，而非事前贡献所产生的效果，就使得申请人获得了专利授权。这并非对发明人贡献的奖励，可能只是对申请人事后声明的效果的无计可施的授权，既不公平也不合理。

有关预料不到的技术效果应该是区别特征所达到的技术效果，结合《专利审查指南》的相关规定也可以得出。

在《专利审查指南》第二部分第四章第 4.3 ~ 第 4.5 节（摘选）中，涉及预料不到的技术效果的内容如下：

4.3 选择发明

选择发明，是指从现有技术公开的宽范围中，有目的地选择出现有技术中未提到的窄范围或者个体的发明。

在进行选择发明创造性的判断时，**选择所带来的预料不到的技术效果**是考虑的主要因素。

（4）如果**选择使得**发明取得了**预料不到的技术效果**，则该发明具有突出的实质性特点和显著的进步，具备创造性。

4.4　转用发明

（2）如果这种**转用能够**产生**预料不到的技术效果**，或者克服了原技术领域中未曾遇到的困难，则这种转用发明具有突出的实质性特点和显著的进步，具备创造性。

4.5　已知产品的新用途发明

（2）如果**新的用途**是利用了已知产品新发现的性质，并且**产生了预料不到的技术效果**，则这种用途发明具有突出的实质性特点和显著的进步。

另外，在《专利审查指南》第二部分第四章第4.6节中，分别提到要素"改变""替代""省略"导致发明产生了预料不到的技术效果，则发明具有突出的实质性特点和显著的进步。

从这些规定中可以发现，其所规定的预料不到的技术效果，都是和现有技术相区别的"选择""转用""新的用途"等所产生、带来或导致的，这可以证明，预料不到的技术效果应该是源自本发明相对于最接近的现有技术的区别特征，而不能是脱离区别特征而任意确定的。

对于预料不到的技术效果应该是区别特征在本发明中所达到的技术效果，可以参考对"铁素体系不锈钢"案例中的相关争论和分析。在这些争论和分析中，几乎涵盖了预料不到的技术效果判断中的所有内容，是难得的学习材料。

第**9**章

敢想、敢说、敢做

本章内容主要是著者曾经发表的一些文章。这些文章大多是对专利实务中热点、难点问题的讨论。由于著者在撰写这些文章时花费了不少心思，所写的内容自己也相对满意，因此汇编一章，供读者一阅。

本章很多内容是探讨性质的，是著者"敢想、敢说"的体现。罗列于此以供读者批评也表现了著者"敢做"。希望读者看后，能够有所分析、有所批判。如果可能的话，读者也可将批评意见反馈给著者。

9.1　再议多主体方法专利侵权判定

在《专利申请文件撰写实战教程：逻辑、态度、实践》一书中，著者对该问题进行了讨论，但经过几年的沉淀，总觉得当时讨论这一问题的深度还不够，还不能彻底解决该问题，一些观点也存在瑕疵。为此，著者针对该问题进一步加以分析研究。

本节所讨论的多主体方法专利，是指方法专利的权利要求中存在多个以不同执行主体执行的动作。多主体方法专利在专利侵权判定中往往遇到困难。被诉侵权主体往往会辩称，其仅执行了多主体方法专利权利要求中的部分步骤，并未执行方法中的所有步骤，由此并不满足专利侵权判定中的全面覆盖原则的要求，其行为并不构成使用方法专利的侵权行为。

针对多主体方法专利的上述侵权判定困难，有观点提出采用专利间接侵权完成专利侵权判定，但不论在理论上还是实践中，专利间接侵权并不是一个解

决多主体方法专利侵权判定难题的有效办法。❶

笔者不再采用间接侵权、共同侵权的思路来考虑多主体方法专利侵权判定问题，而是基于方法中部分步骤和整体方法之间的关系，构建多主体方法专利侵权的判定思路。

著者认为：在使用方法中，方法作为一个整体成为"使用"的对象，在使用者仅仅针对整体方法的部分步骤加以使用，而该部分步骤又是整体方法中不可分割的一部分的情况下，使用者对于部分步骤的使用也就是对于整体方法的使用。这与使用者在使用产品时，仅对作为整体产品中不可分割的部分部件加以使用同样构成对于整体产品的使用，道理是相同的。著者还认为，应将"使用方法"和"实现方法"区分开，"实现方法"是获得（制造）方法，通常表现为使得方法中的步骤运行起来或维持运行状态。使用方法是在实现方法之后，针对已经实现的方法所进行的使用，类似于使用产品是对已经制造的产品加以使用。由此，作为使用对象的整体方法中的各个步骤，本身就处于运行状态，即使单一主体仅对于整体方法中的部分步骤加以使用，整体方法中的其他步骤也不会由于未被该主体使用而处于未运行的状态，也就不会出现单一主体仅仅使用整体方法的部分步骤却无法实现对整体方法的使用的问题。为了澄清可能的质疑，著者还就"使用方法"中"使用"的实现方式进行了解读。

9.1.1 "使用方法"中的基本问题

9.1.1.1 "使用方法"中的"使用"不是方法中的动作本身

在"使用方法"中，"使用"是方法专利权的直接体现，而"方法"则是"使用"的对象，是专利权所针对的技术客体。基于此，在"使用方法"中，"方法"本身所包括的动作并不是"使用方法"中的"使用"，不应将"使用"和"方法"中自身所包括的动作混为一谈。

---

❶ 专利间接侵权通常以帮助、教唆侵权出现，这使得其适用范围有限。更何况，专利间接侵权的成立要以存在直接侵权为前提，这一根本性的要求使得专利间接侵权仍然无法回避专利直接侵权判定的问题。再者，从我国的司法实践来看，判定构成专利间接侵权，往往需要满足"专用品"等特殊条件的要求，这使得判定侵权的难度加大。

9.1.1.2 "方法"本身就是"动态"的

方法本身是处于运动状态的，这是不言自明的。和静态的产品相比，方法是由动态的步骤以及步骤之间的执行时序关系构成的。落实到"使用方法"中，不能以使得方法运行起来作为"使用方法"的实现方式，原因在于，这样的实现方式实际上否定了方法本身即是运动状态的这一根本属性。

上述结论将有助于笔者的后续分析。

9.1.2 方法作为一个整体被使用

"使用"的含义是使人或器物等为某种目的服务。[1] 作为使用对象的"人或器物"，在"使用"中是以一个整体出现的。著者认为，在确定是否存在"使用"时，应分析是否针对使用对象这一整体存在使用，而非针对使用对象的各个组成部分分别存在使用。

将整体对象拆分成为其组成的各个部分，进而分别分析针对这些组成部分是否分别存在对其的使用，这其实是以各个组成部分形成了"使用"的新对象，并分别以这样的新对象，研究针对这些组成部分各自的使用。这样针对多个部分的多个使用，形成的是一个对整体对象中的各个组成部分各自使用的使用集合，并不是针对整体对象的使用。将"使用集合"混淆为针对整体对象的使用，只会使得针对整体对象的使用的成立条件，被错误地提高。

将使用对象作为一个整体来考虑对其的使用，在"使用产品"中不难被理解。

例如，一辆具有车灯、油门、刹车、雨刷器的汽车，所谓的使用这个汽车，关注的是对于汽车这一整体而言的使用。这样的使用可以是驾车过程中使用油门、刹车以及打开车灯和开启雨刷器，当然，也可以是驾车过程中仅使用车灯或者雨刷器，甚至仅仅是驾驶这样的车辆，并没有开启雨刷器或者打开车灯，也是对于该汽车的使用。在上述对于汽车的使用中，汽车是作为一个整体出现的，所考虑的使用，是针对汽车这一整体是否有使用，并不要求"使用"

---

[1] 中国社会科学院语言研究所词典编辑室. 现代汉语词典［M］. 7 版. 北京：商务印书馆，2016：1190.

作用于该汽车的各个组成部分并使得这些组成部分分别发挥"服务"作用。

或者，可以这样理解"使用"与作为使用的对象的"产品或方法"之间的关系。"使用"是施加于"方法或产品"这一整体对象上的，在"使用"和"方法或者产品"之间存在一个作用点，这个作用点可以是"方法或者产品"的各个组成，也可以是"方法或者产品"的某个部分，这些都不影响"使用"是针对"方法或者产品"这一整体对象的使用的成立。

回归到"使用方法"中，在确定是否满足使用方法的要求时，不必要求对于整体方法中的各个步骤，均被使用，即使某一主体只是使得整体方法中的部分步骤在其使用下为使用者发挥服务作用，也可以构成对于该专利整体方法的使用，这类似于仅使得产品中的部分部件发挥服务作用同样构成"使用产品"。如何证明仅仅施加于部分步骤的使用，也是一个针对整体方法的使用呢？这需要证明部分步骤的确是整体方法的"部分"，这才是实践中对多主体方法专利侵权判定的重点所在。

9.1.3　方法的整体性分析

产品是有形的。在有形的产品中，产品中的部分和整体产品之间的关系一目了然。由此，对于产品部分部件的使用，能够很容易地被判定为对于整体产品的使用。

方法与产品不同，方法是无形的。这种无形的特性使得方法中的部分和整体方法之间，缺少像产品那样有形、直观的连接关系，由此难以直观地观察到某个步骤就是属于整体方法的。但这并不影响方法中的部分步骤归属于整体方法的事实，只不过，这一事实需要在实践中被加以证明和揭示。

要得出部分步骤归属于整体方法这一结论，需要证明的是，部分步骤和整体方法之间存在不可分割的关系。如果存在这种关系，即使其不可见，针对这个部分步骤的使用，也就是对于整体方法的使用。这与仅针对产品中不可分割的部分部件进行使用，同样构成针对整体产品的使用，是同样的道理。

既然要确定"部分"和"整体"之间不可分割的关系，就需要一个线索。这个线索源自整体方法，可以采用整体方法所实现的有益效果（以下简称为"整体有益效果"）作为这个线索。整体有益效果源自整体方法，如果部分步骤和整体有益效果之间不可分割，那么，该部分步骤就与整体方法之间不可分割了。

在操作层面，可以判断某个部分步骤是否是为实现本发明整体有益效果所特别提出的步骤。这里的"特别"指的是，该部分步骤就是为了实现这个整体有益效果所专门提出的，就是因为存在这样的"特别"，使得部分步骤和整体有益效果之间形成了不可分割的关系。又由于方法的整体有益效果是由整体方法中的各个步骤相互配合完成的，因此在部分步骤和整体有益效果之间不可分割时，该部分步骤也就和其他各个步骤，即整体方法之间存在了不可分割的关系。

上述分析过程，实际上是以有益效果为线索，对方法中的部分步骤和整体方法之间的不可分割关系，进行了揭示。所揭示的这种不可分割关系，类似于产品中的各个部件的连接关系。只不过，产品中的连接关系是有形的、可见的，方法中的上述不可分割关系则是无形的、不可见的。

如何来证明部分步骤是"特别"为实现方法的整体有益效果而提出的呢？主要是要确定部分步骤和整体有益效果之间是否为唯一对应关系。所谓的"唯一"对应可以从两个方面来分析。

一方面，要分析某个部分步骤是不是也能在其他方法中运行，从而为其他方法达成其相应的有益效果。如果结论为"是"，那么说明这个部分步骤也可以被从本发明的方法中"分割"出去，用来实现别的方法的有益效果。这个部分步骤和本发明的整体有益效果之间就不存在不可分割的关系。

另一方面，要分析这个部分步骤自身是不是也能达成其自身的有益效果。如果结论为"是"，那么，这个部分步骤分别对应于自身的有益效果以及用来在本发明中产生本发明的整体效果，其并不是唯一的对应于本发明的整体有益效果，由此，其和本发明的整体有益效果之间就不存在不可分割的关系了。

相应的，在实践中应该避免：只要本发明的部分步骤，是对于本发明有益效果的达成存在贡献的，就认为与有益效果存在不可分割的关系。这样的判断无疑是错误的，且是有问题的。

错误在于，部分步骤和整体有益效果之间存在不可分割的关系，强调的是，部分步骤是"特别"为实现"本发明"的整体有益效果而提出的。此处的"特别"类似于"专门"。如果不存在这样的"特别""专门"，即这个部分步骤也和别的方法之间存在逻辑联系的话，那么，就不能说明该部分步骤是和"本发明"之间存在不可分割的关系，二者之间是仅仅具有逻辑联系而已。

基于如上的"错误"产生的"问题"则是显而易见的。如果仅仅基于部分步骤被用来（并非专门用来）达成本发明的有益效果，就认为这个部分步骤是和整体方法之间具有不可分割的关系，那么，有可能出现，使用者所"使用"的部分步骤也是其他方法中的步骤，并非本发明中特有的，此时，如果确定针对这个部分步骤的使用也是对于本发明整体方法的使用，则很有可能将公众利益或者他人利益（对应于其他方法），错误地划归专利权人了。

总结来说，可以采用部分步骤是否"唯一"的对应产生本发明的整体有益效果，完成部分步骤和整体方法存在不可分割关系的判断。

9.1.4　"使用方法"中"使用"的实现方式

如上，著者分析得出，使用整体方法中不可分割的部分步骤也构成了对于整体方法的使用。针对这一观点，可能的质疑是：由于使用方法需要以方法的运行为使用者发挥服务作用，单一主体使用部分步骤仅能使得该部分步骤运行起来发挥服务作用，而其他步骤则需要其他主体对这些步骤进行使用才能运行起来发挥服务作用，因此从使得整体方法发挥服务作用的角度来说，单一主体仍然不能使得整体方法运行起来发挥服务作用。这也是传统观点对多主体方法专利侵权判定的看法。

对于上述传统观点，著者认为，讨论"使用方法"，前提是作为使用对象的方法，已经通过"实现方法"而处于运行状态，并不以对于步骤存在使用才能使得该步骤运行起来。单一主体仅仅使用方法中的部分步骤，整体方法中的其他步骤本身即使没有被使用（包括被该单一主体所使用），其本身也是处于运行状态的，由此，并不影响整体方法以运行的方式来发挥服务作用。当方法是以运行的方式发挥服务作用时，使用者对方法（方法的步骤）的使用，是以对于方法（方法的步骤）存在控制关系实现的。这实际上是有关"使用方法"中"使用"的实现方式问题。

9.1.4.1　使得方法动起来或者维持动的状态并不是对方法的"使用"

提及"使用方法"中"使用"的实现方式，首先要澄清的是什么不是对方法的"使用"。

　　著者认为，如上传统观点中提及的，使得方法中的步骤由静转动或者维持动的状态，是方法的"实现"，不应将对方法的"实现"混淆为对方法的"使用"。

　　首先，从逻辑上来说，"使用方法"的前提是首先具有使用的对象，只有存在可被使用的方法，才能提及对于该方法的使用。这正如使用产品那样，只有具有了制造的产品，才能提及对于该产品的使用。对方法的"实现"，正是将方法中的动作动起来或维持动的状态这样的产生方法的过程，其和制造产品相类似；而对方法的"使用"，则是对于实现的方法的后续使用，由此，从逻辑的顺序关系来说，方法的"实现"和方法的"使用"并不属于同一概念。

　　其次，方法本身就是运动状态的这一根本属性不应被忽略。对于"使用方法"而言，所使用的对象本身就是具有动态属性的方法，如果将使得步骤动起来或者维持动的状态理解为是对于方法的"使用"，这无疑否认了使用对象本身就是运动状态的属性。由此可以说明，将步骤由静转动或者维持动的状态，并非对方法的使用。而正是因为方法本身具有运动状态的属性，所以使方法中的步骤动起来或者维持动的状态，是一个产生或维持运动状态的方法的"实现"过程。

　　上述传统观点，恰恰是将方法的"实现"混淆为方法的"使用"，由此出现了针对"使用方法"上的判断错误。

　　衍生出来的问题是，如果将方法中的步骤由静转动或者维持动的状态不是"使用"，难道使用者对于方法的步骤不进行任何的操作，也能构成使用这个步骤？这其实关系到使用方法中"使用"的实现方式问题。

9.1.4.2　使用方法中的"使用"可以以使用者对于步骤的控制关系实现

　　使用的定义是使得人或事物为某种目的而服务。著者认为，"使用"的关键在于使得使用对象发挥服务作用，在使用对象自身就能够发挥服务作用的情况下，使用者对于使用对象的使用是以对于使用对象的占有来实现的，此时，并不需要使用者对于使用对象有任何操作。这在产品的使用中不难被理解。

　　例如使用香薰、镜子、时钟这样的产品，无须使用者对于这些产品进行什么操作，这些产品本身就能为使用者发挥服务作用，使用者对于这些产品的使用是以对于这些产品的占有而实现的。通过占有使得这些产品为使用者而非别人来发挥服务作用。对于方法的使用也存在类似的情况。

在方法的步骤本身就是动的情况下，方法本身能够基于其自身动态执行来发挥服务作用，此时，使用者对于方法的使用是基于对于方法中步骤的控制实现的，这种控制类似于对产品的占有，是一种权属关系的体现。由此，在使用方法中，使用者对于方法没有进行相应的行为就构成对方法（方法中的步骤）的使用，是可以成立的。

需要注意的是，使用者对于步骤存在控制，更多是以该使用者实现了该步骤加以证明的。即使用者通过使得步骤动起来或者维持动的状态，从而建立起使用者和步骤之间的控制和被控制关系。但使用者的实现步骤的行为，仅仅是用来确定存在控制关系的，其本身并不是对步骤的使用。这类似于使用者购买了香薰这一产品，通过购买行为能够证明其占有香薰，但购买行为本身并不是对于香薰的使用。由此，不应将用来证明存在控制关系的行为，混淆成基于该控制本身所进行的对于步骤的使用。

9.1.4.3 程序代码固化同样是"使用方法"的实现方式

如之前提及的，方法可以通过运行状态来发挥服务作用，实践中，方法也可以静态的方式发挥服务作用，这也是符合"使用"的定义的。

同样基于"使用"是使得对象、人、器物为某种目的而服务这一定义，该定义是以使得对象为某种目的服务这样的结果来定义使用。需要注意的是，此处的"服务"并没有限定到底是动态还是静态的服务形式。这说明，以这两种服务形式而定义的"使用"，都是可行的。

然而，在实践中，人们在看待使用方法时，通常认为使用的结果必须是方法的动态运行，并由此来作为确定是否存在"使用方法"的唯一标准。这其实是一种局限性的看法。

此种局限性表现为，认为"使用产品"只能是让静态的产品运行起来，由此也就认为"使用方法"当然同样只能是让方法运行起来了。使得静态的产品运行起来确实是"使用产品"的一种使用方式，但不是唯一的方式。举例来说，采用某一产品作为其他产品的部件，也构成了使用该专利产品，但这一"使用"的结果，完全可以是使得该专利产品在其他产品作为静态的结构，此时，作为使用对象的"产品"是以静态而非动态发挥服务作用的。

上述局限性的看法的另一来源还可能在于，将"使用方法"和"方法"本身相混淆了，也就是将权利本身（使用）和权利的技术客体（方法）相混淆了。基于这样的错误混淆，得出了"使用"对于"方法"这一对象的使用结果，只能是动态的运行结果的错误结论。

由此，在以"使得对象服务"来考量是否存在对该对象的使用时，不应仅仅将使得对象发挥动态服务作用作为确定具有"使用"的唯一可能。从"方法"这一对象是以动态还是静态的方式发挥服务作用的角度来讲，"使用方法"中的使用可以有两种具体形式。

一种是使得本身就是"动"的方法这一对象运行起来。此时的"使用"是一个如上所述的基于使用者对方法的步骤的控制，使得方法以动态运行的方式来发挥服务作用。

另一种"使用方法"的形式则是让方法这一对象，以静态的形式发挥作用。此时，使用者通过程序代码固化的行为，让动态的动作构成的方法，能够变成产品中待被触发实现的功能，该"使用"使得使用对象（方法），以静态的形式，也就是产品功能的形式发挥服务作用。这同样是使用方法的一种实现方式，只不过，这种实现方式是将原本具有动的属性的方法，由动转静，被程序代码固化在产品中，作为产品中待被触发的功能。

以程序代码固化作为"使用"的存在形式，在最高人民法院的相关判决中已经有所体现。❶

9.1.4.4 多主体方法专利的实现和使用

基于上述分析，著者认为，对于多主体方法专利而言，如果不同步骤涉及由不同主体使得该步骤动起来或者维持动的状态，那么，该多主体方法专利是由多个不同主体共同加以实现的。换句话说，类似于产品的制造，该多主体方法专利是由多主体共同制造的。而针对这样已经动起来的多主体方法，单一主

---

❶ 参见（2019）最高法知民终 147 号民事判决：深圳敦骏科技有限公司诉深圳市吉祥腾达科技有限公司案。

体可以基于其对于部分步骤存在类似于占有产品那样的控制关系，使得该部分步骤通过其自身运行而发挥服务作用，实现对于该部分步骤的使用，也可以通过将该部分步骤所对应的程序代码固化到相应的产品中实现对该部分步骤的使用，在该部分步骤属于整体方法不可分割的一部分的情况下，则该单一主体对于部分步骤的使用构成了对于整体方法的使用。

由此，对于多主体方法专利而言，可能存在的情况是：多主体共同实现方法，但由单一主体独自使用整体方法。当然，当该整体方法中存在多个和整体方法不可分割的步骤时，分别使用这些部分步骤的主体，也分别构成对于整体方法的独自使用。

9.1.5　观点总结以及对全面覆盖原则的分析

如上，著者提出，在一个多主体方法专利中，某个步骤对于实现本发明整体有益效果而言，存在唯一对应关系时，这个部分步骤和整体方法之间存在不可分割的关系，使用这个部分步骤实际上就是对整体方法的使用。

这样的判断思路，是否和全面覆盖原则相悖呢？答案是否定的。

在进行了前面的分析后，不难发现，使用方法中的"方法"，实际上是方法专利权的技术客体，是使用的对象。著者认为，在进行专利侵权判定时，所遵循的全面覆盖原则，其判断目标恰恰是这个技术客体，而非权利本身。

全面覆盖原则所考虑的是，作为专利权技术客体的方法是否被全面覆盖了，也就是说，使用的是否为被方法专利权利要求全面覆盖的方法，其并不是针对权利本身，即并不是针对方法的使用本身适用的判断原则。

其实这不难理解，从全面覆盖原则的各种表达都可以发现，全面覆盖原则所考虑的是所使用的技术方案是否落入专利保护范围中。专利保护范围也就是权利要求所体现的方法或者产品本身，这些都是专利权的技术客体，不是"使用"这一权利本身。因此，全面覆盖原则是对于"使用"对象是否落入权利客体保护范围的判断原则。将全面覆盖原则进一步延伸到对"使用"的判断是错误的。

实际上，对于专利权而言，实施专利的类型本身就是多样的。例如，对于产品而言，就存在制造、使用、销售等构成侵权的实施方式。由于实施类型的多样性，因此全面覆盖原则所规定的自然也就不是针对本就具有多样性的

"实施"的全面覆盖，实际上，全面覆盖原则也没有进行这样的规定，而是实施的对象，即对专利权的技术客体进行了判断标准的规定。

回到本节的判断思路。

在本节中，使用的对象是整体方法，这一点是始终不变的。只不过，著者认为，在使用者仅使用整体方法的部分步骤时，如果这个部分步骤和整体方法之间具有不可分割的关系，那么，也就是对于这个整体方法实施例"使用"。在对使用者的"使用"是否构成专利侵权的判断时，仍然是要判断部分步骤所不可分割的那个整体方法，是否落入方法专利的保护范围中，然后，基于部分步骤和整体方法存在不可分割的关系，确定对于部分步骤的使用实际上就是以整体方法为对象的使用。即先利用全面覆盖原则，进行使用对象是否落入权利客体保护范围的判断，进而分析使用者所使用的部分步骤属于整体方法不可分割的一部分，从而利用该不可分割性得出使用者使用了整体方法这一结论。由此，著者的判断思路并没有违背全面覆盖原则。

全面覆盖原则是多主体方法专利侵权判定中的核心要素所在，为了说明著者的思路没有违背全面覆盖原则的要求，以下通过例子进行说明。

假设，某一方法专利权利要求中，存在网关和服务器两个执行主体，其中，网关执行步骤a、b、c，服务器执行步骤d。该权利要求中由于存在由多个不同执行主体所执行的不同步骤，因此属于多主体方法专利。针对这样的多主体方法专利，如何判断侵权与否呢？

可以分为两个阶段来进行。

第一步，判断实际运行的方法是否的确为方法专利所保护的方法，即采用全面覆盖原则完成对于作为专利权的技术客体的方法是否被全面覆盖的判断。如果实际运行的方法的确落入方法专利的保护范围，那么，进行著者所述的方法中部分步骤和整体方法之间关系的判断；反之，由于实际运行的方法未落入专利保护范围，也就没有必要进行侵权与否的判断了。

第二步，按照著者的思路，判断某一主体所使用的部分步骤，是否和整体方法之间存在不可分割的关系。例如在上述例子中，在被诉侵权主体的控制下网关执行了步骤a、b、c。此时，可以分析步骤a、b、c中的任何一个，是否是为了实现专利方法的整体有益效果而专门提出的步骤。即该步骤仅仅用来实现专利方法的整体有益效果，不能用在其他方法中实现相应的有益效果，也不能实现自身独立的有益效果。如果结论是肯定的，那么，该部分步骤（可以是步骤 a、b、c 中的至少一个）与专利方法的整体有益效果之间存在不可分割的关系，进而，与整体方法之间存在不可分割的关系。例如，步骤 b 与整体方法之间存在不可分割的关系，被诉侵权主体由于使用了步骤 b，其也是对整体方法进行的使用，构成专利侵权。

针对上述判断思路，可能产生的争议是，既然被诉侵权主体只使用了步骤 b 即可判定构成对于整体方法的使用，也就是说，无须考虑该被诉侵权主体对于步骤 a 和 c（和步骤 b 一样，步骤 a 和 c 都是以网关作为动作的执行主体）的使用，也能判定该被诉侵权主体构成对于整体方法的使用，那么，这是否意味着步骤 a 和 c 就是一个所谓的多余指定的技术特征呢？这其实是一种混淆的产物，所混淆的二者是：与整体方法之间不具有不可分割关系的部分步骤，以及方法中的多余指定的部分步骤。

不具有不可分割关系的部分步骤，仅仅是说这样的步骤并不能用来唯一对应于本发明的整体方法，并不是否认这样的步骤存在于本发明的方法中。

著者的思路并不是以下这样的：对于具有不可分割的关系的部分步骤，即承认这样的部分步骤是整体方法中的部分步骤，而不具有这样的不可分割关系，否认这样的部分步骤在整体方法中的存在。实际上，著者的思路是在承认了方法权利要求中所限定的各个步骤之后，进一步对于这些步骤，分析哪些部分步骤能够和整体方法不可分割。这种分析是为了确保针对部分步骤的使用就是针对本发明这一整体对象而非其他方法所进行的使用，而不是一个部分步骤到底是否存在于该整体方法中的分析。

回到前面提到的争议。对于该争议所指出的情况，虽然被诉侵权主体仅仅使用步骤 b 即可判定为其使用了整体方法，但这不是否定步骤 a 和 c 存在于整体方法中而得出的结论，而是基于步骤 b 和整体方法之间具有不可分割关系而得出的结论。依据著者的思路，在侵权判定的过程中，首先要判断的是步骤 a、b、c、d 是否被全面覆盖，其中自然包括步骤 a 和 c。在得到满足全面覆盖原则的判断结论后，才会分析步骤 b 和整体方法之间是否具有不可分割的关系，在具有这样的不可分割关系的情况下，才会得出被诉侵权主体使用步骤 b 也就是对于整体方法的使用这一结论。

由此，尽管从表象上来说，可以无须考虑被诉侵权主体对于步骤 a 和 c 的使用，但这样的"无须考虑"，只是以是否具有不可分割的关系区分使用哪些步骤才能构成使用整体方法时，所采用的"无须考虑"，并不是在针对所使用的方法具有哪些步骤从而是否满足全面覆盖原则时的"无须考虑"。对于步骤 a 和 c，依据著者的思路，在整体方法是否落入方法专利保护范围时，当然要被加以考虑的，这是在满足全面覆盖原则下的"考虑"，并不是多余指定原则的沉渣泛起。

9.1.6　结合相关案例的分析

多主体方法专利侵权判定，国外最著名的案例应属 *Akamai* 案。

在 *Akamai* 案中，审理该案的地区法院法官，首先参考了在 *BMC* 案中由法院创立并采用的"控制及指导"标准，该标准指出，只有被控侵权人作为侵权行为的主脑，而且控制或指导其他人来完成这个侵权行为，方可将其他人的行为归责于被诉侵权人，进而判定该被控侵权人构成专利侵权。❶

"控制及指导"标准的不足之处在于，该标准是从不同的民事主体（并非方法中的执行主体）之间的关系着手进行的分析，但对于实施方法而言，不同民事主体之间真的有所谓的"控制及指导"吗？在 *BMC* 案以及其他方法专利的侵权诉讼中，很难说一个民事主体真的控制及指导了另一个主体。

著者认为，"控制及指导"所关心的，不应是不同民事主体之间的关系，而应是方法专利的技术方案中不同动作执行主体之间的关系。如果某一执行主体通过其执行的动作对于其他执行主体执行其动作起到了"控制及指导"作用，那么，就构成了著者所说的部分步骤和整体方法的不可分割的关系。当然，这里的所谓的"控制及指导"，也应该是一个有目的的控制及指导，这个目的性就是本发明的整体发明目的，即整体的有益效果。由此，可以这样理解控制及指导标准，如果某个执行主体所执行的动作，控制及指导其他动作共同来实现本发明的整体有益效果，那么，这个执行主体所执行的动作和整体方法之间是不可分割的，对于这个执行主体的动作的使用，构成对于整体方法的使用。

由此，著者认为，在 *BMC* 案中所设定的民事主体之间的"控制及指导"

---

❶　陈明涛. 云计算技术条件下专利侵权责任分析［J］. 知识产权，2017（3）：52.

标准，一定程度上脱离了本应进行的对于方法内部的部分步骤和整体方法的关联性分析，由此使得分析结论可能出现偏差。Akamai 案最初被认定的结论是被诉侵权主体并不构成侵权，原因恐怕也在于此。

当然，即使是将"控制及指导"标准修正为不同执行主体之间的标准，其也仅仅是部分步骤和整体方法之间存在不可分割关系的一种具体形态，但并不是全部。不能以其作为唯一标准，实现对所有的多主体方法专利进行侵权判定。

Akamai 案的最终判决结论是被诉侵权方构成专利侵权。其依据的是"决定"说。依据"决定"说的判决中指出：当被控侵权人决定了实施专利方法步骤的具体动作或是该动作的利益获得者时，并且建立了实施动作的方式或时间点时，可以认定直接侵权。❶

采用著者的思路，可以对"决定"说作如下解读。

依据"决定"说，被诉侵权主体决定了专利方法的动作，这是被诉侵权主体和专利方法之间的关系。那么，被诉侵权主体为何而"决定"呢？应该是本发明的整体有益效果。出于达到这样的整体有益效果的目的，其决定了整体的方法。同时，被诉侵权主体自身又使得方法中的部分步骤发挥服务的作用，基于该被诉侵权主体"决定"整体方法是为了达到方法的整体有益效果，其让部分步骤发挥服务的作用也应该是为了达到整体的有益效果，由此，可以建立部分步骤和整体有益效果也就是整体方法的关联关系。再加上该被诉侵权主体所"决定"的就是本发明的方法而非别的方法，因此，可以得出，被诉侵权主体的部分步骤和整体方法之间具有不可分割的逻辑关系。

由此可见，"决定"说也是著者所说的部分步骤和整体方法之间存在不可分割关系的具体体现。只不过，在"决定"说中，这种不可分割的关系是用"决定"来表现的。但"决定"说同样存在问题，其讨论的是被诉侵权主体和专利方法之间的"决定"关系，这样的"人"和"技术"之间的关系往往较难证明。另外，与"控制及指导"标准一样，"决定"关系也仅仅是不可分割关系的一种具体表现形态而已，并非不可分割关系的全部。

---

❶ 管育鹰. 软件相关方法专利多主体分别实施侵权的责任分析［J］. 知识产权, 2020（3）：15 – 16.

不论是"控制及指导"标准还是"决定"说，还存在两个问题。一是仅仅提出这样的标准，而不揭示背后的原理，难免使得人们对于为什么提出并使用这样的标准进行判断，产生困惑。二是对于这两个标准，如果仅仅给出其可以适用但不给出背后的原因，难免使人们认为这是人为设置的新的标准，有超出现行法律规定之嫌，不能确保法律的严肃性。

9.1.7 判断误区和反思

9.1.7.1 多主体方法专利侵权判断的判断误区

回到本节开始，多主体方法专利的侵权判断，为什么会出现所谓的难以克服的判断难度呢？

著者认为，一方面是源自对权利的技术载体和权利本身的混淆。权利的技术客体（方法）和权利本身（使用）的混淆，使得人们认为，"使用"就是方法中各个步骤的运行，由此使得在适用全面覆盖原则时，要求"使用"也是一个使得各个步骤均运行的"使用"。

另一方面可能是人们错误地以制造行为来看待使用。人们可能认为，所谓的使用方法，就是要实现这个方法，"实现"就需要一个步骤一个步骤地实现，从而产生动态的动作。殊不知，这样的一个一个的实现，并不是"使用"的标准，而是一个"制造"某一对象的标准。对于"使用方法"，是以方法本身就存在为前提所进行的使用。这个时候，作为动态的方法，已经存在了。所谓的使用，只是让这个本身就是动态的方法发挥服务作用，而不是逐一地将所有步骤实现，后者，更准确的说是一个"制造方法"的标准。

产生所谓的判断困难的另一种可能的原因是，人们错误地适用了全面覆盖原则。这表现为，错误地将权利本身作为全面覆盖原则的分析对象，由此要求"权利本身"（技术客体实施）的全面覆盖。实际上，全面覆盖原则是一个权利的技术客体的适用标准，只要方法落入专利保护范围，就满足了全面覆盖原则，后续，只是证明针对这个整体方法存在使用即可完成侵权判断，并不要求对于方法的各个步骤均需进行使用。如前文分析的那样，这其实是把对于整体对象的使用，混淆成了对于各个步骤分别使用的"使用集合"。

9.1.7.2 反　思

要反思的是，难道只有互联网、人工智能这样的新技术，才有多主体方法专利的判断需要吗？对于传统方法，难道就没有这个需要？所谓的特殊的判断规则不能不适用于传统方法吗？这未免是不公平的。

著者认为，传统技术领域中也存在多主体（执行主体）方法专利，针对这样的方法专利不能仅仅因为领域的"传统"就被区别对待。适用于互联网、人工智能技术领域的上述判断思路也同样能够、应该适用于传统技术领域的多主体方法专利侵权判断中。这样的判断思路并不是针对某一领域特别创设的特殊的判断思路，而是一个结合"使用方法"的本质分析，澄清了相关错误认识后的一般思路，这也正是著者就"使用方法"进行一般性分析的原因所在。

当然，在传统技术领域中，各个步骤之间的逻辑联系可能不会那么紧密，可能出现部分步骤自身就能达到一个独立的技术效果，或者这个部分步骤也能够在其他方法中使用，从而达到其他技术效果的情况，这时，就不能证明这个部分步骤和整体方法之间具有不可分割的关系了。这一情况估计在传统技术领域的方法中是多数，由此也就使传统技术领域中使用上述"部分—整体"判定思路的可能性较小。但较小不意味着不存在或者不能使用。如果传统技术领域的方法的部分步骤，同样满足上述"不可分割"的要求，那么，同样可以适用上述判定思路进行使用方法专利侵权的判断。

9.1.7.3 有关朴素的正义观和专利文件的本质

对于多主体方法专利侵权，为什么有那么多人研究分析呢？背后的原因恐怕在于，人们想得出即使某一主体没有使用方法的全部步骤也构成专利侵权这样的结论。那么，为什么要朝着这样的结论分析呢？简单地确定不侵权难道不可以吗？

其实，这是朴素的正义观在起作用。

从朴素的正义观出发，在现实中，某一主体的确是实施了方法专利，这种实施表现为仅仅使用了方法专利中的部分步骤，但其确实是从使用该部分步骤中获利了，这实际上侵犯了专利权人的权益。

依据朴素的正义观，该主体对专利权人的权益构成了侵害，本应受到专利权的规制。就是因为这样的朴素的正义观的推动，才会有很多针对多主体方法专利侵权判定问题的研究。著者分析，也是基于朴素的正义观出发而进行的，而分析的结论是与朴素的正义观相符的。

在部分步骤不可分割的与整体方法的整体有益效果相联系的情况下，使用该部分步骤的被诉侵权方毫无疑问基于其"使用"获利了。按照著者的思路，该被诉侵权方实际上使用了整体方法，构成专利侵权。这恰恰与以利益为导向的朴素的正义观相符的。

研究多主体方法专利侵权判定问题的另一个出发点，也在于专利的本质。专利的本质是将技术方案以法律文书的形式进行保护，法律文书仅仅是外衣，不能以这个外衣来限制技术本质。如果基于之前的局限性认识，大多数多主体方法专利，都会出现专利侵权判定上的困难，但这种判定困难仅仅是法律文书（权利要求）的表现形式所导致的。这显然是本末倒置了，脱离了专利保护技术的本质。即使为了满足侵权判定的需要，对于多主体相互交互的技术方案，都采用所谓的单侧写❶的方式来撰写权利要求，那么，会使原本能够清晰表达的技术方案，变得十分晦涩。这是纯粹的文字游戏而已。把专利从技术保护变成文字游戏是错误的，这也是促使本书研究多主体方法专利侵权判定问题的动力所在。

由此，著者认为，即使对于多个执行主体相互交互的方法，在专利文件中清晰地将多个主体的交互限定在权利要求中是可以的，基于对使用方法的正确理解，能够采用这样的多主体方法专利，判定使用者使用该方法专利的部分步骤，同样构成专利侵权。

绝大部分的多主体方法专利，基本上能够采用现行法律规定，以方法中的部分步骤和整体方法之间是否存在不可分割的关系解决其侵权判定问题。这所依赖的是对于相关错误理解的消除，以及对于"使用方法"的本质含义的准确把握。甚至可以这样说，某个被诉侵权主体对于整体方法中的各个步骤都进行了使用，是一个"使用方法"中的特殊情况，而常规的情况则是，某个主体对于整体方法的部分步骤进行了使用，毕竟，对于使用对象的全部而非部分

---

❶ 交互类的方法专利也可以只以一个执行主体来描述该方法的整体方案（即单侧写）。

进行使用，从可能性上来说，前者相较后者来说是少见的。对于上述"常规的情况"当然无须创设超出现行法律规定的规则来完成侵权判定，也不应当采用较为特殊的间接侵权进行解决，而是完全可以立足于现行的法律规定，深挖法律规定的本质含义，并消除误解，这样完全能够实现关于使用多主体方法专利的侵权判定。

9.2 浅议方法限定产品权利要求的保护范围

专利可以被划分为产品专利和方法专利两种类型。对于产品专利的权利要求，除了可以通过形状、结构进行限定，还可以在特定情况下采用方法进行限定。针对这种特殊的限定形式的产品权利要求，方法的限定在确定权利要求保护范围时是否发挥作用存在争议。著者拟解读争议观点并提出解决方案。

9.2.1 何谓"方法限定产品权利要求"

根据《专利审查指南》第二部分第二章第 3.1.1 节规定，按照性质划分，专利权利要求有两种基本类型，即物的权利要求和活动的权利要求，或者简单地称为产品权利要求和方法权利要求。一般而言，产品权利要求采用形状、结构或其结合对其保护的技术方案加以限定，但在某些特殊的情况下，产品权利要求也可以用物理或者化学参数进行表征，或者借助方法特征进行表征。❶ 借助方法特征进行表征的产品权利要求即是本节所讨论的方法限定产品权利要求（product – by – process claim）。

方法限定产品权利要求多见于制药和生物、化学领域，在这些领域中，一些被保护的产品往往受限于分析水平而无法明确其结构或成分，因此，在很多国家针对此种产品都允许采用制备方法进行限定。❷ 例如，《专利审查指南》第二部分第二章第 3.1.1 节中指出：当产品权利要求中的一个或多个技术特征无法用结构特征并且也不能用参数特征予以清楚地表征时，允许借助于方法特

---

❶ 尹新天. 中国专利法详解［M］. 北京：知识产权出版社，2010：146.
❷ 毛映红. 小议"方法限定产品"专利权利要求的解释方法［J］. 知识产权，2009（6）：88.

征表征。在日本以及欧洲的专利审查指南中也都有类似的相关规定。❶

9.2.2 产品限定法和全部限定法

9.2.2.1 产品限定法

限定方式的特殊引发了对于方法限定产品权利要求保护范围的特殊理解。

常规而言，权利要求的保护范围是基于该权利要求所记载的内容确定的，即权利要求中所记载的各个内容都对权利要求的保护范围起到限定作用。由于在方法限定产品权利要求中，方法的限定并非属于产品所保护的形状、结构特征，因此，有观点认为在界定方法限定产品权利要求的保护范围时，方法的限定并不会起到限定作用，而是仅考虑结构、形状这样的产品本身的特征，这种该观点被称为产品限定法。❷

产品限定法的观点源自各国针对方法限定产品权利要求的审查规定。例如，美国专利审查指南（MPEP）中即规定：即使方法限定产品权利要求被制备方法所限定和定义，但是，其是否具有专利性的判断仍然基于产品本身。❸欧洲专利局（EPO）的专利审查指南中则明确指出：若使用方法限定产品，那么该产品首先应当满足专利"三性"要求（如新颖性和创造性），采用一种新的方法制造并不能说明产品本身是新的。❹我国的《专利审查指南》第二部分第三章第3.2.5节中则指出：如果申请的权利要求所限定的产品与对比文件相比，尽管所述方法不同，但产品的结构和组成相同，则该权利要求不具备新颖性。由于上述这些规定都强调了方法限定产品权利要求的专利性判断应当基于产品本身，方法并不足以使得产品具有新颖性，因此产品限定法认为对于方法限定产品的权利要求，方法的限定应不予考虑。

9.2.2.2 全部限定法

无论限定方式如何特殊，方法限定产品权利要求仍然是作为权利要求而存

---

❶ 范胜祥，樊晓东. 试论方法特征限定的产品权利要求的撰写形式与保护范围 [J]. 知识产权，2012（7）：101.

❷ 田振，姚云. 对方法限定的产品权利要求的解释 [J]. 中国发明与专利，2011（1）：106.

❸ 毛映红. 小议"方法限定产品"专利权利要求的解释方法 [J]. 知识产权，2009（6）：90.

❹ 田振，姚云. 对方法限定的产品权利要求的解释 [J]. 中国发明与专利，2011（1）：107.

在的，由此，出现了与产品限定法针锋相对的全部限定法。全部限定法认为，即使是方法限定产品这一特殊表达形式的权利要求，仍然应当遵从权利要求保护范围界定的一般原则，在确定其保护范围时应当考虑该权利要求所记载的各个内容的限定作用。方法的限定作为权利要求记载的内容之一，在界定该权利要求保护范围时，当然应该被考虑且发挥限定作用。

全部限定法的观点多见于专利侵权判定的具体实践中。例如，美国联邦巡回上诉法院（CAFC）在审理 *Abbott Labs. V. Sandoz Inc.* 案中，就采用了全部限定法进行专利侵权的判定。CAFC 在该案的判决中明确了方法特征对于方法限定产品权利要求的保护范围具有限定作用，并基于此作出了被告并不构成专利侵权的判决。❶ 在我国，尽管在专利侵权诉讼中针对方法限定产品权利要求的解释方法没有进行特别的法律规定，但分析相关司法解释不难发现，我国在专利侵权诉讼中同样倾向于采用全部限定法解释方法限定产品权利要求的保护范围。❷

9.2.2.3　产品限定法和全部限定法并存所引发的争议

不难发现，对于方法限定产品权利要求中"方法的限定"是否起到限定作用，产品限定法和全部限定法之间观点对立，而这两种对立的观点又分别应用于专利审查和专利侵权判定中，由此，有观点认为，这样对立观点的并存以及在不同阶段的应用，使得专利权人承担了本不应承担的风险，却又无法获得与该风险对应的收益。

具体而言，由于在审查阶段应用产品限定法，对于"方法的限定"不予考虑，因此，审查阶段所审查的权利要求是一个没有方法限定的、保护范围较宽的权利要求，申请人需要就该较宽保护范围的权利要求承担不被授权的风险；❸ 而在专利侵权判定阶段，采用的却是全部限定法，"方法的限定"在界定权利要求保护范围时发挥了作用。"方法的限定"在侵权判定时的"起死回生"，使得专利权人在专利申请阶段所承受的上述风险在侵权判定阶段毫无收

❶ 田振，姚云. 对方法限定的产品权利要求的解释［J］. 中国发明与专利，2011（1）：107.
❷ 田振，姚云. 对方法限定的产品权利要求的解释［J］. 中国发明与专利，2011（1）：108-109.
❸ 毛映红. 小议"方法限定产品"专利权利要求的解释方法［J］. 知识产权，2009（6）：91.

益可言，专利权人仅承担绝对的风险而没有对应的收益，这对于专利权人是不公平的。

那么，事实是否的确如此呢？著者认为并不尽然。

9.2.3　对"产品限定法"的解读

不难发现，上述不公平的触发点在于在专利审查阶段，针对方法限定产品权利要求采用了产品限定法进行专利审查，正是由于产品限定法对于"方法的限定"视而不见，导致有观点认为方法限定产品权利要求的保护范围被扩大了，而这一扩大的保护范围和后续侵权判定中采用全部限定法所确定的保护范围形成了一大一小的关系，这样的不一致造成了上述的不公平。

问题在于，产品限定法真的扩大了方法限定产品权利要求的保护范围吗？著者认为并非如此。实际上，产品限定法用来评判创新与否而非界定权利要求的保护范围，而其对于"方法的限定"不予考虑，所针对的是保护类型的是否恰当，而非保护范围的界定。应用产品限定法并没有改变权利要求文字记载所界定的保护范围，而该保护范围就是所谓全部限定法所界定的保护范围。

9.2.3.1　产品限定法不用于确定权利要求的保护范围

结合之前对于产品限定法的介绍，产品限定法所依据的各国和地区专利审查指南的相关规定，无一例外针对的是专利的新颖性、创造性审查。创新性审查的根本目标在于确定权利要求所要保护的方案相对于现有技术有无改进。有无改进的判断是对于相应限定内容的属性判断，而非对其存在与否的判断。针对某一限定内容进行创新性的判断，其目标是确定所要保护的方案是否基于该限定内容的存在而具备改进，而不是确定该限定内容的有无进而结合该有无结果重新确定权利要求的保护范围。例如，针对一个保护内容为 A + B + C 的权利要求，专利审查的目标在于判断各个限定内容是否属于改进，而即使判断出限定内容 "C" 并不属于改进，进行该判断的目标也仅仅是否认该方案基于 "C" 具有创新性，而非否认限定 "C" 的存在进而重新确定权利要求的保护范围为 A + B。应用于创新性审查中的产品限定法，所进行的正是此种改进有无的判断，而非保护范围的界定。

9.2.3.2 产品限定法对于方法限定的不予考虑所否认的只是"方法的限定"属于改进，并不否认"方法的限定"本身的存在

不难理解，在创新性判断中，即使判断出某一限定内容并非属于改进，当然并不意味着对该限定内容在权利要求中存在的否定。

基于产品限定法在专利审查中的应用目的，产品限定法对于"方法的限定"的处理实际上是对该限定进行是否属于改进的判断。只不过，该"是否属于改进"的判断依据不再是基于检索所进行的技术特征比对，而是以"限定"的类型是否属于产品所保护的特征类型作为判断依据。根据《专利审查指南》的规定，产品权利要求保护产品的形状、结构及其结合，"方法的限定"显然不在此列，因此"方法的限定"并不属于产品的改进。而产品限定法所依据的各国和地区专利审查指南中，尽管表述各异但核心思想都是方法的限定并不足以使得产品是新的，其体现的含义同样是方法的限定并非属于产品的改进。

尽管判断的依据有所不同，但产品限定法针对"方法的限定"在创新性方面不予考虑，和常规基于检索的现有技术对相应限定进行技术特征公开与否的比对，在"是否属于改进"的判断内容上并无区别。这样的判断仅仅确定的是相应"限定"是否属于改进，而非确定该"限定"是否存在。即使基于上述判断确定相应的"限定"并不属于改进，也不能据此得出该"限定"并不存在的结论，因为"限定"属于改进的与否并不会影响该"限定"存在于权利要求中的客观事实。

由此可见，在产品限定法中，"对方法的限定不予考虑"的本质含义是方法的限定不被作为改进而被加以考虑，简单来讲就是"方法的限定不属于改进"。只不过，人们将"不被作为改进而加以考虑"简称为"对方法的限定不予考虑"，进而针对这一简称误解其表达的含义是将该特征消除，从而得出了在专利审查过程中扩大保护范围的错误结论。

对产品限定法中"对方法的限定不予考虑"进行上述错误理解的原因还在于，人们以结论替代了结论得出的过程。著者认为，产品限定法对于方法限定的不予考虑，实质上揭示的是一种结论，该结论是：方法限定的存在于否对于专利创新性的判断结果是没有影响的，正是依据该结论产生了针对方法的限

定"不予考虑"的说法。但需要注意的是，结论只是结果，而结论的得出过程才是产品限定法真实含义的体现。实际上，上述结论是按照以下方式得出的：在评判专利的创新性时，作为权利要求中的限定，方法的限定当然被加以考虑了，只不过，由于方法的限定并非产品特征，并不属于产品的改进，因此，即使存在方法的限定，也不会对产品权利要求的创新性产生影响，此时得出的结论和不存在方法的限定时所得出的结论是一样的，既然结论相同，那么对于方法的限定当然就可以"不予考虑"了。但需要注意的是，这里只不过是对于存在方法的限定和不存在方法的限定的这两种不同情况，得出的判断结果相同而已，判断结果的相同当然不意味着这两种不同情况本身也相同，不能基于判断结果的相同就将上述两种情况相互混淆。认为产品限定法将权利要求的保护范围扩大的观点，实际上就是只注重了判断结果的相同而忽视了判断对象的不同，其仅依据判断结果相同，就错误地将具有"方法的限定"的权利要求转变为不具有"方法的限定"的权利要求。实际上，产品限定法的应用过程中，"方法的限定"是始终客观存在的，没有被删除，该限定只不过是由于不属于产品的特征而不被考虑为改进而已。

9.2.3.3 产品限定法并不会导致专利申请人承受不合理的风险

结合著者的上述分析会进一步发现，专利权人并不会基于产品限定法在审查过程中的应用而承担不合理的风险。

基于之前的论述，所谓不合理的风险，是基于方法限定产品的权利要求保护范围在审查中被放大所引发的风险，而保护范围被放大的根源在于误认为产品限定法是将"方法的限定"删除。结合著者之前的论述可以发现，产品限定法并未否认"方法的限定"的存在，因此并未扩大权利要求的保护范围，进而不会导致上述不合理的风险的出现。

当然，产品限定法中对于方法的限定的不予考虑会对专利的授权带来风险，但这一风险是专利申请人自身选择保护类型不当所带来的合理风险，并非法律适用不统一引发的不合理风险。

应该注意到，《专利法》规定了方法和产品两种不同的保护类型，并就专利方法和专利产品提供了不同形式的保护。对专利方法而言，《专利法》所提供的保护是"不得使用"，而对于专利产品而言，除了"不得使用"，还包括

"不得制造、许诺销售、销售、进口"的保护。对于专利产品的保护相比于专利方法而言力度更强。专利申请人理应根据《专利法》的规定，基于其实际的创新是方法还是产品，选择合适的保护类型进行专利申请，进而获得与其保护类型相对应强度的专利保护。但如果专利申请人针对其方法的改进，错误地选择产品这一保护类型寻求专利保护，以期获得力度更强的专利保护，这种要求本身就因为违反法律规定而应被拒绝，其对于专利申请带来的风险则是申请人就其不当选择所理应承受的合理风险。某种意义上说，产品限定法的存在是一种避免申请人不当获利的预防手段，该手段能够针对方法的改进，避免其通过产品权利要求的包装，获得本不应属于其的专利产品的保护。

9.2.4　补充说明

需要补充说明的是，本节有关产品限定法中"不考虑方法的限定"中的"方法"，特指对产品的结构和/或组成不产生改变影响的"方法"，如果"方法"能够改变产品的结构和/或组成，"方法的限定"本质上就是一个产品结构和/或组成的特征，此时，即使依据产品限定法的观点，该方法的限定也应作为产品的改进而被加以考虑，这些内容在我国的《专利审查指南》第二部分第三章第 3.2.5 节中有清晰的阐述。

9.3　论方法专利延伸保护的保护范围

《专利法》提供了方法专利延伸到产品的延伸保护，对于此种延伸保护的保护范围，最高人民法院先后在两次司法解释中予以说明，然而争议仍然存在。著者将在本节首先介绍对司法解释的相关理解及批评意见；其次以产品专利保护范围基本规则为分析手段，对方法专利延伸保护的保护范围进行分析，以期消除对司法解释的错误理解，解决批评意见中所指出的问题；最后，著者针对方法专利延伸保护中除了"后续产品"的一些其他问题也进行了讨论。

9.3.1　方法专利延伸保护的法律规定及司法解释

《专利法》第 11 条第 1 款规定，对于专利方法，任何单位或者个人未经专利权人许可，都不得为生产经营目的使用其专利方法以及使用、许诺销售、销售、进口依照该专利方法直接获得的产品。在上述规定中，针对"依照该专利方法直接获得的产品"所提供的专利保护，由于源自方法专利，因此又被称为方法专利的延伸保护。

针对方法专利的延伸保护，最高人民法院先后在司法解释中进行了说明。在 2009 年《最高人民法院关于审理侵犯专利权纠纷案件应用法律若干问题的解释》（以下简称"司法解释一"）第 13 条中规定："对于使用专利方法获得的原始产品，人民法院应当认定为专利法第十一条规定的依照专利方法直接获得的产品。对于将上述原始产品进一步加工、处理而获得后续产品的行为，人民法院应当认定属于专利法第十一条规定的使用依照该专利方法直接获得的产品。"在 2016 年《最高人民法院关于审理侵犯专利权纠纷案件应用法律若干问题的解释（二）》（以下简称"司法解释二"）第 20 条中规定："对于将依照专利方法直接获得的产品进一步加工、处理而获得的后续产品，进行再加工、处理的，人民法院应当认定不属于专利法第十一条规定的'使用依照该专利方法直接获得的产品'。"

9.3.2　对于司法解释的理解及批评

结合上述司法解释，有观点认为司法解释将方法专利的延伸保护界定为对于"使用专利方法获得的原始产品"的保护，而相应地将"后续产品"排除在方法专利的延伸保护范围之外，随之，批评意见也被提出。该批评意见指出，上述司法解释将使得方法专利的延伸保护被轻易地规避。一些针对原始产品的后续处理（例如研磨处理），对于最终产品所贡献的价值较之专利方法而言可能很小，如果按照司法解释所规定的那样，一律认定"后续处理"可以破坏方法与其所获得的产品之间的直接联系，将"后续产品"排除在方法专利的延伸保护之外，方法专利的延伸保护会被轻而易举地绕开，其保护将形同虚设。❶

如果司法解释确如上述批评意见所指出的那样，无疑将构成对方法专利的

---

❶ 何怀文. 方法专利的"延伸保护"和新产品制造方法专利侵权诉讼中的举证责任倒置：评最高人民法院张喜田提审案 [J]. 中国专利与商标，2011（2）：4 - 5.

延伸保护的严重削弱。但如果完全否定上述司法解释针对"后续产品"的规定，将"后续产品"不加区分地统一划归到方法专利延伸保护的范围内，则专利权人基于其提出的专利方法所获得产品保护将会扩大到无边际，这无疑将导致专利权人的权益被不恰当地放大，从而影响公众利益，这种做法显然也是存在问题的。

那么，问题应该如何解决呢？著者认为，上述所谓"问题"的出现，源自对司法解释相关规定的错误理解。基于专利保护范围的基本规则，正确理解司法解释的相应内容，即可消除错误理解，准确界定方法专利延伸保护所覆盖的保护范围，从而解决上述"问题"。

9.3.3　以"保护范围"为分析手段理解"司法解释"

9.3.3.1　专利保护的并非某一具体技术方案而是保护范围

专利保护首要面临的问题是确定专利权的保护范围，而保护范围通过权利要求予以体现。根据《中华人民共和国专利法实施细则》（以下简称《专利法实施细则》）第 19 条的规定，权利要求书应当记载发明或者实用新型的技术特征。权利要求中所记载的多个技术特征会构成一个技术方案，但应该认识的是，通过权利要求所保护的专利权当然并非仅是该技术方案本身，而是一个由多个技术特征限定得到的保护范围。正如尹新天先生在《中国专利法详解》中所指出的那样：一项权利要求中记载的所有技术特征共同限定了要求专利保护的范围，权利要求中的技术特征对于确定专利权保护范围起到限定作用，即该权利要求所保护的技术方案中应当包括该技术特征。❶不难理解，对于在权利要求中记载了步骤 A、B、C 的方法专利而言，其所保护的当然不仅是方法 A、B、C 本身，而是一个由步骤 A、B、C 共同界定的保护范围，不仅方法 A、B、C 落入该保护范围，方法 A、B、C、D，方法 A、B、C、E 乃至方法 A、B、C、D、E 都落入该保护范围之中。

由此可见，《专利法》第 11 条中针对"其专利产品"以及"其专利方法"所提供的保护，并非局限于权利要求书所记载的特定技术方案，而是涵

---

❶　尹新天. 中国专利法详解［M］. 北京：知识产权出版社，2010：555 – 556.

盖了基于权利要求所记载的各个技术特征所限定得到的产品或方法的保护范围，该保护范围中包括多个不同的产品或方法。在专利保护的背景下看权利要求，权利要求并非一个技术方案，而是由多个作为"限定"存在的技术特征所构成的"限定"的集合，该"限定"的集合最终确定出该权利要求的保护范围。

9.3.3.2 从方法专利延伸得到产品专利是方法专利延伸保护的基础

应该认识到，方法专利的延伸保护中的"延伸"，并非保护范围层面范围大小的"延伸"，而是保护类型层面的"延伸"，即从方法专利这一保护类型延伸得到产品专利这一保护类型，进而提供对应于产品专利的专利保护。在产品专利未被延伸的情况下而提供与产品专利对应的保护，这与"皮之不存，毛将焉附"的道理是一样的。我们在讨论方法专利的延伸保护时，首先需要完成的是从方法专利延伸得到对应的产品专利，进而针对该产品专利确定其保护范围。只不过，在方法专利延伸保护的场景下，延伸的产品专利中的多个"限定"需要通过方法特征间接的来确定。

9.3.3.3 对于方法专利延伸保护范围的确定

明确上述两点之后，方法专利延伸保护中的争议问题就不难解决了。

正如著者之前分析的那样，对于方法专利的延伸保护，首先要结合方法专利延伸得到产品专利，然后根据该产品专利确定方法专利延伸保护的保护范围。而对于产品专利的保护范围而言，其当然不仅局限于由方法专利得到的特定产品，而是一个由产品专利中多个限定所界定的保护范围。准确来说，由方法专利延伸的并非一个特定的产品，而是一个由多个产品特征构成的"限定"集合，通过该"限定"集合确定产品专利的保护范围。

例如，对于一个方法专利而言，其包括步骤 A、B、C，根据该步骤 A、B、C 将得到一个具备产品特征（例如形状、结构）甲、乙、丙的产品 X。此时，由该方法延伸得到的产品专利是一个由甲、乙、丙这三个特征所限定的产品专利保护范围，并非局限于甲、乙、丙构成的产品 X。只要具备甲、乙、丙特征的产品，例如由甲、乙、丙、丁构成的产品或甲、乙、丙、戊构成的产品，都在该产品专利的保护范围之内，都能获得基于方法专利 A、B、C 的延伸保护。

9.3.3.4　对"后续产品"是否获得方法专利延伸保护的判断

基于上述分析，著者认为，对于"后续产品"是否能够获得方法专利延伸保护的判断，完全可以通过判断"后续产品"是否落入产品专利的保护范围中完成，这种判断和常规的产品专利侵权判定在判断方式上是一样的，只不过，这种判断中的产品专利并非文字上存在的产品专利，而是基于文字上存在的方法专利延伸得到的产品专利。而采用这样的判断方式，完全能够解决著者之前提及的方法专利延伸保护的相关争议。

具体而言，在方法专利的延伸保护中，由方法专利延伸得到的产品专利（以下简称"延伸产品专利"）的保护范围是通过方法专利限定得到的，该限定得到的保护范围当然不会局限于使用专利方法获得的原始产品（以下简称"原始产品"）本身，而是一个由"原始产品"中各个"限定"特征所界定出的产品保护范围。

如果"后续处理"使得"原始产品"发生形状、结构上的改变，而该改变会使其所得到的"后续产品"不再具有延伸产品专利中所限定的技术特征，则该"后续产品"并不落入延伸产品专利的保护范围中，不能获得方法专利的延伸保护；反之，如果"后续处理"并未使得"原始产品"发生形状、结构上的改变，或者，即使发生了改变，但改变后所得到的"后续产品"仍然具备延伸产品专利中所限定的各个产品特征，那么，即使存在"后续处理"，该"后续产品"仍然落入延伸产品专利的保护范围之中，能够获得方法专利的延伸保护。

不妨仍以上文举例进行说明。对于专利方法 A、B、C 而言，直接使用该方法 A、B、C 会得到一具有产品特征甲、乙、丙的产品 X。该专利方法延伸保护所对应的延伸产品专利是由产品特征甲、乙、丙所限定的产品专利保护范围，而并非局限于产品 X 本身。如果对产品 X 进行例如打磨这样的"后续处理"，所得到的"后续产品"Y1 仍然具备甲、乙、丙这样的产品特征，则该"后续产品"Y1 仍然落入延伸产品专利的保护范围中，能够获得专利方法 A、B、C 的延伸保护；反之，如果对产品 X 进行"后续处理"，而该"后续处理"

使得"后续产品"不再具有例如甲这样的延伸产品专利中所限定的特征，则此时得到的"后续产品"Y2 不再落入延伸产品专利的保护范围中，不能获得专利方法 A、B、C 的延伸保护。

9.3.3.5　方法专利延伸保护和方法限定产品权利要求

从某种意义上来说，方法专利延伸保护和方法限定产品权利要求所实现的专利保护在本质上是一样的，二者均是以方法特征作为表达方式实现对产品专利保护范围的限定。二者之间的些许不同是，方法专利延伸保护中并未直接写出产品专利这一保护类型，且延伸的产品专利的各个特征均是以方法特征限定得到的，而方法限定产品权利要求中，产品专利这一保护类型被明确写出，且一些方法限定产品权利要求中也并非完全以方法特征限定该产品的各个特征的。

由于方法限定产品权利要求和方法专利延伸保护在本质上相同，因此在确定方法专利延伸保护的保护范围时，也应与确定方法限定产品权利要求保护范围相类似，将方法特征作为限定因素予以考虑。例如，对于专利方法 A、B、C，当依据该专利方法直接得到具有结构形状特征甲、乙、丙的产品时，不应仅以甲、乙、丙来确定延伸保护所对应的产品专利的保护范围，而是应将专利方法 A、B、C 的限定作用考虑进去。方法专利 A、B、C 的延伸保护的保护范围，准确来说应该是由依照方法专利 A、B、C 所得到的产品特征甲、乙、丙所限定的产品专利的保护范围。相应的，如果在专利侵权判定中，他人制造了一个具有甲、乙、丙产品特征的产品，但其能够证明其得到甲、乙、丙是通过区别于专利方法 A、B、C 的其他方法所得到的，那么，在此情况下，他人所生产的产品并未落入专利方法 A、B、C 延伸保护的产品专利保护范围中，其行为并不构成专利侵权。

9.3.4　衍生的若干问题

9.3.4.1　方法专利延伸得到现有产品是否能够适用方法专利的延伸保护

明确了方法专利的延伸保护首先是从方法专利延伸得到产品专利之后，随之带来的一个问题是，这样延伸出来的产品专利是否均能够成立进而提供延伸保护。

不排除有这样的情况，专利方法是一个新的方法，满足专利授权的要求，但依据该专利方法所得到的产品却是一个现有的产品，简言之，就是采用了新的方法得到现有产品。现有产品显然不应获得专利保护，那么，在方法专利的延伸保护中，是否应该将依据专利方法所得到的现有产品排除在延伸保护的范围之外呢？著者认为并无此必要。

首先，将"现有产品"排除在方法专利延伸保护之外，需要结合检索进行技术方案的比对。此种检索、比对应由审查员在实质审查阶段完成，但前提是需要有检索、比对的对象，即产品专利本身。而对于方法专利的延伸保护而言，其延伸出的产品专利并未以权利要求的形式在专利申请文件中出现，在此情况下，让审查员进行检索、对比显然是不现实的。而如果要求专利权人在寻求方法专利延伸保护时，证明其延伸保护所对应的产品专利具备新颖性、创造性，则是将专利审查的工作转嫁于专利权人，不但不符合专利权人的角色定位，更会增加专利权人的维权负担。

其次，即使基于方法专利直接得到的产品为一现有产品，专利权人也不会由于方法专利的延伸保护不当获利。原因正如前文所分析的，方法专利延伸保护所对应的产品专利中，方法特征同样作为限定因素在确定保护范围时被加以考虑。即使依照专利方法直接得到的产品的形状、结构是现有的，由于延伸产品专利的保护范围被新的专利方法的特征所限定，其保护范围也是在以现有产品特征所限定的保护范围基础上进一步限缩得到的一个新的保护范围，该新的保护范围是区别于现有技术的保护范围，专利权人基于该保护范围不会获得本应属于公众的权益。

9.3.4.2　依照专利方法所得到的产品无法确定产品特征时该如何处理

前文阐述了方法专利延伸保护中，依照专利方法所得到的产品能够以形状、结构这样的产品特征加以确定的情况。实际上，在医药、化学领域，还存在一些依照专利方法得到的产品无法借助产品特征进行描述的情况。此时，我们无法按照前文所述的那样，基于专利方法 A、B、C 首先确定出由产品特征甲、乙、丙所限定的延伸产品专利的保护范围，那么，此时，前文所述的分析思路是否仍然能够成立呢？著者认为结论是肯定的，只不过分析的方法略有改变而已。

应该认识到，无法用产品特征直接表达的产品专利只不过是产品专利的一种特殊表达方式而已，表达方式的特殊并不影响其作为产品专利的一般属性。该一般属性体现为：即使方法专利延伸出的产品专利不能以产品特征表达，该延伸的产品专利仍然具有产品特征（只不过无法确定或表达而已），而且是通过这些产品特征限定出产品专利的保护范围并非局限于某一具体产品。当然该延伸产品专利也具有其特殊性，该特殊性体现为：在该延伸产品专利中，产品特征无法被直接表达，而是通过方法特征间接地加以表达。基于上述分析，对于无法用产品特征直接表达的延伸产品专利，仍可按照与普通产品专利相同的方式确定其保护范围，只不过，在确定保护范围的过程中，要顾及该专利在表达方式上的特殊性，将间接表达产品特征的方法特征作为产品特征看待，以此确定该专利的保护范围。易言之，在延伸产品专利无法直接用产品特征表达的情况下，我们不妨将相应的方法特征设定为对应于某一产品特征（只不过该产品特征无法表达而已），并基于该设定确定延伸产品专利的保护范围。以此为基础，如果能够分析得出"后续处理"不会使得上述以方法特征间接表达的产品特征改变为一新的特征，即"后续处理"不会使得方法特征所对应的产品特征改变为新的特征，那么，"后续产品"仍然具备上述由方法特征间接表达的各个产品特征，落入延伸产品专利的保护范围，能够获得方法专利的延伸保护，反之，则"后续产品"不能获得方法专利的延伸保护。

例如，使用专利方法 A、B、C 直接获得一原始产品 X，而该原始产品 X 并不能直接用产品特征来表达。对于专利方法 A、B、C 而言，其对应的延伸产品专利是一个由产品 X 中的产品特征所界定的保护范围，只不过，产品 X 中的产品特征无法直接表达而已。对于由专利方法 A、B、C 直接获得的原始产品 X，如果他人对该产品进一步进行了步骤 D 的后续处理，而该步骤 D 属于例如添加非活性成分这样的不会改变产品结构、形状的动作，此时，从产品特征的角度分析，上述后续处理所得到的后续产品仍然会具备产品 X 中的产品特征，落入由产品 X 中产品特征所界定的保护范围中，能够获得由专利方法 A、B、C 的延伸保护。反之，如果针对原始产品 X 进一步执行步骤 E，而该步骤 E 是利用化学反应这样足以造成原始产品 X 形状、结构或组分发生改变的步骤，那么，此时所得到的后续产品不再完全具备产品 X 中的产品特征，不再落入由产品 X 中产品特征所界定的保护范围中，无法获得由专利方法 A、B、C 的延伸保护。

由此，在具体的专利侵权判定中，针对延伸产品专利无法用产品特征直接表达的情况，对于相应后续产品是否落入方法专利延伸保护范围内的判断，则可转换为针对"后续处理"动作属性的判断。当得到"后续产品"所基于的"后续处理"足以造成原有产品特征改变为一新产品特征时，该"后续产品"不再具备延伸产品专利的产品特征，不落入延伸产品专利的保护范围内，无法获得方法专利的延伸保护；反之，即使存在"后续处理"，相应得到的"后续产品"也能获得方法专利的延伸保护。这种对于"后续处理"在动作属性上的判断，在实践上是完全可以实现的。

9.3.4.3　针对"后续处理"的分析是否也适用于"预处理"等其他"额外处理"

如之前所述，所谓针对方法专利延伸保护中"后续产品"的讨论，本质上来说是一个针对方法专利延伸出的延伸产品专利的保护范围的讨论。众所周知，产品专利的保护范围是基于形状、结构、成分这样的产品特征来限定的，这些产品特征和时序无关。由此，著者认为，针对经由"后续处理"所得到的"后续产品"是否落入方法专利延伸保护的保护范围的判断思路，同样适用于依照专利方法以及其他"额外步骤"所得到的产品，该额外步骤可以是方法专利的后续步骤，也可以是在方法专利执行过程中的步骤，甚至可以是方法专利执行前的步骤。针对这样的产品是否能够获得专利方法的延伸保护的判断思路，与之前论述的思路完全一致。

综上所述，著者以方法专利延伸得到延伸产品专利，进而结合延伸产品专利的保护范围对方法专利延伸保护中涉及的"后续产品"的问题进行了分析，解决了本节提及的相应观点就司法解释的批评意见。那么，该批评意见是如何产生的呢？著者认为，这源自对于司法解释的错误理解。

9.3.5 对相关观点就司法解释错误理解的分析

不难发现，本节文前提及的相关观点，对于司法解释的认识是将方法专利的延伸保护局限于"原始产品"，这一理解源自司法解释一和司法解释二中的相关规定，下面著者结合这两个司法解释的内容，对相关观点的理解错误进行分析。

9.3.5.1 结合司法解释一的分析

将方法专利延伸保护局限于"原始产品"，可以认为直接源自司法解释一第 13 条的规定。该规定中明确指出"原始产品"应被认定为依照专利方法直接获得的产品，而针对"后续产品"则是提供产品使用行为方面的保护而非该产品本身的保护。据此，相关观点将方法专利的延伸保护界定为仅针对"原始产品"。

著者认为，这是对司法解释一的错误解读。应该认识到，司法解释一第 13 条的前半句，只是将"原始产品"界定为依照方法专利直接获得的产品，这一界定是对"原始产品"的界定而非针对"依照方法专利直接获得的产品"的界定。由此，该条规定只能说明原始产品是依照方法专利直接获得的产品，并不能说明依照方法专利直接获得的产品就是"原始产品"。换句话说，该规定仅是针对"依照方法专利直接获得的产品"的一个列举，即作为其中的一种情况，"依照方法专利直接获得的产品"可以是"使用专利方法获得原始产品"，但此种列举当然不具有排他性，即并不排除其他产品也可以作为"依照方法专利直接获得的产品"。

至于司法解释一第 13 条的后半句，其实更容易造成上述错误理解。正是基于该后半句中所规定的针对"后续产品"以"使用产品"的方式而非产品本身进行保护，造成了将"后续产品"排除于"依照专利方法直接获得的产品"之外的错误认识。但仔细分析该后半句会发现，其只是针对后续产品提供了"使用产品"这样的保护，这种保护的存在，并不意味着就不能获得产品本身的保护。实际上，基于著者之前的分析，对于"后续产品"获得方法专利延伸保护中的产品保护，尽管具有不确定性，但并非完全不可能。可以这样理解该规定的后半句：针对后续产品的获得过程，肯定可以通过产品使用的保护方式获得专利保护，由此进行了相关规定，而对于后续产品本身，由于其是否能够获得方法专利的延伸保护具有不确定性，因此未进行规定。不能仅仅因为针对"后续产品"未规定其也能够获得方法专利的延伸保护，就将其排除于"依照专利方法直接获得的产品"之外。应该认识到，这一"未规定"仅是由于前文所述的"不确定性"而导致的。

9.3.5.2 结合司法解释二的分析

相信有观点基于司法解释二的内容提出以下看法。

在司法解释二中，明确指出针对"后续产品"进行的再加工、处理，并不属于对依照该专利方法直接获得的产品的使用行为，这实际上明确了"后续产品"并非"依照该专利方法直接获得的产品"这一结论。由于对于依照专利方法所得到的产品而言，要么是司法解释一中提及的"原始产品"，要么是"后续产品"，因此，在将"后续产品"排除于"依照专利方法直接获得的产品"之外的情况下，实际上明确了"依照专利方法直接获得的产品"只能是"原始产品"。

著者认为，上述看法在逻辑上是严谨的，但忽视了司法解释一和司法解释二中的细节区别，从而得出了错误的结论。这一细节差别体现为这两个司法解释中的"后续产品"并不相同。

应该注意到，司法解释一中的"后续产品"是对"原始产品"进一步加工、处理而获得的产品，此处的"后续产品"是相对于"原始产品"而言的。而在司法解释二中，"后续产品"是将依照专利方法直接获得的产品进一步加工、处理而获得的产品，是相对于"依照专利方法直接获得的产品"而言的。基于之前的分析，由于"依照专利方法直接获得的产品"并非"原始产品"，因此，在相对关系中所针对的对象不同的情况下，司法解释一和司法解释二中的"后续产品"二者并不相同（或者说并不必然相同）。

具体而言，在司法解释一中，相对于"原始产品"的"后续产品"，尽管相对于"原始产品"经历了"后续处理"，但正如著者之前所论述的那样，该"后续产品"完全可能仍然具备依照专利方法直接获得的产品的产品特征，落入其保护范围内，此时，该"后续产品"仍然属于依照方法专利直接获得的产品。而在司法解释二中，既然提及"后续产品"是"将依照专利方法直接获得的产品进一步加工、处理而获得的"，那么，该"后续产品"必然不是"依照专利方法直接获得的产品"。

由此可见，司法解释一和司法解释二中，尽管均采用了"后续产品"这一表述，但由于"后续产品"各自相对的对象并不相同，因此司法解释一和司法解释二中的"后续产品"并非相同的概念。由此，不能依据司法解释二中对于"后续产品"的排除，就将司法解释一中所提及的"后续产品"也被排除在"依照专利方法直接获得的产品"之外；进而，不能依据"后续产品"与"原始产品"的对应关系，将"依照专利方法直接获得的产品"解释为仅为"原始产品"。

不可否认的是，司法解释一和司法解释二中的"后续产品"，在表述上的差别过于细微了。正是由于这种差别的细微，导致人们容易将其忽略，从而误将司法解释一和司法解释二中的"后续产品"认为是相同的概念，进而得出本节前文提及的错误认识。著者认为，为了避免上述错误认识的出现，有必要针对司法解释一和司法解释二的"后续产品"进行更为明确的区分。例如，可以保留司法解释一中"后续产品"的表述，而将司法解释二中的"后续产品"改为"衍生产品"。

9.3.5.3　其他可能出现的理解错误

除了"后续产品"，司法解释一中针对原始产品的定义，也可能造成对方法专利延伸保护的错误解读。

在司法解释一中，将"原始产品"界定为"使用专利方法获得的"，而在《专利法》第11条第1款中，针对方法专利侵权同样有"使用其专利方法"的表述，二者表述相同，但对应的含义显然是不同的。

在《专利法》第11条第1款中，"使用其专利方法"指的是实施落入专利方法保护范围的方法，例如，专利方法为通过步骤A、B、C所界定的方法，"使用其专利方法"既包括实施方法A、B、C，同样包括实施步骤A、B、C、D。而司法解释一中的"使用专利方法"显然与《专利法》第11条第1款中的"使用其专利方法"具有不同的含义。如果二者含义相同，那么，对于专利方法A、B、C而言，不但使用方法A、B、C所获得的产品是依照专利方法直接获得的产品，使用方法A、B、C、D则同样是依照专利方法直接获得的产品，这样就没有必要针对所谓的由"进一步加工、处理"所得到的"后续产品"进行排除性的规定了。

准确来说，司法解释一中采用"使用专利方法"这一表述，其目的在于指明"原始产品"是源自专利方法而得到的，这使得司法解释一的"使用专利方法"是一个技术实现层面的表达，而非专利侵权层面的表达。作为技术实现层面的表达，司法解释一中"使用专利方法"中的"使用"和"利用"的含义类似，而其中的"专利方法"则特指由专利方法中所描述的一系列步骤构成的特定方法。举例来说，对于专利方法 A、B、C 而言，司法解释一中提及的使用专利方法得到的原始产品，即利用专利方法 A、B、C 所得到的产品，并不包括利用方法 A、B、C、D 所得到的产品

基于上述论述，著者认为，有必要对司法解释一中原始产品的定义进行修改，例如，是否可以修改为"利用方法专利限定的步骤所获得的原始产品"。由于此处所采用的是"利用……步骤"这样的表述，不再与"使用专利方法"相混淆，应该能够避免上述混淆问题的出现。

后 记

各位读者，不知道你们看完本书之后是何感受，是太累了？是有所收获？抑或是平淡无奇？还是看了之后挺过瘾的？如果是好的感受，那么我写这本书没白费劲，如果是不好的感受，在这里给您赔个不是，对不起，耽误您的时间、浪费您的金钱了。

亲爱的读者，不管怎么样，您都看到这里了，我有个不情之请：您可否对这本书或者这本书的著者给出一个评价啊。当然，我自己的预期是四个字。

哈哈哈，其实是在开玩笑呢。这"四个字"是要说明若干的问题。

这四个字对应于第 1 章所讲的发明构思，还记得吧，这一章中曾经说过要以一句话来概括方案的发明构思，这样才能够做到掌握了纯粹的、有高度的发明构思而非不受技术实现的影响，如果能够以"四个字"这样精简的内容作出评价，那么，想必这样的评价也是一个能够反映核心、本质认识的评价，想必是十分准确的。

这四个字还对应于创造性的判断。如果和三个字的评价作对比，仅仅是字数上的区别必然无法使得"四个字"具有创造性。为此，要对现有的"三个字"的评价进行分析，确定多出来的那一个字所达到的特定效果，从而得到改进到"四个字"所解决的问题。再去分析现有的"三个字"是否不可能存在解决这一问题的需求，以及判断三个字和多出来的那一个字在相互结合上是否存在问题，以这样的方式来判断"四个字"的评价是否相对于现有的"三个字"以及"一个字"来说，是一个有高度、有创造性的评价。

"四个字"当然有不清楚的问题。这样的不清楚，并不是说"四个字"在通常含义方面出现歧义，而是指仅说"四个字"的话，涉及实质含义的不清楚。这四个字到底是什么内容的四个字，显然是不清楚的。当然，还要考虑这

"四个字"是否为核心所在，在一些书籍中采用此处省略几十字可能也不影响理解，原因就在于其所省略的内容并非核心所在。而在这里，这四个字恰恰是用来评价的核心内容，那么，这就会导致不清楚的问题出现了。

"四个字"还存在不支持的问题。如果将"四个字"认为是上位概念的概括的话，那么显然并没有多个下位概念对其进行支持，而且"四个字"本身也没有任何规律性的描述，严格意义上来说，其也并不属于一个合格的上位概念的概括。

这"四个字"的评价啊，如果在我的预期范围之内，即使能够使得我产生愉悦的感受，那也不叫预料不到的效果，但如果超出了我的预期，比如这四个字是"狗屁不通"，那就是预料不到的效果了。由此，是否超出合理的预期，才是证明预料不到的效果的关键所在，而预期的确定，当然要结合方案本身来加以确定。比如，这本书从内容上来说怎么也不会是狗屁不通的，我还是有这个自信的。

最后有一个问题，我前前后后已经写了《专利申请文件撰写实战教程：逻辑、态度、实践》《专利审查意见答复实战教程：规范、态度、实践》《专利实务热点、难点实战教程：学习、总结、应用》这三本书，还会不会有第四本书呢？这里，我想起了一首诗和一篇古文。

第一首诗是我小时候不理解甚至有些不屑一顾的诗，现在来看，我觉得这首诗很好啊。这是我的父亲王玉发在我很小的时候给我写的，这首诗与立志有关，诗文如下：

> 从小立下志，
> 长大作栋梁，
> 理想要实现，
> 一步一步攀。

另一首古文，是我很喜欢的"文人"王文澜所作，也是与立志有关的，该文如下：

论 志

王文澜

志，人之动力也。如暗夜之明月，引前进之方向；如沧海之船舵，点归途之捷径；如陌路之路标，示用力之方向。人生万事，志为第一。人若无志，则为学不可得宏进，求职不可得佳行，生不可立大业。是故吾辈生于变革之时，必需立志，以顺科技之潮流，扬生命之风采。

吾辈立志，需早立志。守仁曰："志不立，天下无可成之事"。不早立志，则少年之时无事可成，似荒废也。孔子曰："吾十有五而志于学。"少年之时，乃为学致佳之时。若夫有志，则定于学有所破，博观而取约，厚积而薄发。胸中有沧海巍屹，学识充沛也。若夫无志，则疏懒于学，文理不通，世事不晓，何谈立足社会邪？陈涉少有大志，终成楚王，润之青年志于民主，终建共和之大国。由此观之，吾辈需早立志，方能有所突破成就。

吾辈立志，需立大志。小志如红烛，于夜中仅可照数尺之路。大志如灯塔，于夜照百里，激人奋勇前进。夫立小志者，则似有志，似无志，志成而茫然，不明治也。夫立大志者，则恒一目标立于征途，勇且毅坚，利于少年之成长也。苏秦数年苦读，子瞻因泽生民，文征明一生练字，其不驱于大志哉？是故吾辈需立大志，方出辉煌。

吾辈立志，亦贵有恒。需为志而不懈奋斗。空有志而不奋之，如井底之蛙，永无成就。苏子曰："古之立大事者，必有坚忍不拔"，荀子有言："锲而不舍，金石可镂"。人生何漫长欤，吾志何远大欤！志非一蹴而就，必持之以恒，方能成事。吾辈需有永不言弃之毅力，似奥运马拉松之跑者，方可缔造无悔人生！

这一诗一文，过去和现在都在鼓舞着我、激励着我，如此看来，想必这一本书的出版也是必然的了。

最后，希望读者能够尊重知识、尊重知识产权。

对了，还有一个事要说。我答应家人写完这本书就不抽烟了，各位读者，你们得赔我，赔我抽烟的快乐！怎么赔啊，对这本书好好学习、好好总结、好好应用，就是最好的"赔偿"啦。

致　谢

　　感谢我家小区物业的赵国忠师傅，你的严谨、认真，遇到困难积极寻找办法，使我颇有感触，从你身上我领会到了"站在客户的角度考虑每一个问题、全身心地关注客户的每一个细节"这一集佳理念。感谢给我的孩子以悉心教导的各位老师，在你们这些好老师身上，我看到了什么是爱，什么是把一个良心活真正做好。感谢北京嘉华世纪小区底商 7-11 便利店的老板，我们是老朋友了，中午吃饭的时候闲聊几句，总能给我很大的放松。更为重要的是，你对员工训斥的口吻，让我感觉我的老板是那么的好（当然，后来我才知道你训斥的员工竟然是你的老公）。感谢赛特广场负责 7 层卫生保洁的阿姨，正是你的善良和宽容，能够使得我和一些男同事还能有个地方抽抽烟，在放松的同时获得解决问题的灵感。感谢赛特后街的老边饺子馆的店员，尽管你们每次大声喊的世界第一家饺子馆的口号总吓我一激灵，但你们家的饺子尤其是蒜泥确实不错，很多时候，我是为了那些蒜泥才去吃的饺子。感谢 Teacher 毛，我的书中有您的教导在闪耀，乃至这本书的写作风格都深受您的文章影响。特别感谢数学陈老师、物理梁老师、语文王老师！

　　特别鸣谢北京集佳知识产权代理有限公司的各位领导和同事，尤其是国内电学部的各位员工。友情感谢张长江先生、何凡女士、王秀青女士，感谢你们的大力支持！感谢各位读者的肯定和鼓励！

　　当然，感谢我的家人无论如何都是要写出来的，诚挚地感谢你们！